KB190169

내 #눈이 우주입니다

내 #눈이 우주입니다

안과의사도 모르는
신비한
눈의 과학

이창목 지음

궤도

과학 커뮤니케이터, 『과학이 필요한 시간』, 『궤도의 과학 허세』 저자

천문학에서 관측은 모든 것의 시작이다. 아주 깊은 우주 먼 곳에서부터 빛의 속도로 날아오는 전자기파들은 우리에게 가공할 만한 수많은 단서를 전해준다. 우리가 어디에 있는지를 비롯해서 어디서 시작되었고, 어디로 가는지, 과연 우리밖에 없는지 등 셀 수 없는 정보를 알아차릴 수 있는 이유는 바로 우리에게 달린 두 개의 눈 덕분이다.

눈이 중요하다는 사실을 모르는 사람은 아무도 없겠지만, 눈에 대해서 일정 수준 이상의 이해도를 갖춘 사람 역시 거의 없다. 저자는 한때 세상을 뒤흔들었던 드레스 색깔 논란에 대한 완벽한 해결을 시작으로, 카메라와 눈을 비교하거나 동물의 시력을 우리가 측정하는 방식으로 확인하기도 하며 우리 눈에 관한 모든 궁금증과 미래 기술과 같은 흥미로운 주제들을 유쾌하게 풀어놓는다.

우주를 보는 내 눈의 이야기 또한 우주만큼 방대하니 어찌 흥미롭지 않을 수 있을까? 광활한 우주와 무한한 시간 속을 탐험할 수 있는 생명체의 유일한 관측 장비에 대해 이제는 완벽하게 알아볼 차례다. 우주를 보는 위대한 우주를 당신의 경이로운 우주로 직접 만나보시라.

차흥원

김안과병원 안과전문의, 현 실명예방재단 부이사장

이 책은 일단 재미있다. 내가 안과전문의라서 그런 것만은 아니다. 책이란 흥미로운 사실을 다루거나 새로운 지식과 경험을 제공해야 한다고 생각한다. 『내 눈이 우주입니다』는 놀랍게도 두 가지를 모두 갖추고 있다. 우리 모두 한 번쯤 궁금해했던 우리 눈에 대한 이야기들이 다채롭게 펼쳐지는가 하면, 전문 의학서적이나 전문 학술대회 등에서도 배우지 못했던 것들을 두루 설명한다.

눈에 대한 호기심을 가져본 적 있는 모든 분에게 이 책을 추천한다. 조금 어려운 전문용어들이 눈에 걸린다면 재미있는 토막 상식 위주로 읽어보다가 다시 한번 돌아가 읽는 것도 좋은 방법이다. 저자가 언급하는 눈과 관련한 다양한 영화, 드라마를 관람해 보는 것도 또 하나의 재미가 되어줄 것이다.

한 가지 더, 의학과 우리 의료 현실에 대한 생각을 수필 형식으로 풀어낸 '진료실에서 못다 한 이야기'는 안과의사로서의 저자의 가치관과 인생관이 듬뿍 담겨 읽는 맛이 좋다. 특히 의학의 불확실성과 관련한 이야기들이 무척 흥미롭다.

일러두기

1 단행본은 『 』, 논문과 기사명은 「 」, 신문이나 정기간행물은 《 》, 방송이나 영화, 그림 등은 〈 〉로 구분했다.
2 독자의 이해를 돕기 위해 주요 개념이나 한글만으로 뜻을 이해하기 힘든 용어의 경우에는 원어나 한자를 병기했다.
3 참고한 문헌과 그림 출처는 본문 끝에 별도로 표기했다.
4 본문에 실린 그림과 표 중 기존 문헌 자료를 이용한 경우는 재가공해 수록했다.

들어가는 말

눈은 우리가 세상을 볼 수 있게 하는 가장 중요한 감각기관입니다. 생물은 생존을 위해 끊임없이 변화하는 외부환경에 적응해야 합니다. 생물은 생존을 위해 시각·청각·촉각·후각·미각의 오감을 발달시켰습니다. '백 번 듣는 것이 한 번 보는 것만 못하다'라는 속담이 있듯이, 오감 중 시각이 가장 중요하다는데 이의를 달 사람은 많지 않을 것 같습니다. 시각은 빛만 있다면 주변 환경에 대한 가장 많은 정보를 한순간에 제공합니다. 인간의 뇌에서 시각중추가 차지하는 비중은 매우 크며, 시각은 정신활동에 가장 많이 관여합니다.

눈은 단순한 감각기관이 아닙니다. 눈매는 사람의 인상에서 매우 큰 비중을 차지합니다. 또한 눈동자는 우리 몸에서 가장 다채로운 색을 띠며 심리 상태가 드러나는 '마음의 창'입니다. 그리고 눈은 우리 몸에서 가장 값비싼 기관입니다. '몸이 천 냥이면 눈이 구백 냥'이라는 속담이 있듯이 보험 상품에서도 실명에 대한 보험금이 높습니다.

지금부터 소중한 눈 이야기를 시작해 보겠습니다. 이 책은 건강보다는 과학의 시선으로 눈을 바라보았습니다. 1장에서 6장은 인간과 동물의 색각, 카메라와 눈의 비교, 시력의 한계, 눈의 탄생과 진화, 의학 기술의 발전에 대한 내용입니다. 안과의사인 제가 최근 몇 년간 재미있게 공부한 내용을 정리한 것입니다. 전문 연구자는 아니지만 임상 의사로서 가장 정확하고 최신 내용을 담으려고 노력하였습니다. 7장은 의료사고, 장기 기증, 의학의 불확실성에 대한 내용입니다. 각 분야의 전문가는 아니지만 한 사람의 의사로서 드는 생각들을 독자들과 공유하고 싶었습니다.

이 책을 쓰면서 내용의 깊이에 대해 고민했습니다. 가급적 쉽고 재미있는 책을 쓰고 싶었지만 필력이 부족하여 군데군데 어려운 부분이 남았습니다. 안과 전공자가 아니라면 이해하기 힘든 부분도 있으리라 생각합니다. 모든 주제는 독립적인 내용이라서 어려운 부분은 건너뛰고 흥미 있는 부분만 읽어도 좋습니다.

본문 작업을 끝마치고 마지막으로 '들어가는 말'을 적고 있습니다. 제가 좋아하는 눈 이야기를 책으로 엮어 기쁩니다. 현실에서 제 이야기를 오래 들어주는 사람은 만나기 쉽지 않습니다. 이 책을 통해 독자들과 많은 이야기를 나눌 수 있어 진심으로 기쁩니다. 『잃어버린 시간을 찾아서La Recherche』를 쓴 마르셀 프루스트Marcel Proust(1871~1922)는 "진정한 발견을 하는 여행이란 새로운 풍경을 보는 것이 아니라 새로운 눈을 갖는 것"이라고 말했습니다. 책을 읽으면서 우리가 가진 눈으로 새로운 우주를 경험하는 즐거운 여행이 되길 바랍니다.

2024년 9월

안과의사 이창목

차례

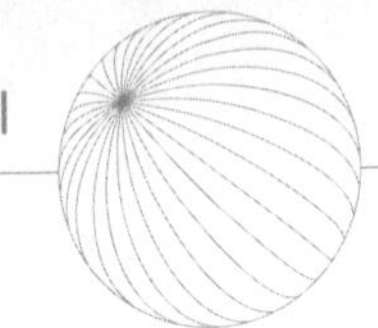

III 안과의사가 알려주는 신비한 잡학 지식

IV 눈의 한계와 진화

VII 진료실에서 못다 한 이야기

눈의 구조

인간의 오감 중에서 감지 범위가 가장 넓은 것은 무엇일까? 촉각과 미각은 대상과 직접 접촉해야만 느낄 수 있기 때문에 두 감각의 감지 범위는 '0'이다. 후각은 고약한 냄새라면 멀리서도 맡을 수 있기에 상대적으로 감지 범위가 넓다. 청각 역시 10킬로미터 이상 떨어진 천둥 소리까지 들을 수 있기에 감지 범위가 넓다. 그렇다면 시각은 어디까지 감지할 수 있을까? 깊은 산 속에 있는 천문대에 올라가면 맨눈으로 은하수를 볼 수 있는데, 우리 은하의 지름은 2만 7,000광년이다. 천문학자들의 말로는 달빛이 없는 깜깜한 날에는 254만 광년 떨어진 안드로메다 은하를 맨눈으로 흐릿하게 볼 수 있다고 한다. 시각의 감지 범위를 정의하기는 어렵지만 오감 중에서 가장 넓다는 점은 확실하다.

눈은 우리 몸에서 상당히 독특한 기관이다. 안과는 다른 과와 진료 영역이 겹치지 않으며 현미경을 보면서 하는 안과 수술은 무엇을 하는지 다른 사람들이 알기 어렵다. 이런 이유로 드라마 속에서 시각장애 주인공은 등장해도 안과의사가 극적인 장면을 연출하는 일은 좀처럼 없다. 이 책을 통해 조금이나마 눈의 이해를 돕고 안과의 숨은 매력을 알리고 싶다. 본격적인 이야기에 앞서 눈의 구조에 대해 살펴보자.

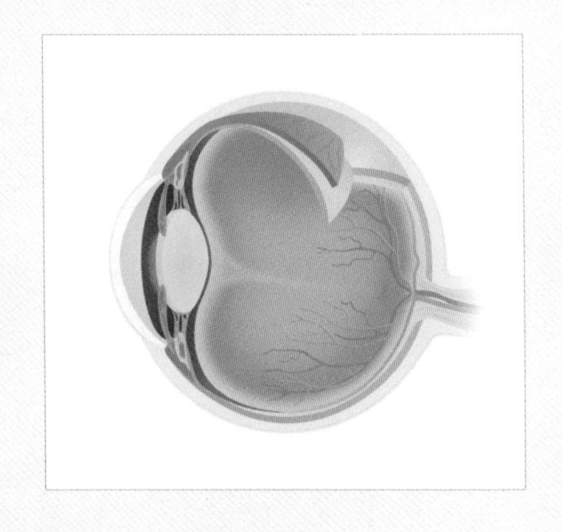

그림 1　눈의 구조.

1) 각막

각막Cornea은 안구 가장 앞쪽에 있는 '검은자'다. 실제로는 빛을 통과시키기 위해 투명하다. 그리고 눈으로 들어온 빛을 굴절시켜 초점을 만드는데, 안구 전체 굴절력의 2/3를 담당한다. (나머지 1/3은 수정체가 담당한다.) 각막은 라식 같은 시력교정술을 할 때 레이저로 깎는 부분이다. 각막은 투명성을 위해 혈관이 없으며 그래서 다른 장기에 비해 이식 수술 후 거부 반응이 적다.

2) 홍채 및 동공

홍채Iris는 납작한 도넛 모양의 막이다. 홍채가 동공 크기를 조절하여 눈으로 들어오는 빛의 양을 조절한다. 홍채 속 멜라닌 세포의 밀도에 따라 눈동자의 색이 결정된다. 홍채는 인종에 따라 어두운 갈색부터 푸른색까지 매우 다양한 색을 띈다. 동공pupil은 빛이 통과하는 구멍이다. 따라서 모든 인종에서 검게 보인다. 하지만 순간적으로 아주 강한 빛이 눈으로 들어가면 빛이 망막에서 반사되어 동공이 붉게 보이는 적목현상red-eye effect이 나타난다.

3) 수정체

수정체crystalline lens는 수정처럼 투명한 렌즈다. 빛을 모아 망막에 초점을 맺게 한다. 수정체는 섬모체 소대ciliary zonule라는 작은 인대로 섬모체근ciliary muscle과 이어져 있는데, 이를 통해 수정체의 두께를 조절할 수 있다. 수정체의 주성분이 단백질이기 때문에 나이가 들수록 수정체가 딱딱하고 혼탁해진다. 수정체가 딱딱해지면서 초점 거리를 조절하는 능력이 떨어지면 노안presbyopia이고, 혼탁해지면서 시력이 떨어지면 백내장cataract이라고 한다.

4) 유리체

유리체vitreous는 눈 속을 채우고 있는 유리처럼 투명한 젤gel이다. 구성 성분의 98~99퍼센트는 물이고 나머지는 콜라겐 섬유와 히알루론산이다. 나이가 들면서 수분과 콜라겐 섬유가 분리되는 액화liquefaction 현상이 일어나며, 섬유질이 수축해 망막으로부터 떨어지는 후유리체 박리posterior vitreous detachment가 서서히 진행된다. 이 과정에서 유리체 속에 혼탁이 생기면 마치 눈앞에 날파리가 떠다니는 것처럼 보이는 비문증floaters(날파리증)이 생길 수 있다.

5) 망막

망막retina은 시세포가 붙어 있는 투명한 막으로 눈 안쪽을 덮고 있다. 망막의 중심부이자 시세포가 가장 밀집되어 있는 곳을 황반macula이라고 한다. 망막의 시세포에 의해 빛 신호(시각 정보)가 전기 신호로 전환되고, 이 전기 신호는 시신경을 통해 뇌로 전달된다.

6) 공막 및 결막

공막sclera은 안구의 제일 바깥 부분이면서 각막을 제외한 뒤쪽 안구 전체를 감싸고 있는 '흰자'다. 강하고 질긴 섬유 조직으로 안구 형태를 유지하고 눈 속 구조물을 보호한다. 결막conjunctiva은 눈꺼풀 안쪽과 안구를 덮고 있는 투명한 점막이다. 눈꺼풀 결막과 안구 결막은 눈꺼풀 구석에서 서로 연결되기 때문에 이물질이 안구 뒤쪽으로 넘어갈 수 없다. 다만 눈꺼풀 구석 깊은 곳에 이물질이 끼여 있어 보이지 않는 경우에는 눈 뒤로 넘어갔다고 오해할 수 있다.

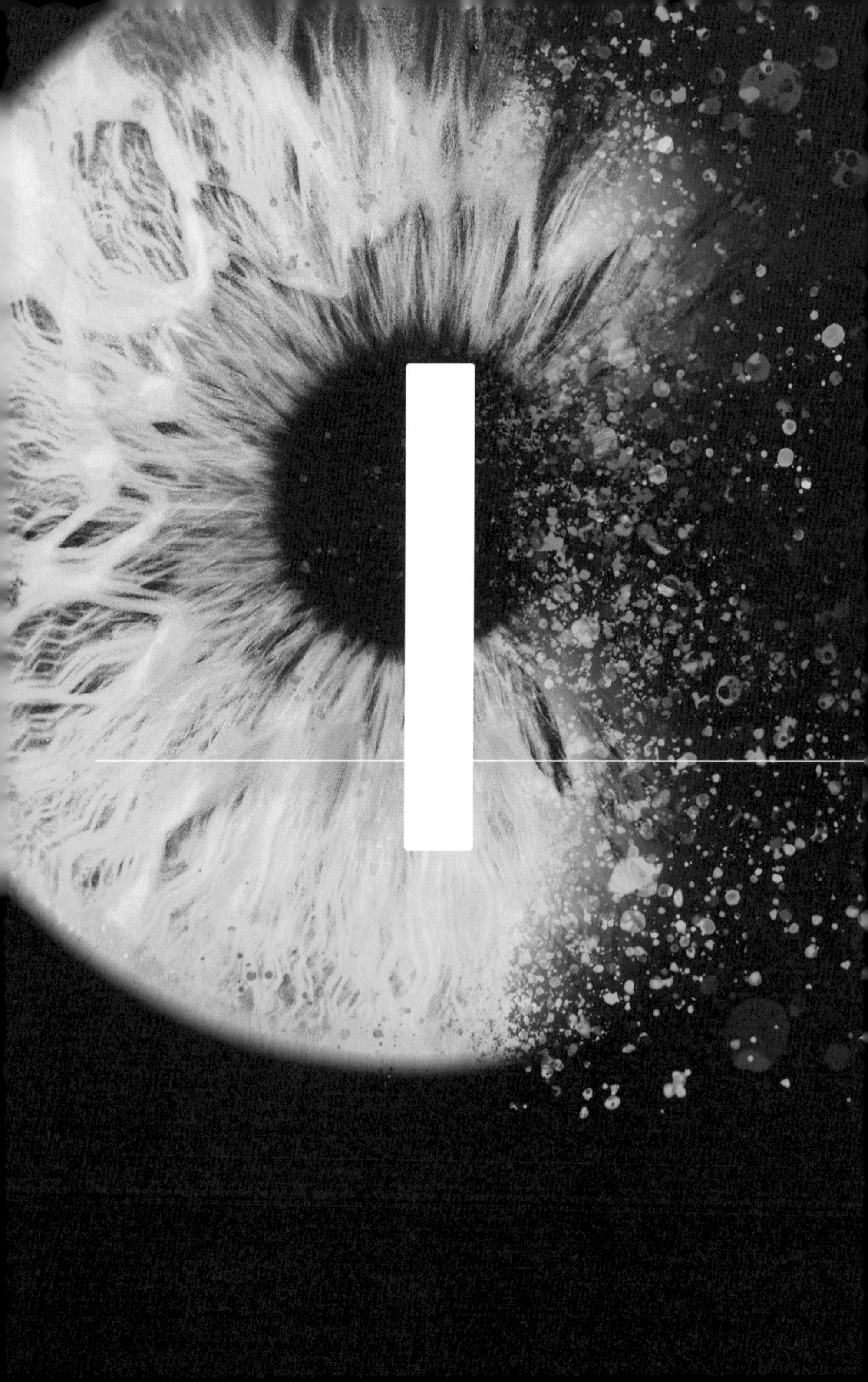

색으로 풀어보는
#눈 이야기

#1 색이란 무엇일까?

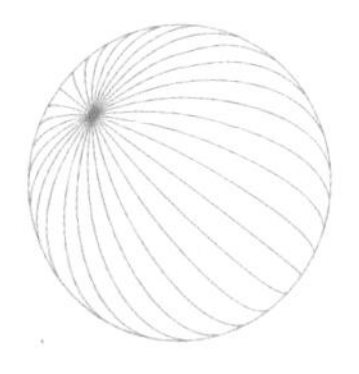

색色만큼 이 세상을 다채롭게 하는 것이 있을까? 우리가 일상에서 마주치는 모든 사물에는 색이 있다. 색은 아름다운 대상을 훨씬 더 아름답게 만들고 우리에게 독특한 감정을 유발한다. 패스트푸드 브랜드는 식욕을 자극하기 위해 디자인에 빨간색과 주황색을 많이 사용한다. 노란색은 멀리서도 눈에 잘 띄고 사물을 원래 크기보다 크게 보이게 하는 효과가 있어서 스쿨버스에도 많이 쓰인다. 색의 효과를 연구하는 학문인 색채학과 이를 전문적으로 다루는 컬러리스트 산업기사가 있을 정도로 색이 생활에 미치는 영향은 지대하다. 더 나아가 색상color뿐만 아니라 '작가의 색'이나 '음색'과 같은 표현을 쓰기도 한다. 이는 어떤 대상이 지닌 개성을 표현하는 공감각共感覺적 표현으로, 영어에서는

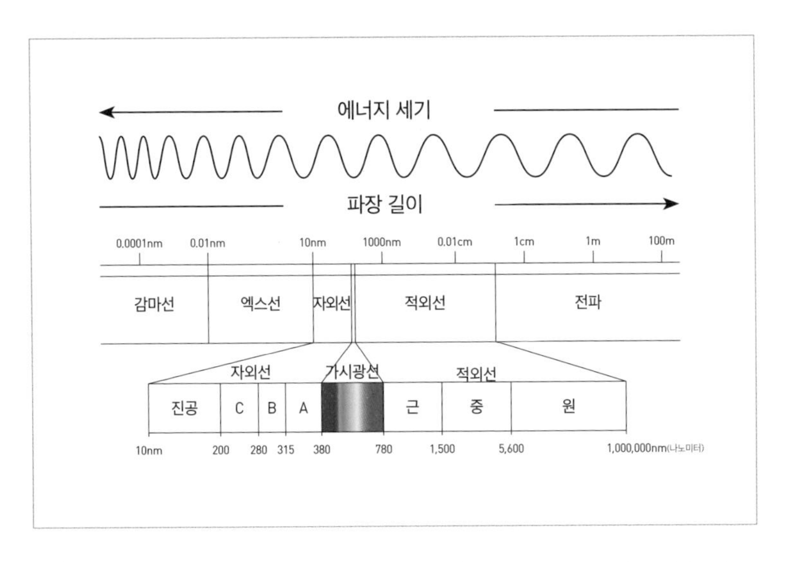

그림 2 우리 눈이 볼 수 있는 빛은 가시광선이다. 이는 전체 전자기파에서 아주 적은 부분에 해당한다.

'color'보다 'tone'을 더 많이 사용한다.

우리는 다채로운 색상 속에서 사는 삶을 당연하게 생각한다. 하지만 색이라는 것은 과연 무엇일까? 개와 고양이가 색맹이라는 이야기는 한 번쯤 들어본 것 같은데 어떻게 인간은 색을 다양하게 느낄 수 있을까? 이에 대해 지금부터 차근차근 알아보도록 하자.

우리 눈이 볼 수 있는 빛을 가시광선visible rays이라고 한다. 이 가시광선은 전체 전자기파electromagnetic wave에서 아주 적은 부분만 차지하고 있다. 다르게 말하면 인간의 눈으로 감지할 수 있는 범위의 전자기파만 가시광선이라고 부른다. 가시광선은 다시 파장에 따라 빨·주·노·초·파·남·보 같은 색으로 나누어진다. 빨간색보다 긴 파장을 적외선infrared rays, 보라색보다 짧은 파장을 자외선ultraviolet rays이라고 한다. 적외선과 자외선은 우리 눈으로 볼 수 없다. 적외선 치료기에서 나오는 빨간색 빛이나 자외선 소독기에서 나오는 보라색 빛이 우리 눈에 보이는 이유는 적외선과 자외선 주변의 가시광선 파장도 같이 나오기 때문이다. 순수한 적외선이나 자외선은 눈으로 감지할 수 없다.

색에 관한 연구는 인류가 그림을 그리면서 시작되었을 것이다. 4만 년 전의 선사시대 동굴 벽화에는 붉은 빛을 띠는 적황토red ochre가 사용되었는데, 지금까지 발견된 바로는 이것이 가장 오래된 염료다. 선사시대 때부터 예술가들은 토양, 동물성 지방, 목탄 등으로 색을 구현했다. 색에 대해 예술을 넘어 과학적으로 처음 접근한 사람은 아이작 뉴턴Isaac Newton(1642~1726)이다. 17세기에 뉴턴은 프리즘을 이용해 흰색이 여러 가지 색의 혼합이라는 사실을 발견했다. 그리고 일곱 가지 색을 추상적으로 둥글게 연결한 색상환hue circle을 만들었다. 현대 물리학적 관점으로 보면 파장이 가장 긴 빨간색과 가장 짧은 보라색을 한데 연결한 지점은 옳지 않지만, 지금도 미술 분야에서 색상환을 많이 활용하고 있다. 빛이 전자기파의 일종이라는 사실은 19세기에 전자기학이 시작되면서 비로소 밝혀졌다.

색에는 단순히 색상만 있지 않다. 색상에 명도와 채도의 두 가지 속성을 추가하면 평면적인 바퀴가 아니라 속이 꽉 찬 원통으로 표현할 수 있다. 색을 표기하는 먼셀 색 표기법Munsell color system은 명도, 색상, 채도라는 세 가지 속성으로 이루어져 있다.

그림 3 독일에서 발행한 아이작 뉴턴 기념 우표.

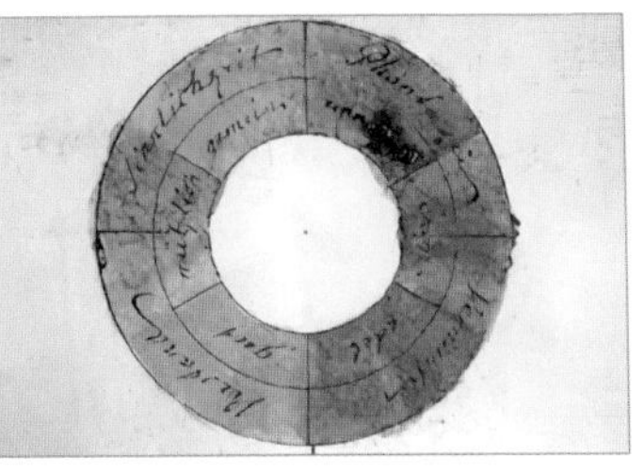

그림 4 괴테가 그린 색상환. 괴테의 저작에는 『색채론』이 있다.

CIE 1931 색 공간color space은 1931년 국제조명위원회에서 색을 수치화해 정의한 다이어그램이다. 우리 눈은 완벽한 광학 매질이 아니기 때문에 실제로 인간이 인지하는 색역色域, gamut을 물리적 공간으로 표현하면 비뚤어진 고깔 모양이 된다. 디스플레이는 빨강, 초록, 파랑의 세 가지 색을 조합해 색을 나타낸다. 그래서 색 공간 다이어그램에서 삼각형 모양으로 색역을 표현할 수 있다. 하지만 인간이 볼 수 있는 색역은 고깔 모양이기 때문에 모니터와 같은 디스플레이가 인간이 보는 모든 색역을 구현할 수 없다. 고깔 모양의 색역을 모두 표현하려고 이보다 더 큰 삼각형을 그리면 필연적으로 가시광선 영역을 벗어난다. 눈에 해로운 자외선을 방출하는 디스플레이를 만들 수는 없기 때문에 아무리 좋은 디스플레이라도 색을 표현하는 데 한계가 존재한다.

우리는 모두 물감을 섞어서 새로운 색을 만들어 본 경험이 있다. 공부를 열심히 한 독자는 빛의 삼원색과 색의 삼원색을 배운 기억도 날 것이다. 물감이 아닌 빛은 색을 더할수록 흰색이 되는데, 이 현상은 물

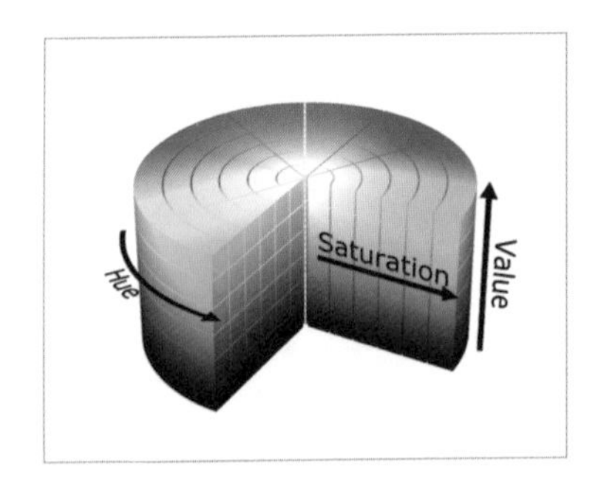

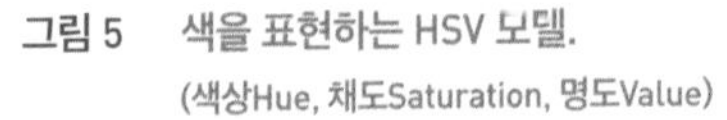
그림 5 색을 표현하는 HSV 모델.
(색상Hue, 채도Saturation, 명도Value)

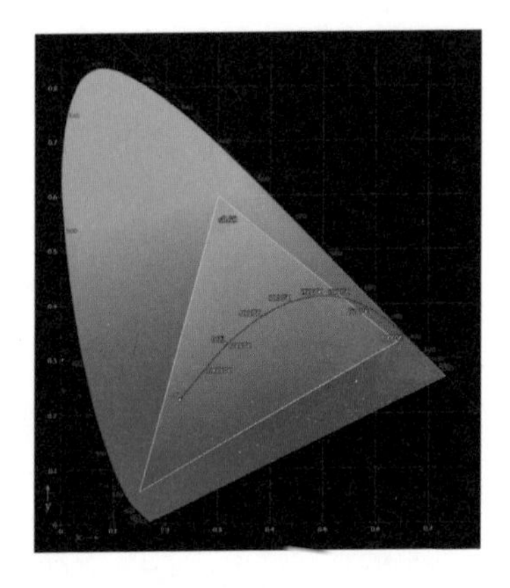

그림 6 CIE 1931은 색체 인지에 대한 연구를 바탕으로 수학적으로 정의된 최초의 색 공간 가운데 하나다. 모니터 및 프린터 표준 RGB의 색 공간인 sRGB 색역과 원색의 위치를 확인할 수 있다(빨강red, 녹색green, 파랑blue).

리적으로 생각해 보면 정말 이상하다. 빛의 파장에 따라 색이 정해지지만, 빛의 파장은 서로 영향을 주지 않는다. 660나노미터 파장의 빨간색 빛과 530나노미터 파장의 초록색 빛이 섞인다 하더라도 580나노미터 파장의 노란색 빛으로 바뀌지 않는다는 뜻이다. 그러나 580나노미터 파장으로만 이루어진 빛과 660나노미터와 530나노미터 파장이 혼합된 빛을 우리는 동일한 빛(색)이라고 느낀다. 여기서부터는 물리학이 아니라 생물학 지식이 필요하다. 색을 느끼는 것은 물리적인 현상이 아니라 뇌에서 느끼는 감각이기 때문이다.

인간이 색을 느끼는 감각인 색각色覺의 원리에 관한 연구는 19세기에 이르러 비약적으로 발전했다. 그중 가장 중요한 것은 삼색설trichromatic theory이다. 삼색설은 창안자의 이름을 빌려 영-헬름홀츠-맥스웰 이론Young-Helmholtz-Maxwell theory이라고도 한다. 의사이자 물리학자인 영국의 토머스 영Thomas Young(1773~1829)은 기념비적인 이중슬릿 실험double-slit experiment으로 회절 현상을 발견해 빛이 '파동'임을 보여준 물리학자다.[1] 독일의 헤르만 폰 헬름홀츠Hermann von Helmholtz(1821~1894) 역시 의사였지만 물리학 분야에서도 수많은 업적을 남겼다. 특히 스코틀랜드의 물리학자인 제임스 클러크 맥스웰James Clerk Maxwell(1831~1879)은 현대 인류 문명의 밑바탕이 된 전기 문명의 근간인 전자기학을 정립한 위대한 물리학자로 평가받는다.

망막에는 원추세포cone cell와 간상세포rod cell라는 두 종류의 시세포가 있다. 원추세포는 밝은 곳에서 작용하며 색을 구분하는 역할을 한다. 그리고 간상세포는 어두운 곳에서 약한 빛을 감지한다. 원추세포는 다시 세 종류로 나뉜다. 민감하게 반응하는 파장에 따라 LLong·MMedium·SShort 원추세포라고 하거나 빨간색·초록색·파란색 원추세포라고 한다. (브라운관 TV 시절에 사용한 RGB 케이블을 떠올리면 된다.) 삼색설은 이 세 가지의 원추세포가 반응하는 신경 자극의 조합에 의해 색각을 감각한다는 이론이다. 참고로 초록색과 빨간색 원추세포의 최대민감파장peak sensitivity wavelength은 30나노미터 정도밖에 떨어져 있지 않아서 인간은 550나노미터 근방의 초록색 빛을 가장 민감하게(1~2나노미터의 파장 차

1 하지만 토머스 영의 빛의 '파동설'은 당시에는 뉴턴의 빛의 '입자설'에 밀려 인정받지 못했다. 생전에 거의 주목을 받지 못하고 생을 마감한 비운의 의사이자 물리학자이며 이집트 상형문자 연구가다.

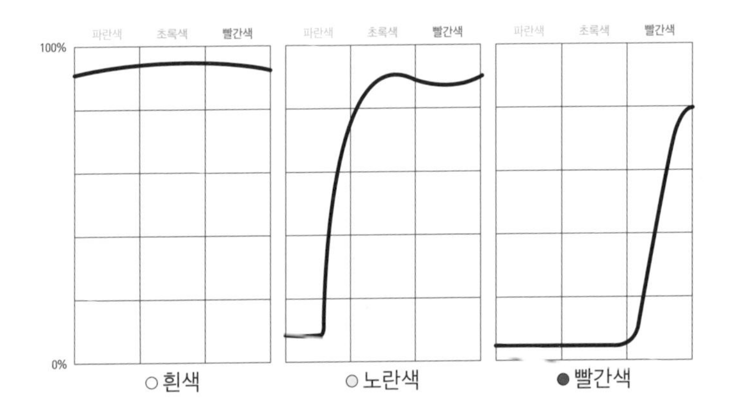

그림 7 흰색·노란색·빨간색을 인지할 때 세 가지 원추세포가 쓰이는 정도를 그래프로 나타냈다.

이까지) 구분할 수 있다.

간상세포는 한 종류뿐이고 자체적으로 색을 구분하는 능력이 없다. 하지만 간상세포는 약 550나노미터 파장에 해당하는 초록색 빛에 가장 민감하다. 비상구 유도등이 초록색인 이유는 바로 어두운 곳에서도 간상세포를 쉽게 자극시켜 눈에 잘 띄게 하기 위해서다.[2] 정전이나 사고로 조명이 꺼진 실내에서도 비상구 유도등은 꺼지지 않게 되어 있으며, 초록색이라서 우리 눈에 가장 잘 보인다. 일반적으로 초록색이 눈의 피로를 덜어줘서 편안하다고 하지만, 이에 대한 정립된 근거는 없다. 정

2 사람의 눈은 암순응을 거치면 카메라로도 찍기 어려운 극히 어두운 환경에서도 빛을 감지할 수 있다. 이런 이유 때문에 전장에서 야간에 담뱃불을 붙이지 못하게 한다.

확히 말하면 초록색은 적은 에너지로도 모든 원추세포와 간상세포를 골고루 자극해서 밝게 느끼도록 하기 때문이다. 초록색이 '자연의 색'이라서 편안하다는 해석은 골수 이과인 나에게는 근거가 다소 부족하다고 느껴진다.

그림 8 비상구 유도등이 초록색인 이유는 어두운 곳에서 간상세포가 초록색 빛에 가장 민감하게 반응하기 때문이다.

참고로 1밀리람베르트mL(휘도의 표준 단위) 이하의 어두운 휘도에서는 원추세포의 반응이 급격하게 떨어진다. 시간이 지나면 간상세포가 암순응을 통해 활성화된다. 어두운 곳에서 색을 구분하기 어렵거나 간혹 다른 색으로 착각한 경험이 있을 텐데, 그 이유는 어두운 곳에서 원추세포가 제 기능을 못하기 때문이다. 인간을 포함한 척추동물 99퍼센트는 한 종류만 간상세포를 가지고 있기 때문에 어둠 속에서는 색을 불완전하게 식별할 수밖에 없다.

그렇다면 원추세포는 한 종류만 있어도 색을 느낄 수 있을까? 정답은 아니다. 원추세포에서 색각을 감지하는 것이 아니라 서로 다른 원추세포에서 일어나는 반응을 뇌가 비교하면서 비로소 색각이 이루어진다. 따라서 색을 느끼려면 최소 두 종류 이상의 원추세포가 필요하다. 인간은 세 종류의 원추세포가 일으키는 반응의 정도에 따라 다양한 색을 구별할 수 있다. 서로 다른 색의 물감을 섞어 새로운 색을 만들 듯이, 두 가지 파장의 빛을 적절하게 조합하면 한 가지 파장의 빛이 내는 자극과 동일한 색을 느끼게 할 수 있다. 빨간색 빛과 초록색 빛이 합쳐지면 노란색 빛으로 느껴지는 이유가 여기에 있다. 인간에게는 660나노미터와 530나노미터 파장의 두 가지 빛이 원추세포를 동시에 자극하는 정도와 580나노미터 파장의 한 가지 빛이 자극하는 정도가 같기 때문에 물리적으로는 서로 다른 파장의 빛이 눈에 도달해도 뇌의 입장에서는 같은 색이라고 느낀다. 우리의 모든 감각은 결국 뇌가 해석한 결과이기 때문에 뇌에 같은 신호가 전달되면 실제 물리량과 상관없이 동일한 감각으로 인지된다. 삼원색에서 원색原色이란 어떤 색상을 섞어도 만들 수 없는 색을 말한다. 나머지 색은 이 원색들을 조합해 만들 수 있다. 이 역시 원색이 특별한 물리적 특성을 지녔기 때문이 아니라 인간의 원추세포가 세 종류이기 때문에 삼원색이 되었다고 볼 수 있다.

원추세포는 빛의 파장(색깔)에 따라 반응하는 정도가 다르다. 그래서 물리적으로 같은 밝기의 빛이라도 파장에 따라 더 밝거나 어둡게 느껴진다. 인간은 가시광선에서 중간 정도의 파장을 가지는 노란색을 가장 밝게 느끼고, 양쪽 끝의 파장인 빨간색이나 보라색에 가까울수록 어둡게 느낀다. 게다가 우리 눈은 1~2나노미터의 미세한 파장 차이도 알아차릴 수 있다.

그리고 우리 눈은 시선 방향의 중심시야 30도 이내에서만 색을 주로 감지한다. 이는 원추세포의 밀도가 망막 중심부인 황반으로 갈수록 높아지기 때문이다. 원추세포는 특히 중심시야 5도 이내에 집중적으로 분포해 있기 때문에 중심시야로 직접 사물을 보지 않고 주변시야로만

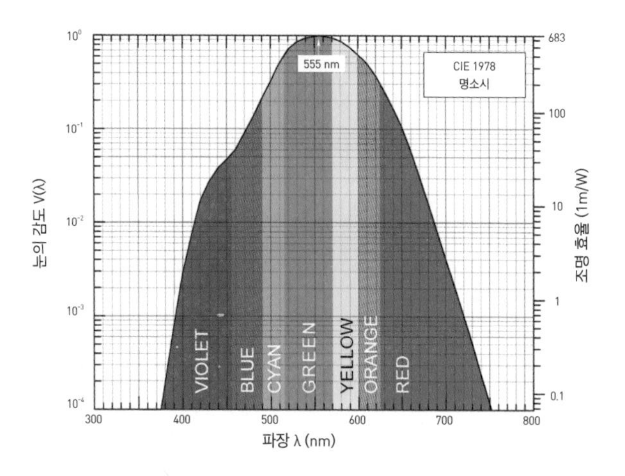

그림 9 명소시(보통 밝기에서의 시각). 눈의 감도와 조명 효율의 정도를 파장(색)별로 확인할 수 있다. 같은 밝기의 조명이라고 하더라도 색에 따라 사람이 느끼는 밝기가 다르다. 사람은 초록색과 노란색(555나노미터 부근의 파장)을 가장 밝게 느낀다.

보게 되면 색각이 급격히 떨어진다. 곁눈질로 보면 색을 정확히 구분하기가 어려운 이유가 이 때문이다. 참고로 망막에 있는 시세포의 수는 약 1억 3,000만 개인데, 이 중 원추세포는 약 600~700만 개고, 간상세포는 약 1억 개다. 원추세포는 시력과 색각에 매우 중요하지만 간상세포가 훨씬 더 높은 비중을 갖고 있다.

1999년에 데이비드 R. 윌리엄스David R. Williams(1954~)는 《네이처Nature》에 발표한 논문에서 세 가지 원추세포에 색을 칠해 모자이크로 시각화했다. 이 논문에서 사람의 눈은 대략 빨간색 원추세포 65퍼센트, 초록색 원추세포 33퍼센트, 파란색 원추세포 2퍼센트의 비율을 가지고 있으며, 뚜렷한 패턴 없이 무작위random로 배열되어 있다는 점이 밝혀졌다. 그리고 원추세포의 비율은 사람마다 편차가 컸지만, 이 차이가 색각에 어떤 영향을 미치는지는 명확히 규명하지 못했다. 사람마다 원추세포의 비율이 달라서 색채 감각이 미세하게 다른 것일 수도 있다.

사실 삼색설만으로 색각에 대한 모든 현상을 설명할 수 없다. 독일의 생리학자 에발트 헤링Ewald Hering(1834~1918)은 삼색설의 부족한 점을 보완하기 위해 반대색설opponent color theory을 주장했다. 헤링에 따르면 파랑-노랑, 빨강-초록 두 쌍의 채색계chromatic system와 하양-검정의 무채색계achromatic system의 총 세 가지 반대색 시스템이 있다. 원추세포에서 출발한 색각 정보가 뇌로 가는 신경 전달 과정에서 이 시스템이 작동한다. 예를 들어, 파랑-노랑 시스템이 작동하면 파란색, 작동하지 않으면 노란색이 느껴진다. 빨강-초록 시스템이 작동하면 빨간색, 작동하지 않으면 초록색이 느껴진다. 그리고 하양-검정 시스템이 작동하면 밝게, 작동하지 않으면 어둡게 느껴진다. 또한 이차적으로 하나의 중심 세포와 그 주변 세포들이 모여 하나의 구성 단위로 묶이며, 이 구성 단위가 망막의 신경절 세포를 통해 뇌로 신호를 전달한다. 이런 반대색설이 등장한 이유는 삼색설로는 도저히 설명할 수 없는 몇 가지 색각 현상이 있기 때문이다.

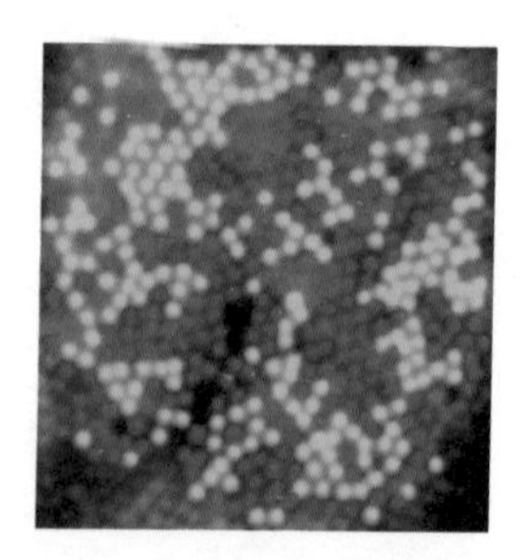

그림 10 사람의 원추세포에 색을 칠해 세 종류의 원추세포를 시각화해서 구분했다.

대표적인 현상이 대비효과contrast effect다. 대비효과는 일상생활에서

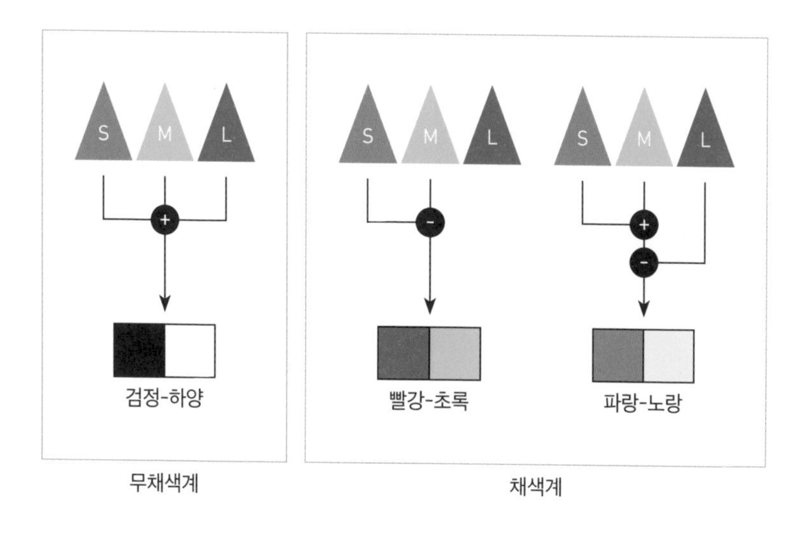

그림 11 에발트 헤링의 반대색설을 도식화했다. 원추세포에서 출발한 색각 정보가 뇌로 가는 신경 전달 과정에서 이 세 가지 반대색 시스템을 거친다.

도 쉽게 접할 수 있는데, 발표 자료를 만들 때 파란색 배경에 글자를 돋보이게 하려면 빨간색보다 노란색을 쓰면 훨씬 효과적인 것이 그 예다. 빈센트 반 고흐Vincent Van Gogh(1853~1890)의 〈씨 뿌리는 사람The Sower〉에도 이런 대비효과가 잘 나타난다. 하늘은 석양으로 노랗게 물들어 있고 척박한 밀밭은 보라색으로 채워져 강렬한 인상을 준다. 대비효과는 삼색설로 설명할 수 없고, 반대색설의 파랑-노랑 시스템으로 설명할 수 있다.

반대색설이 필요한 또 다른 예는 잔상효과after-image effect다. 잔상은 빛(시각 자극)이 없어진 후에도 시각기관에 흥분 상태가 지속되어 시각 자극이 잠시 남는 현상이다. 빨간색을 보다가 시선을 옮기면 뇌에서 빨

그림 12 빈센트 반 고흐의 〈씨 뿌리는 사람〉.

간색의 보색인 청록색을 보여주면서 원래의 색으로 보이게 하는 원리다. 잔상효과의 대표적인 예는 수술실 벽이나 수술복이다. 오랜 시간 몸속의 붉은 피를 보고 있으면 눈이 피로해져 시선을 돌렸을 때 흰색 물체를 봤을 때 초록색으로 보인다. 이러한 잔상효과를 없애고 수술에 전념할 수 있도록 잔상으로 생기는 초록색과 같은 색의 수술복을 입는다. 물론 초록색은 수술방에 들어온 환자를 심리적으로 안심시키는 효과도 있다. 최근에는 수술복이 파란색 일회용 부직포 가운으로 대체되었지만 예전에는 초록색 면 수술복을 많이 입었다. 초록색과 비슷한 파장에 속하는 파란색 역시 잔상효과를 줄이고 수술복에 피가 묻더라도 갈색으로 보이게 해서 자극을 덜어주는 효과가 있다.

삼색설과 반대색설은 서로 대치되는 것이 아니라 함께 작용한다. 현재는 망막 시세포 단계에서는 삼색설, 그 이후 시신경 및 대뇌 단계에서는 반대색설이 작용하는 '색각 단계설'이 가장 유력한 학설로 받아들여진다. 삼색설과 반대색설을 모두 알고 있어야 색각을 충분히 이해할 수 있다. 사실 '색'은 인간의 뇌에서 느끼는 감각이라서 물체의 고유한 물리량이나 성질이 아니다. 고대 그리스 시절 아리스토텔레스Aristotle(기원전 384~322)는 물체마다 본래의 색이 있고 빛에 따라 왜곡된

눈을 떴을 때

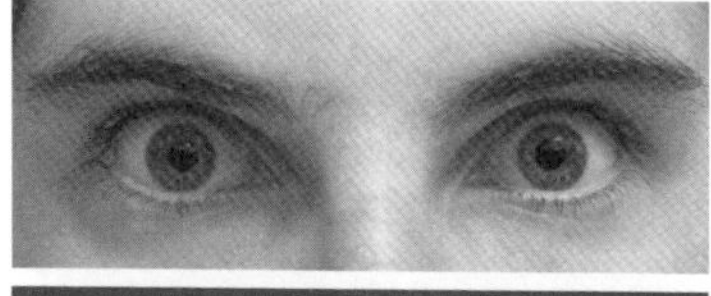

눈을 감았을 때

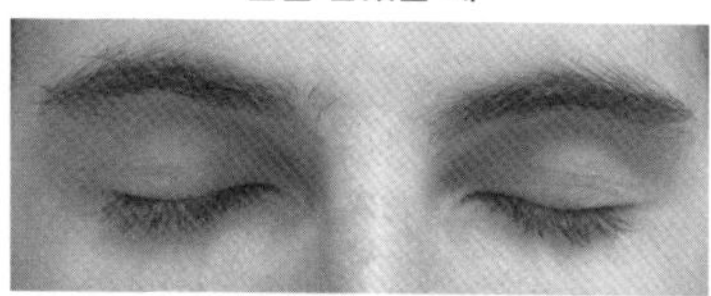

그림 13 잔상은 빛(시각 자극)이 없어진 후에도 시각 시스템에 흥분 상태가 지속되어 시각 자극이 잠시 남는 현상이다.

겉보기 색으로 바뀐다고 가정했으나, 이 가설은 빛에 대한 지식 수준이 높아지면서 부정되었다. 넓은 범위의 빛(전자기파) 중에서 인간이 인식하는 부분은 매우 일부분에 불과하다. 이 중에서 파장을 영역별로 다르게 인식한 것이 '색'이다. 사실 색은 뇌에서 해석한 결과이며 우리가 자의로 정한 것에 불과하다. 맛이나 냄새처럼 뇌에서 합성된 주관적인 감각에 지나지 않는다. 따라서 외계인이 있다면 우리와 전혀 다른 색각 체계를 가지고 있거나 색이라는 개념 자체가 없을 수도 있다.

다른 동물들이 보는 색 역시 인간이 보는 것과는 제법 다르다. 개와 고양이는 두 종류의 원추세포를 가지고 있기 때문에 인간의 기준으로 보면 색맹이라고 할 수 있다. 하지만 개와 고양이는 간상세포를 인간보다 더 많이 가지고 있기 때문에 야간 시력은 우수하다. 일부 조류와 어류는 자외선을 볼 수 있기 때문에 인간이 감각하지 못하는 색을 느낄 수 있다고 추정된다. 어쩌면 인간이 겨우 세 종류의 원추세포로 모든 색을 볼 수 있다고 생각하는 것은 착각일 수 있다. 하지만 이런 착각은 영상 장치의 발명에는 큰 도움이 되었다. 무수히 많은 파장을 방출하는 대신, 세 가지 색의 조합만으로 우리가 느끼는 색을 대부분 표현할 수 있기 때문이다.

만약 인간과 전혀 다른 방식으로 진화한 외계인이 있다면 이들은 지구의 생명체가 눈이라는 '전자기파 안테나'를 사용한다고 생각할지도 모른다. 그런데 인간은 전체 전자기파 중에 지극히 일부분인 가시광선만 볼 수 있다. 시각이 생존에 필수적인 감각이라는 점을 고려하면 '왜 이렇게 좁은 파장만 활용할까?'라는 의문이 생긴다.[3]

지구상에 존재하는 거의 모든 생물은 태양광을 보며 살아간다. 태양광은 지구에 도달하는 태양복사에너지 중에서 가시광선을 가장 크게 방출하고, 여기엔 자외선과 적외선도 포함되어 있다. 사실 자외선은 파장 대역이 넓지 않고 상당 부분이 오존층에 흡수되기 때문에 시각에 주는 영향이 미미할지도 모른다. 하지만 적외선은 꽤 넓은 파장 대역을 가지고 있으며 상당 부분이 지표면까지 도달한다. 이왕이면 이 넓은 적외선 영역까지 시각에 활용한다면 더 좋지 않을까?

강력한 외계인과의 사투를 그린 영화 〈프레데터Predator〉에는 적외선을 볼 수 있는 외계인 프레데터가 나온다. 프레데터의 모든 신체 능력

3 일부 곤충과 조류, 어류는 자외선을 볼 수 있고 사막에 사는 사막방울뱀sidewinder은 적외선을 볼 수 있다. 적외선 유도 미사일인 '사인드와인더'는 이 사막방울뱀의 이름에서 따왔다.

이 인간보다 뛰어나지만, 이들의 주된 사냥법은 기습이다. 프레데터는 스스로 투명화하는 은신술과 적외선을 이용한 시각 체계를 사용한다. 인간은 아무리 위장하더라도 체온 때문에 프레데터에게 들통날 수밖에 없다. 영화에서는 인간(아놀드 슈워제네거)이 진흙을 온몸에 발라 체온을 숨기거나 사방에 불을 질러 프레데터의 시야를 교란시켜 승리한다.

인간이 적외선을 볼 수 없는 이유는 물H_2O이 적외선을 흡수한다는 점과 인간의 진화 과정에서 짐작할 수 있다. 물은 가시광선에 대해서는 '투명'하지만, 적외선에 대해서는 '불투명'하다. 가시광선은 물속을 수십 미터까지 투과할 수 있는 반면, 적외선은 수심 1미터에도 도달하지 못한다. 40억 년 전 지구상에 처음 등장한 생명체는 바닷속 단세포 생물이었다. 해수면 아래에 살던 초기 생물은 적외선을 접하기 어려웠기 때문에 굳이 적외선을 감지하는 감각기관을 발달시킬 필요가 없었을 것이다. 그렇다면 육상으로 진출한 양서류 이후로 적외선을 볼 수 있도록 진화한 생물은 없을까? 모든 육상 생물의 눈 속에는 물이 차 있는데, 이는 바로 눈의 각막과 수정체 사이에 있는 공간에서 순환하는 액체인 안구 방수aqueous humor다. 유리체 안에도 많은 물이 있기 때문에 육지에서 살아도 눈 속에 있는 '물'이 적외선을 흡수해 버린다. 시세포 입장에서는 여전히 물속에서 사는 것과 같다고 할 수 있다.

안타깝게도 인간은 적외선을 볼 수 없지만, 적외선은 우리 삶에 없어서는 안 될 정도로 여러 군데에 쓰인다. 군사 목적의 야간 투시경, 도둑의 침입을 알리는 경보기, 자동문 센서, 물리치료 기구인 온열 찜질기 등 곳곳에 적외선이 사용된다. 스마트폰의 홍채 인식 센서는 적외선으로 홍채 혈관의 패턴을 식별한다. 코로나19 팬데믹 기간에 많이 사용한 비접촉 체온 측정계도 적외선을 이용한 것이다.

역시 우리 눈으로 볼 수 없는 자외선도 다양한 용도로 사용된다. 대표적인 예로, 정부에서 발행하는 신분증과 고액권 지폐에는 자외선을 비추면 무늬가 나타나는 특수 코팅이 되어 있다. 자외선을 이용한 형광염료로 도색한 차선은 교통사고를 예방하는 효과가 있다. 이는 날씨가 흐려도 자외선의 양은 크게 줄지 않아서 상대적으로 형광염료가 눈에 잘 띄기 때문이다. 우리는 보이지 않는 자외선까지 간접적으로 이용하고 있다.

또한 우주를 관찰하는 천문학자들은 자외선, 적외선, 엑스선 망원경을 지구 궤도에 올려놓고 우주에서 쏟아지는 전자기파를 놓치지 않고 분석한다.[4] 우리는 이제 과학 기술이 가져다 준 새로운 '눈'을 통해 실제 눈으로 볼 때보다 더 풍요로운 우주의 모습을 알아가는 중이다.

---

4 허블 우주 망원경의 주된 관측 영역은 가시광선과 근적외선이다. 하지만 가시광선은 이미 적응광학adaptive optics 기술 등으로 개선된 지상의 초대형 망원경이 더 잘 관측할 수 있기 때문에 우주 망원경은 대기의 수증기 흡수 등으로 인해 지상 망원경으로는 관측하기 어려운 적외선 영역을 관측하는 것이 더 효과적이다. 따라서 2021년 크리스마스에 발사된 제임스 웹 망원경은 적외선을 주로 관측하게 설계되었다.

동물은 어떻게 색을 보고 있을까?

동물은 어떤 색각으로 이 세상을 보고 있을까? 많은 동물이 색을 구별할 수 없는 전색맹이다. 나무늘보와 아르마딜로는 간상세포만 가지고 있어 색을 볼 수 없다. 너구리와 고래, 상어와 문어는 하나의 원추세포만 가지고 있기 때문에 마찬가지로 전색맹이다. 문어는 주변 환경에 맞춰 색을 바꾸는 위장의 달인이지만, 정작 자신은 색을 볼 수 없는 것이다.

대부분의 포유류는 한두 가지 색을 구분할 수는 있어도 다양한 색채를 식별하는 감각은 발달하지 않았다. 이들은 파란색과 빨간색 원추세포만 가지고 있는 이색형 색각dichromacy으로 빨간색과 그 보색인 초록색을 가려내지 못하는 녹색맹을 가진 인간과 비슷하다. 개와 고양이는 녹색맹이며 황소도 빨간색 망토를 보고 흥분하는 것이 아니다. 야생에서 생존 경쟁을 벌여야 하는 동물들이 색맹이라는 사실은 언뜻 이해하기 힘들다. 하지만 많은 동물이 보호색으로 주위 사물과 비슷하게 위장을 한 야생에서는 색의 차이보다는 밝기의 차이가 더 중요한 단서가 된다. 숨어 있는 사냥감을 찾아야 하는 육식동물이나 이들을 보고 빨리 도망가야 하는 초식동물에게는 찬란한 색각보다 밝기 차이(대비)를 식별하기 쉬운 이색형 색각이 생존에 더 유리한 것이다. 호랑이의 줄무늬

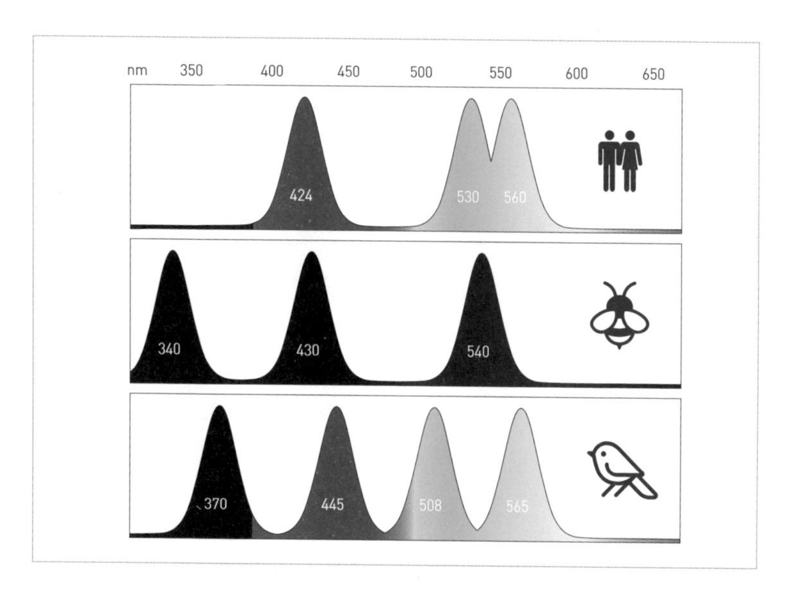

그림 14 여러 곤충과 조류는 자외선을 볼 수 있다. 꿀벌은 빨간색을 볼 수 없어서 누군가가 빨간색 옷을 입고 있으면 꿀벌에게는 그 옷이 어둡게 보일 것이다.

도 인간에게는 화려함의 상징이지만, 녹색맹인 동물들 사이에서는 위장 효과가 있다고 한다. 반면 유인원은 인간처럼 삼색형 색각인 경우가 많다. 주로 열매를 먹게 되면서 초록빛 잎사귀들 사이에서 빨갛고 노란 열매를 찾아내기 유리한 방향으로 진화한 결과라고 추정된다.

대부분의 조류와 일부 곤충은 자외선을 감지는 원추세포가 있는 사색형 색각tetrachomat이다. 많은 조류의 깃털에는 자외선으로만 볼 수 있는 무늬가 있는데, 조류끼리는 이를 통해 성별을 쉽게 구분할 수 있다고 한다. 우리에게 한 가지 색으로 보이는 꽃도 자외선으로 보면 더욱 다채로운 색이 나타난다. 야생의 꽃은 자외선 파장까지 이용해 동물들을 유혹하고 있는 것이다. 일부 생물학자들은 동물의 색각이 자연의 다양한 색을 만들었을 것이라고 추측한다. 즉 꽃의 화려함을 보기 위해 동물의 색각이 진화한 것이 아니라 색각을 가진 동물들의 눈에 잘 띄기 위해 꽃이 화려하게 진화한 것이다. 자외선을 볼 수 있는 동물 종은 연구를 거듭할수록 점점 늘어나고 있다. 파충류, 곤충, 민물고기도 네 가지 원추세포를 가진 사색형 색각이다. 물고기는 미세한 자외선을 흡수하는 플랑크톤을 쉽게 볼 수 있다. 설치류는 자외선을 통해 하늘에 날아다니는 맹금류의 그림자를 빠르게 알아챈다. 순록은 자외선을 반사하는 설원에서 먹이인 이끼를 더 쉽게 찾아낸다. 이들 입장에서는 인간을 자외선 색맹이라고 생각할지도 모른다.

일부 동물은 네 가지 이상의 원추세포를 가지고 있다고 밝혀졌다. 그렇다고 이들의 색각이 인간보다 뛰어나다고 할 수는 없다. 공작갯가재는 열두 종류의 원추세포를 가지고 있지만, 행동연구 실험 결과 공작갯가재가 색을 구분하는 능력은 형편없는 것으로 판명되었다. 지구상의 동물에게 사색형 색각보다 더 정교한 색각은 필요 없다. 자연에 있는 모든 파장의 빛을 균등한 간격으로 담당하는 네 종류의 원추세포가 있다면 모든 대상의 색을 볼 수 있는 이상적인 상태가 되기 때문이다.

빛이 거의 들어오지 않는 심해에서 사는 생물들은 색을 구별할 수 있을까? 관련 연구가 많지 않지만 은빛가시지느러미라는 심해어는 무려 서른여덟 종류의 간상세포를 가지고 있다는 것이 밝혀졌다. 이렇게 많은 종류의 간상세포를 통해 심해어는 어둠 속에서도 색을 감지할 수 있다고 추정하고 있다. 아직 심해 동물의 색각은 미지의 영역이며 여러 연구가 필요하다.

토막 상식 3 화학색과 구조색

우리가 일상에서 접하는 색은 색소나 염료를 사용해서 만드는 화학색chemical color이다. 색소는 특정 파장의 빛을 반사하고 나머지를 흡수하는데, 빨간 색소는 빨간 파장의 빛을 반사하고 다른 파장의 빛은 흡수한다.

구조색structural color은 표면의 미세한 구조가 빛을 간섭interference 및 산란scattering시켜 만드는 색이다. 색소 없이 물리적 구조 때문에 나타나는 색이기 때문에 물리색physical color이라고도 한다. 투명한 얼음을 갈아서 빙수로 만들거나, 투명한 바닷물이 파도를 치며 부서질 때 하얗게 보이는 이유는 빛의 산란이 일어나기 때문이다. 비눗방울은 막의 두께에 따라 빛의 간섭이 달라져서 무지개색으로 보인다. 벽안碧眼이라고 하는 파란 눈도 홍채에 파란색 색소가 있는 것이 아니라 홍채 표면의 미세한 요철이 빛을 간섭시켜 파란색 파장이 보이는 것이다.

화학색은 어느 각도에서 보아도 동일한 색으로 보인다. 또한 화학색은 자외선 등의 외부 자극에 의한 화학 반응이 일어나면서 시간이 지날수록 보통 색이 바랜다. 반대로 구조색은 보는 각도에 따라 색이 조금씩 달라질 뿐이다. 또한 구조색을 띠는 대상은 물리적인 미세 구조가 깨지지 않는 한 색이 바래지 않는다.

#2 색약과 색맹 완벽 정리

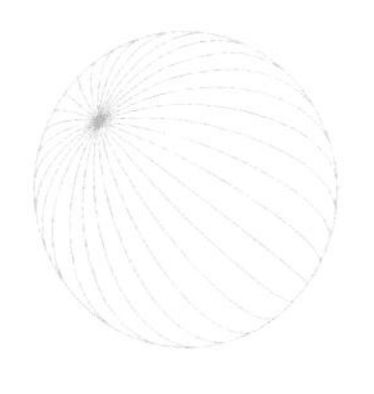

내가 초등학교(당시는 국민학교)를 다닐 때는 학년이 바뀔 때마다 신체검사를 실시했다. 키, 몸무게, 시력 등과 함께 색각검사를 했는데, 알록달록한 색각검사표를 읽지 못하는 학생이 으레 한 반에 한 명씩 나왔다. 보건복지부 통계에 따르면, 우리나라 남성의 5.9퍼센트, 여성의 0.4퍼센트가 색각이상이다. 1990년대 학급당 평균 인원이 40명이었으니, 색각이상자가 한 반에 한 명 이상씩 있다는 계산이 나온다. 그만큼 색각이상자는 흔하다. 아마도 그 학생은 하루 종일 친구들의 질문 공세에 시달릴 것이다. "이 색연필은 무슨 색으로 보여?"

색각이상이란 망막에 있는 시세포의 결함으로 인해 정상인보다 색을 구별하는 능력이 떨어진 상태를 말한다. 인간의 시세포에는 세 종류

	제1이상 (적색)	제2이상 (녹색)	제3이상 (청색)
삼색형색각	제1색약(적색약) Protanomaly	제2색약(녹색약) Deuteranomaly	제3색약(청색약) Tritanomaly
이색형색각	제1색맹(적색맹) Protanopia	제2색맹(녹색맹) Deuteranopia	제3색맹(청색맹) Tritanopia
단색형색각	전색맹		

그림 15 색각이상 분류표.

의 원추세포와 한 종류의 간상세포가 있다. 여기서 한 가지라도 부족하면 색맹이고, 시세포가 모두 있어도 색 구분 능력이 떨어지면 색약color weakness이 된다. 시세포의 결함 정도에 따라 색을 전혀 구분하지 못하는 전색맹monochromatism(단색형색각)부터 색각검사에서만 결함이 발견되는 경미한 색약까지 색각이상의 정도는 다양하다. 전색맹은 매우 희귀하지만 경미한 색약은 한 학급당 한 명씩 있을 정도로 흔하다.

색각이상은 선천적 혹은 후천적으로 발생할 수 있다. 후천성 색각이상은 황반변성macular degeneration, 시신경염optic neuritis과 같은 안과 질환뿐만 아니라 중추신경 장애나 약물 복용과 같은 다양한 원인 때문에 발생하며, 원인이 되는 질환을 치료하면 색각이상도 동시에 완화된다. 후천성 색각이상이 선천성 색각이상과 다른 점은 색각이 달라진 것을 본인이 느낄 수 있다는 것이다. 반면 선천성 색각이상은 색각검사를 하거나 다른 사람과 비교하기 전까지는 모르고 지내는 경우가 대부분이다. 앞에서 살펴보았듯이 색각은 지극히 주관적인 감각이기 때문에 다른 사람과 비교하지 않는 한 불편함을 느끼지 못한다. 우리가 일반적으로 색약과 색맹이라고 부르는 선천성 색각이상은 유전자의 결함으로 발생하기 때문에 아직까지 치료법을 찾지 못했다.

지금부터는 선천성 색각이상에 대해서만 다루어 보겠다. 색각이상은 원추세포의 결함 때문에 발생하며, 결함이 있는 원추세포에 따라 분류된다. 한 가지 원추세포가 없으면 색맹, 없는 원추세포에 따라 적색맹, 녹색맹, 청색맹으로 나눈다. 이런 색맹은 색을 구분하는 능력이 크게 떨어지지만 세상이 흑백으로 보이는 것은 아니다.

두 가지 원추세포가 없으면 비로소 전색맹이 된다. 이들에게 세상은 이 색이 아니라 오직 명암으로 보인다. 이들은 태어났을 때부터 시력이 매우 낮고 안구진탕nystagmus과 심한 눈부심photophobia이 동반되기 때문에 심각한 시각장애인에 해당된다.

색약은 세 가지 원추세포를 가지고 있어도 기능 수준이 떨어진 상태다. 기능이 달라진 원추세포의 종류에 따라 적색약, 녹색약, 청색약으로 구분한다. 유전자 변이 정도에 따라 정밀 검사로만 판별할 수 있는 경미한 수준부터 색맹과 거의 유사한 수준까지 다양한 스펙트럼으로 발현된다.

대부분의 색각이상은 빨간색과 초록색 원추세포에서 발생하며 일반 색각검사표로는 이 두 종류를 구분하기 힘들기 때문에 적록색맹, 적록색약이라고 뭉뚱그려 판정한다. 그리고 적록 색각이상은 압도적으로 남성에서 많이 나타나는데, 그 유전적 원인을 살펴보도록 하자.

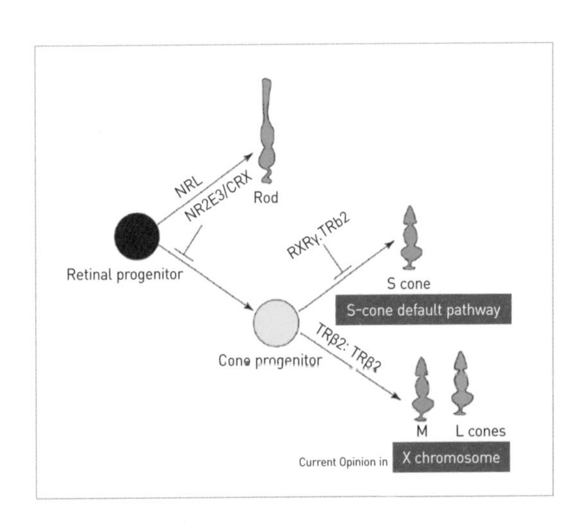

그림 16 망막전구세포와 원추전구세포의 분화 과정.

빨간색과 초록색 원추세포의 정보를 담은 유전자가 X 염색체상에 함께 있다. 두 유전자는 서로 가깝게 붙어 있어서 감수분열 과정에서 다양하게 재조합되면서 혼합 유전자hybrid gene가 생긴다. 이 혼합 유전자는 원추세포의 흡수 파장을 변화시킨다.

색각이상이 없는 사람의 빨간색과 초록색 원추세포는 30나노미터 정도의 최대 흡수 파장 차이가 난다. 색각은 원추세포의 반응에서 차이가 있어야만 비로소 느끼는 것인데, 두 가지 원추세포의 흡수 파장 차이가 줄어들면 미세한 색까지 구분하기 어려워진다. 학교에서 실시하는 색각검사는 이런 원리를 이용해 다양한 색의 점dot으로 이루어진 숫자나 패턴을 구분할 수 있는지를 검사한다. 두 원추세포의 유전자가 혼합되어 흡수 파장의 차이가 줄어들면 적록색약이 된다. 유전자가 완전히 혼합되어 흡수 파장의 차이가 없어지면 사실상 원추세포가 하나 없는 셈이기 때문에 적록색맹이 된다. 같은 색약이라고 해도 유전자 혼합 정도에 따라 색 구분 능력은 다양하게 나타나기 때문에 색약의 정도를 판정하려면 정밀 검사가 필요하다.

파란색 원추세포의 유전자는 8번 염색체에 따로 떨어져 있어서 재조합이 일어나지 않는다. 즉 파란색 원추세포에 이상이 생기는 경우는 매우 드물어서 청색맹과 청색약은 거의 없다. 그리고 청색약, 청색맹이 드문 또 하나의 이유는 시세포의 분화 과정에 있다. 태아기 때 존재하는 망막전구세포retinal progenitor는 원추전구세포cone progenitor와 간상세포로 분화되고, 원추전구세포는 파란색·초록색·빨간색 원추세포로 다시 한 번 분화된다. 여기서 X 염색체에 있는 빨간색과 초록색 원추세포 유전자의 분화 자극이 가해지지 않으면 원추전구세포는 파란색 원추 기본 경로S-cone default pathway를 따라 모두 파란색 원추세포로 분화하는 것이다. 따라서 유전적 결함으로 분화가 정상적으로 이루어지지 않더라도 파란색 원추세포는 생성된다. 이런 이유 때문에 파란색 색각이상은 매우 희귀하다.

색각이상 유전자는 정상 유전자에 대해 열성이라서 정상 유전자가 있다면 발현되지 않는다. 남자XY는 X 염색체가 하나이기 때문에 색각이상 유전자가 하나만 있어도 발현된다. 하지만 여자XX는 하나의 X 염색체에 결함이 있더라도 다른 X 염색체가 정상이라면 색각이상이 발현되지 않는다. 따라서 색각이상은 남자에서 여자보다 열 배 이상 많

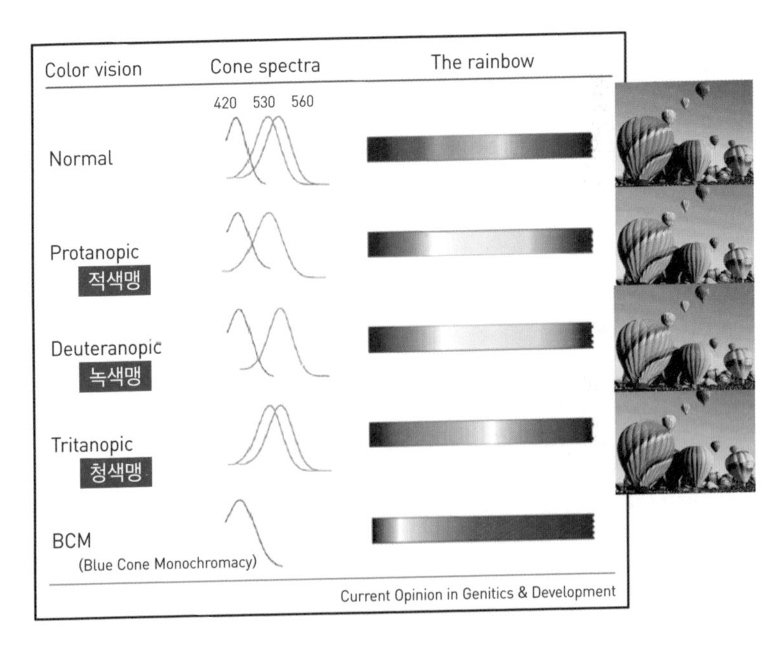

그림 17 BCM은 파란색 원추세포 단색형 색각(전색맹)이다.

다. 또한 인종에 따라 발생 빈도가 다르며, 북유럽에서 남성의 8퍼센트가량이 색각이상이라고 보고한 문헌도 있다.

[그림 17]은 색맹인이 느끼는 색을 정상인과 비교해 표현한 것인데, 적색맹과 녹색맹이 느끼는 색은 거의 비슷하다. 일반 색각검사만으로는 이 두 가지를 구분하기가 힘들고 큰 의미가 없기 때문에 편의상 적록색맹이라고 한다. 색약의 정도는 개인차가 매우 커서 정상인과 큰 차이가 없는 수준부터 거의 색맹에 달하는 수준까지 다양하다.

학교폭력에 대한 복수를 그린 넷플릭스 드라마 〈더 글로리〉에서는 색맹이 중요한 극 중 장치로 등장한다. 가해자인 전재준(박성훈)이 복수를 위해 나타난 문동은(송혜교)을 알아보고 "넌 뭔가 변했다. 고딩 땐 흑백이었는데 뭔가 알록달록해졌달까"라고 하는 장면이 있다. 이에 문동은은 색맹 콤플렉스를 가지고 있는 전재준에게 "근데 넌 알록달록한 게 뭔지 모르잖아"라고 받아친다. 또 다른 가해자 박연진(임지연)의 딸이 신호등이나 양말 색을 구분하지 못하는 묘사로 출생의 비밀이 있음을 암시한다. 이 드라마에서 색맹에 대한 묘사는 다소 과장된 부분이 있다. 실제로는 색맹이 있어도 충분히 색을 느낄 수 있다. 정상인의 색감과는 다르고 색을 구분하기가 다소 힘든 것은 사실이지만 색맹인들의 세상도 충분히 알록달록하다. 신호등의 빨간불과 파란불은 물리적으로 다른 파장이기 때문에 색맹인도 그 차이는 느낄 수 있으며 주변 단서와 교육을 통해 다른 사람들처럼 생활할 수 있다. SBS 드라마 〈당신이 잠든 사이에〉의 색맹 묘사는 조금 더 현실적이다. 적록색약을 숨기고 있는 경찰인 한우탁(정해인)이 무전기 충전이 다 되었냐고 묻는 동료의 질문에 쉽게 대답을 하지 못하는 장면이 등장한다. 색맹과 심한 색약인은 언뜻 봐서는 충전기의 조그만 불빛 색이 무엇인지 구별하기 힘들기 때문이다.

색각이상이 반드시 불리한 것만은 아니다. 제2차 세계대전 당시 색각이상 군인들은 위장한 저격수를 찾는 데 뛰어난 능력을 보이며 활약했다고 한다. 적록색약 군인은 빨간색과 초록색을 구별하는 민감도는 떨어지지만 초록색의 미묘한 밝기 변화에는 더 예민해서 주변 환경과 초록색 계열인 위장복 사이의 미세한 대비를 발견하는 데 더 뛰어났다고 한다. 또한 그들은 5,000원권과 50,000원권을 별로 헷갈려 하지 않는다. 이들에게는 두 노란색 지폐가 꽤 다르게 보이기 때문이다.

선천성 색각이상은 유전자의 결함으로 발생하는 것이기 때문에 아직까지 근본적인 치료법이 없다. 인터넷으로 색맹 치료를 검색하면 여러 특수 안경과 콘택트렌즈가 나오는데, 이것은 치료가 아닌 보정이라고 해야 한다. 이런 특수 렌즈는 중심부에 색이 입혀져 있어서 눈으로 들어오는 빛을 다른 색으로 바꿔준다. 그럼 구분하기 어려웠던 영역이 다른 영역으로 바뀌어서 색각검사를 통과하기 쉬워진다. 하지만 눈으로 들어오는 색을 모두 바꿔버리기 때문에 모든 색감이 달라지며 렌즈가 가시광선을 어느 정도 흡수해서 다소 어둡게 보인다는 단점이 있다. 실생활에서 활용하려면 상당한 훈련이 필요할 것으로 보인다.

최근 출시하는 스마트폰에는 색상 조정 기능이 탑재되어 있다. 색각이상의 종류를 고르거나 색상환을 검사해서 자신에게 가장 잘 보이는 색으로 디스플레이 색감을 조정할 수 있다. 인기 있는 게임의 경우 색각이상 게이머를 위한 '색맹 모드'가 나오기도 한다.

사실 색이라는 것은 질량과 온도 같은 물리량이 아니다. 우리가 실제로 보는 것은 파장이 다른 전자기파일 뿐이며 색이라는 것은 뇌에서 만들어 낸 감각에 불과하다. 따라서 물체의 '진짜 색'이라는 것은 존재하지 않으며 정상인과 색각이상자는 누가 절대다수를 차지하느냐로 결정될 뿐이다. 전체 인구의 5퍼센트가 넘는 사람이 색각이상자이고, 이들 중 대다수는 치료할 필요가 없다. 학교에서 시행하는 색각검사가 학생들 사이에서 위화감만 조성한다는 민원이 제기된 적도 있다고 한다.

색각이상자에 대한 편견과 차별은 예전보다 많이 줄어들었다. 색각이상자에게 있었던 취업 제한은 국가인권위원회의 차별 개선 권고 이후 지금은 거의 사라졌다. 현재 의대, 미대 등의 대학 입학 때나 소방관 등의 공무원 채용 시에 차별을 받는 경우는 없다. 아직 경찰 공무원과 항공기 조종사 등의 채용 기준에는 색각이상이 남아 있지만 예전보다 완화되었다. 참고로 병무청 병역 판정 신체검사에도 색각이상 항목은 없다.

신체검사 때마다 친구들의 질문에 시달리던 색약 학생이었던 나는 지금 제법 쓸 만한 안과의사가 되었다. 간혹 색각이상으로 병원을 찾아오는 사람이 있는데 내 역할은 정확한 정보를 제공하고 안심시키는 것이라고 생각한다. 대학병원에 있을 때는 종종 취업용 색각이상 진단서를 발급했다. 앞으로 색각이상에 대한 사회적 이해가 높아져서 이런 취업 문턱이 더욱 낮아지기를 희망한다. 불필요한 환자를 양산해서 상업적으로 이용하는 일도 없어졌으면 한다.

토막 상식 **색맹의 섬**

올리버 색스Oliver Sacks(1933~2015)는 영국의 신경과의사이자 작가다. 《뉴욕타임스The New York Times》에서 '의학계의 계관시인poet laureate'이라고 불렀을 정도로 훌륭한 저서를 남겼다. 우리나라에는 뇌신경이 손상된 사람들에 관한 에피소드를 모은 저서 『아내를 모자로 착각한 남자The Man Who Mistook His Wife for a Hat』로 잘 알려져 있다. 1997년에 출판된 『색맹의 섬The Island of the Colorblind』은 올리버 색스가 색맹인이 모여 사는 태평양의 작은 섬 '핀지랩Pingelap'과 '폰페이Pohnpei'에서 겪은 일들을 엮은 책이다. 이곳 사람 열 명 중 한 명은 모든 세상이 회색으로 보이는 '전색맹'을 가지고 있다. 0.00001퍼센트 발병률의 희귀 질환인 전색맹이 이곳에서만 유독 흔한 이유는 무엇일까?

1775년, 핀지랩에 태풍 랑키에키가 불어닥쳤다. 1,000명가량이었던 주민 대다수가 태풍과 식량 부족으로 인해 숨지고 20여 명만이 살아남았다고 한다. 이들은 인구를 늘리기 위해 근친혼을 할 수밖에 없었다. 생존자 중 한 명이 가지고 있던 전색맹 유전자가 근친혼으로 후손들에게 전해져 현재는 250여 명의 핀지랩 주민 중 10퍼센트가 전색맹이고 30퍼센트는 증상은 없지만 유전자를 가지고 있는 보인자라고 한다. 핀지랩 주민은 전색맹인을 '마스쿤maskun'(핀지랩어로 '보이지 않는다'라는 뜻)이라고 부른다. 원추세포가 없는 마스쿤은 시력이 매우 나쁘고 빛에 매우 민감해서 낮에는 활동하기 불편하다. 하지만 상대적으로 많은 간상세포 덕분에 밤이 되면 세상을 더 잘 볼 수 있다. 항상 암순응 상태로 살기 때문에 밤하늘의 별을 쉽게 찾고 밤낚시에 매우 유리하다. 핀지랩은 가난한 섬이지만 이곳 주민은 마스쿤과 음식을 똑같이 나누며 공존한다. 올리버 색스는 『색맹의 섬』에서 이런 핀지랩을 아름답게 묘사했다.

#3 드레스 색깔 논란 완전 해결

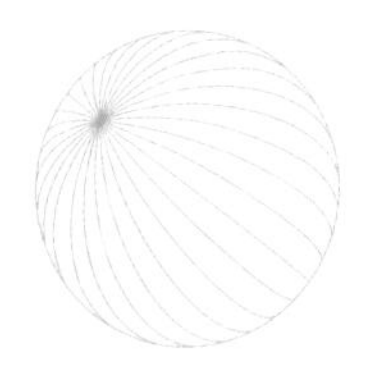

지난 2015년, 한 장의 사진 때문에 전 세계에서 논란이 일어났다. 일명 '드레스 색깔 논란dress color debate'으로 아직 기억하는 사람이 많을 것이다. 사건은 스코틀랜드 가수 케이틀린 맥닐Caitlin McNeill(1994~)이 페이스북에 드레스 사진을 올리면서 시작되었다.

"Guys please help me — is this dress white and gold, or blue and black. Me and my friends can't agree and we are freaking the fuck out."

"얘들아, 제발 도와줘. 이 드레스 '흰색+금색'인 것 같아? '파란색+검은색'인 것 같아. 나랑 친구들은 의견 일치가 안 돼서 돌아버릴 것 같아."

인터넷으로 이 드레스 사진을 본 사람들도 '흰색과 금색(이하 흰금)'과 '파란색과 검은색(이하 파검)'으로 의견이 갈리기 시작했다. 같은 사진을 두고 사람에 따라 전혀 다른 색으로 느낀다는 사실이 밝혀지면서 논란은 순식간에 전 세계로 퍼져나갔다. 흰금파와 파검파는 서로 상대방을 이해할 수 없었고, 급기야 정치, 종교와 더불어 술자리에서 피해야 할 3대 화제라는 농담까지 나왔다. 당시 이 논쟁 때문에 나에게 진료를 보러 온 환자가 있었다. 문제의 그 드레스를 보고 친구들은 다 흰금이라고 하는데 자신만 파검으로 보여서 자기 눈에 이상이 있는지 걱정되어서 내원한 것이었다. 당연히 환자의 눈은 아무렇지 않았지만 사람마다 색이 다르게 보이는 이유는 몰라서 적당히 둘러댄 기억이 난다.

그림 18　논란이 있던 드레스 사진.

'드레스 색깔 논란'은 눈에 대한 지식만으로는 풀어내기 어렵다. 눈을 벗어난 신경계와 시각계 차원의 이해가 필요하다. 색각 처리에 뇌가 함께 관여한다는 레티넥스 이론Retinex Theory이다. 'Retinex'는 망막retina과 대뇌 피질cortex을 합쳐서 만든 말로, 1971년에 랜드Edwin Land(1909~1991)와 매캔John McCann(1933~2023)이 제안한 모델이다. 색채학을 공부하는 분들에게는 '랜드 효과the Land effect'라는 말이 더 익숙할 것이다. 우리의 시각계는 조명이나 빛의 밝기에 따라 사물의 색이 달라져도 이를 일정한 색으로 인지하려는 성질이 있는데, 신경계의 이런 보상

그림 19 우리의 뇌는 그림자에 비친 잔디가 다른 잔디와 똑같은 초록색이라고 인지한다.

그림 20 두 노란 동그라미는 색이 같다. 실제로 눈에 동일한 파장의 빛이 입력되지만 뇌에서 멋대로 해석해 그림자 속 노란 동그라미가 더 밝게 느껴진다.

작용을 색채항등성color constancy이라고 한다. 이때 신경계는 광원이 미치는 효과보다 물체 자체의 색에 더 집중한다. 예를 들어, [그림 19] 속 그림자가 진 잔디는 햇빛이 비치는 부분과 색이 많이 달라져도 우리는 이를 여전히 초록색이라고 인식한다. 마찬가지로 어두운 밤에 개나리를 봐도 어떤 조명 아래에 있든지 우리는 개나리를 노랗다고 인식한다. 우리는 태양광이 시시각각 달라지는 지구에서 살기에 시간에 따라 열매가 다른 색으로 보이면 혼란을 느끼게 될 것이다. 물체의 원래 색을 알고 있다면 색채항등성은 뇌의 정보 처리 용량을 줄여 생존에 도움을 준다.

하지만 이 때문에 간혹 처음 접하는 물체의 색을 착각하기도 하고, 조명에 따라 같은 색을 다르게 느끼기도 한다. [그림 20] 속 두 개의 노란 동그라미는 완벽하게 같은 색이다. 그림자 속 노란 동그라미가 더 밝게 보이는 이유는 그림자(광원)의 효과는 줄이고 물체 고유의 색상을 강조하려는 뇌의 보상 작용이 '착시'를 일으키기 때문이다. 눈으로는 동일한 파장의 빛이 도달하지만 뇌가 그림자의 영향을 멋대로 해석해 우리는 그림자 속 노란 동그라미를 더 밝게 느낀다. 앞선 착시의 예와 같이 색채항등성은 완벽하지 않다. 이처럼 드레스 색깔 논란은 이 색체항등성이 전세계인을 속이고 분열시킨 사건이었던 것이다.

우리 눈으로 들어오는 빛은 조명(광원)에서 출발한 빛이 물체에 색에 따라 반사된 것이다. 논란의 드레스 사진에서는 조명이 어디에 있는지 뚜렷하지 않기 때문에 어떤 사람은 조명이 드레스 앞에 있다고 느끼고 다른 사람은 조명이 드레스 뒤에 있다(드레스가 조명을 등지고 있다)고 느낀다. 드레스가 조명을 등져서 검푸른 그림자 속에 있다고 느낀 사람의 뇌는 푸른 기가 많은 곳에서 찍힌 사진이라고 인지해서 스스로 이미지에 빨간색을 추가한다. 파란색 드레스에 빨간색이 들어가면 보색이 섞이니까 드레스를 흰색이라고 인지한다. 그리고 검은색에 빨간색이 들어왔으니까 주황색 계열로 보이는 것이다. 반대로 이 드레스가 밝은 조명을 정면으로 받고 있다고 인식한 사람은 파란색이라고 인지한다. 실제로 우리 눈에 도달한 빛이 똑같아도 조명에 대한 가정이 달라지면 우리는 사물의 색을 다르게 받아들인다. 이것이 사람마다 드레스 색깔이 달라 보이는 원인이며, 우리 뇌의 색채항등성이 빚어낸 착각이었던 것이다.

그렇다면 같은 사진임에도 불구하고 사람에 따라 조명에 대한 가정이 달라지는 이유는 무엇일까? 이에 대한 명쾌한 해답은 아직 존재하

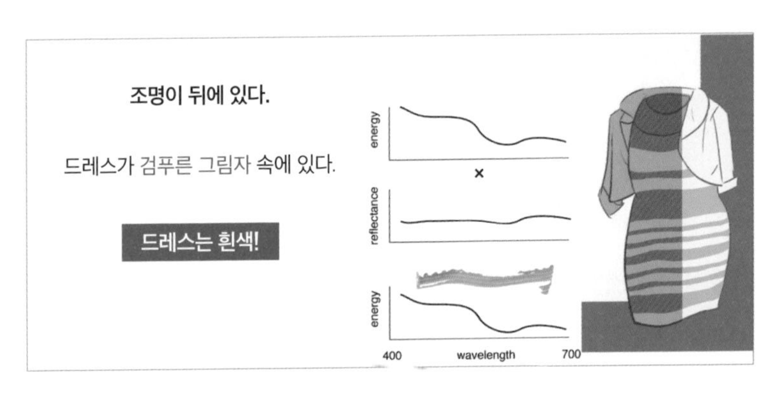

그림 21 조명이 뒤에 있다고 생각하면 드레스가 그림자 속에 있다고 인식하여 흰색으로 보인다.

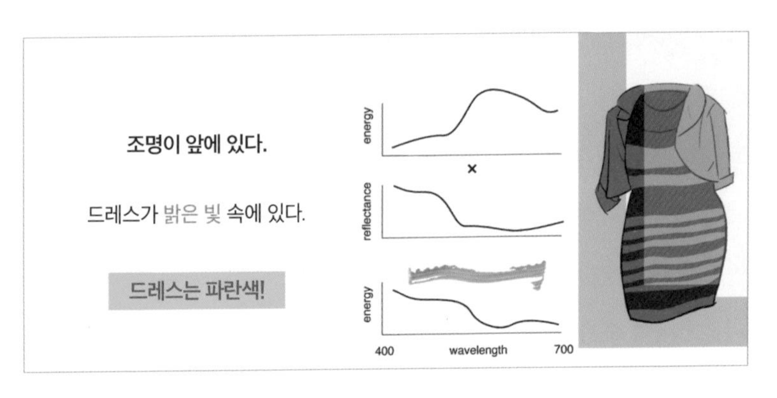

그림 22 조명이 앞에 있다고 생각하면 드레스가 빛 속에 있다고 인식하여 파란색으로 보인다.

지 않는다. 다만 드레스를 흰색으로 느낀 사람은 '카메라 역광 현상'을 보다 의식했다고 볼 수 있다. 인터넷을 자주 사용하는 현대인은 카메라 역광 현상에 비교적 익숙해서 전 세계적으로 드레스의 색을 흰금이라고 보는 사람의 비율(60~70퍼센트)이 파검의 비율(30~40퍼센트)보다 높았다고 한다.

문제의 사진을 보면 드레스 뒤쪽에서 밝은 빛이 비치는 것처럼 보인다. 이것 때문에 드레스가 검푸른 그림자 속에 있다고 인식하는 사람이 더 많았기에(마치 역광에서 찍은 사진으로 생각해서) 드레스를 흰금이라고 느끼는 비율이 높았다고 볼 수 있다. 하지만 실제로 드레스 뒤쪽에는 거울이 있었고 오른쪽 상단에 있는 밝은 빛은 거울에 반사된 것이라고 한다. 나의 경우에는 드레스의 상반신에 집중하면 흰금으로 보이고 하반신에 집중하면 파검으로 느껴진다. 실제 드레스 색깔은 '파란색과 검은색'이었다. 드레스 제조사가 SNS로 드레스 색을 인증했으며 덕분에 드레스 판매량이 폭증했다고 한다.

영화 〈매트릭스The Matrix〉에서 모피어스(로런스 피시번)는 이렇게 말했다. "무엇이 '실제'이지? 어떻게 실제를 정의하지? 네가 느끼는 냄새와 맛, 보이는 것을 실제라고 한다면 실제란 단지 너의 뇌 안에서 일어난 전기 신호에 불과하지." 궁극적으로 인간이 '본다'라는 것은 대뇌의 시각 피질visual cortex에서 처리하는 정보다. 그리고 이 정보 처리 과정에는 과거의 경험이나 판단, 심지어 감정까지도 관여하고 있다.

드레스 색깔 논란은 진정한 의미의 논란은 아니었지만 수많은 패러디를 낳았다. 이를 마케팅에 활용한 기업도 있었고 가정폭력에 대한 공익광고가 나오기도 했다.

드레스 색깔 논란은 몇 가지 긍정적인 결과를 낳았다. 많은 사람이 물리적인 정보가 인간이 받아들이는 감각과 전혀 다를 수 있다는 사실을 알게 되었다. 우리 뇌는 낯선 대상을 만나면 자신의 경험에 비추어 '존재해야 마땅한' 것에 대한 환상을 만들어 낸다. 하나의 드레스 색이 서로 다르게 보일 정도이니 같은 사실에 대해서도 사람마다 다르게 받아들일 수 있다는 사실을 잊지 말아야겠다. 어쩌면 자신의 감각이 객관적이라는 생각이 가장 위험한 착각일 수 있다.

#4 자외선은 눈에 어떻게 해로울까?

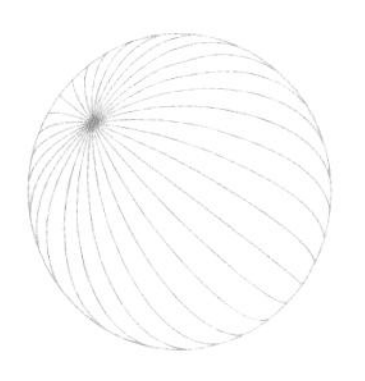

인류 역사상 과학 발전에 가장 큰 공헌을 한 아이작 뉴턴은 빛 연구 분야에서도 당대 최고의 전문가였다. 당시 '빛은 순수한 흰색이다'라는 인식이 널리 퍼져 있을 때, 뉴턴은 프리즘을 사용해서 빛이 여러 색의 혼합이라는 사실을 처음 발견했다.

오늘날 우리는 빛(가시광선)이 전자기파의 일부분이라는 사실을 알고 있다. 물리학에서 빛은 전자기파 그 자체를 의미하고 인간의 눈으로 볼 수 있는 전자기파는 가시광선이라고 한다. 가시광선은 파장에 따라 무지개색으로 나누어진다. 파장이 가장 긴 쪽이 빨간색이고 가장 짧은 쪽이 보라색이다. 빨간색보다 파장이 길어서 눈으로 볼 수 없는 영역을 적외선, 보라색보다 파장이 짧은 영역을 자외선이라고 한다.

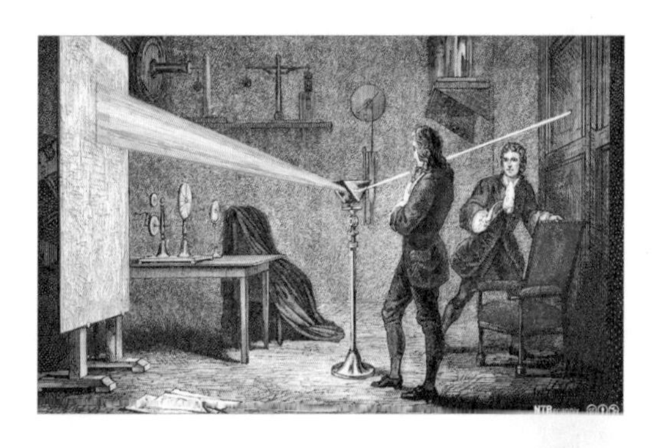

그림 23 프리즘을 사용하는 아이작 뉴턴의 모습.

사실 망막의 시세포는 약간의 자외선을 인지할 수 있다. 하지만 이 영역의 자외선은 수정체에서 흡수되어 망막까지 도달하지 않기에 실제로 볼 일은 없다. 다만 외상이나 백내장 수술(수정체 적출) 등으로 수정체가 없는 특수한 상태(무수정체aphakia)가 되는 경우가 있는데, 이런 경우 자외선이 푸르스름한 흰색으로 보인다고 한다. 인상파 화가인 클로드 모네Claud Monet(1840~1926)가 백내장 수술을 받은 후부터 그림에 푸른색이 많아졌다는 주장이 있다.

자외선은 가시광선 중 파장이 가장 짧은 보라색(자색)의 바깥에 위치하기 때문에 자외선紫外線이라고 한다. 영어로는 'ultraviolet rays', 줄여서 흔히 UV라고 한다. 자연에서 자외선이 나오는 곳은 태양광밖에 없으며 자외선은 10나노미터에서 400나노미터의 파장을 가진다. 파장에 따라 UV-A, UV-B, UV-C, EUVExtreme ultraviolet(극자외선), 이 네 가지로 구분한다. UV-A(315~400나노미터)는 오존층에 흡수되지 않고 계절

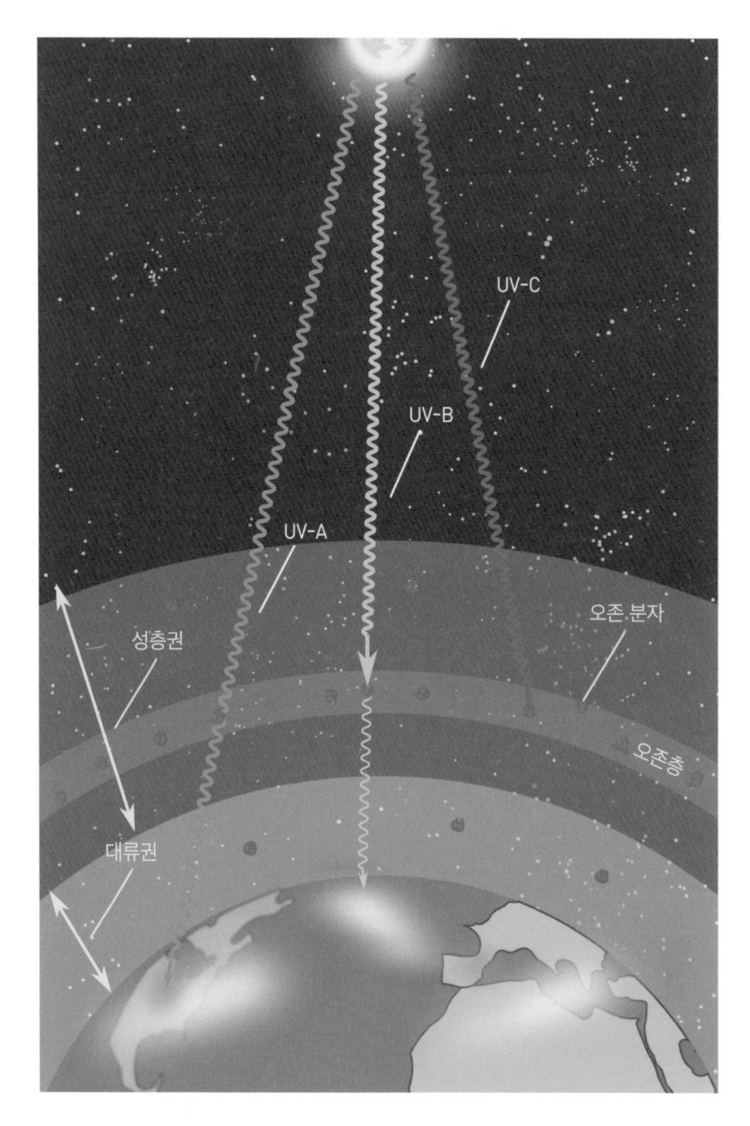

그림 24　자외선과 오존층. 가장 파장이 짧은 UV-C는 오존층에서 다 흡수되고, UV-B와 UV-A는 대기를 통과해서 지표면까지 도달한다.

과 시간에 상관없이 대기를 통과해 피부를 태우는 주범이다. 한 번 탄 피부는 몇 개월 지나야 원래 색으로 돌아오기 때문에 피부과에서는 사계절 내내 자외선 차단제를 바르라고 권장한다. UV-A는 유리를 통과하므로 운전자도 선크림을 바르지 않으면 탄다. UV-B(280~315나노미터)는 대부분 오존층에 흡수되지만 햇볕이 강한 날이면 일부 통과해서 피부에 화상을 입혀 빨갛게 만든다. UV-B는 유리는 통과하지 못하므로 실내에서는 안심해도 된다. UV-C(100~280나노미터)는 오존층에 완전히 흡수된다. 따라서 자연적으로 UV-C에 노출될 일은 없고 자외선 살균기의 램프에 쓰인다. 대형 병원 수술실에는 공기 중의 바이러스 등을 제거하는 살균용 자외선램프가 천장에 달려 있는데, 여기서 나오는 자외선은 태양광에서 발생하는 것보다 파장이 짧아 인체에 유해하다. EUV는 10~100나노미터의 파장을 가지며 반도체 제작 과정에서 사용된다.

자외선은 우리 몸에 어떻게 해로울까? 자외선은 확실하게 암을 유발하는 1군 발암물질이다. 자외선은 세포 안의 DNA 사슬을 끊기에 충분한 에너지를 가지고 있다. DNA의 일부분이 절단되거나 손상되면 이를 복구하는 과정에서 다른 곳에 붙게 되는 등 다양한 돌연변이가 발생할 수 있다. 세포는 DNA 복구 기전으로 대응하지만 복구 한도를 넘어서는 손상이 누적되면 암과 노화를 유발한다. 그리고 피부의 색소침착(주근깨)과 눈의 익상편pterygium 등을 유발해 미용상 좋지 않다. 자외선의 유일한 장점은 비타민 D 합성에 쓰인다는 것이다. 사람은 비타민 D를 식품을 통해 섭취하거나 피부에 자외선을 받아서 7-디하이드로콜레스테롤7-dehydrocholesterol로부터 만들어 낸다. 비타민 D는 칼슘 대사와 뼈 건강을 유지하는 데 꼭 필요한 영양소지만 음식을 통해 충분한 양을 섭취하기는 쉽지 않다. 햇빛이 부족한 러시아, 북유럽의 경우 성장기 어린이에게 자외선램프를 쬐어서 비타민 D를 생성하는 선탠을 주기적으로 활용한다. 우리나라 국민의 90퍼센트가 비타민 D 부족 상태라는 연구 결과도 있으니 보충제 섭취도 고려할 만하다.

자외선은 눈에 어떤 영향을 미칠까? 파장이 짧은 UV-B는 각막에 흡수되어 자외선 각막염(광선 각막염)을 일으킨다. 일종의 광화학 화상인데, 해수욕이나 스키 등을 장시간 하고 난 후에 충혈, 이물감, 눈물 흘림과 같은 증상이 발생한다. 여름철 야외 수영장에서 놀고 난 뒤에 눈이 충혈되면 유행성 결막염(눈병)과 헷갈릴 수 있는데 자외선 각막염의 통증이 훨씬 심하고 결막보다 각막에 손상이 집중되는 양상을 보고 구분할 수 있다.

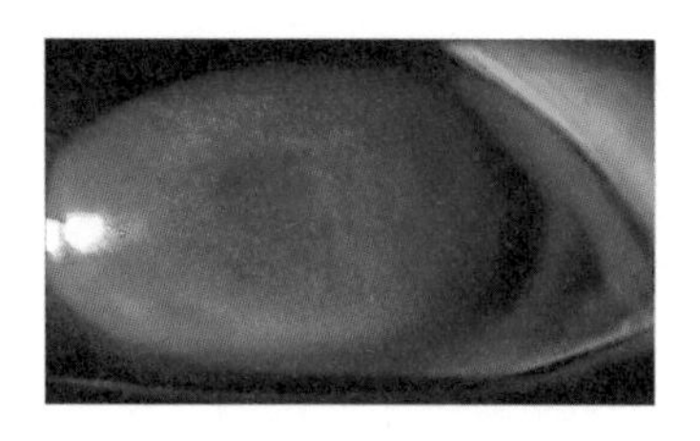

그림 25 자외선에 의해 광선 각막염이 생긴 각막이다. 초록색으로 염색된 부분이 모두 화상으로 인한 상처다.

설맹snow blindness이라는 단어를 들어본 적 있는가? 산악 다큐멘터리에서 나올 법한 이 단어는 눈snow 때문에 생긴 자외선 각막염을 뜻하는 말이다. 태양에서 오는 자외선은 고도가 높을수록 강해지고 눈이나 얼음 표면에서 80퍼센트 이상 반사되기 때문에 설산에 있으면 눈이 매우 강한 자외선에 노출된다. 따라서 고산지대를 등정할 때는 고글을 반드시 착용해야 한다. 우리나라 영화 〈히말라야〉에서는 배우들이 고글 없이 등정을 하는데, 이는 오류라기보다 배우들의 표정을 전달하기 위한 영화적 허용으로 봐야 할 것이다. 높은 산에만 올라가도 이런데 오존층이 없는 우주로 올라가면 엄청난 자외선에 노출된다. 그래서 우주복에 금으로 도금한 선바이저가 없다면 눈과 얼굴에 큰 화상을 입을 것이다. 영화 〈그래비티Gravity〉에서도 배우들의 얼굴을 보여주기 위해 의도적으로 우주복의 선바이저를 생략한 모습을 볼 수 있다.

용접 현장에서 종종 발생하는 '아다리'[5]도 용접 불빛을 맨눈으로 봐서 생기는 자외선 각막염이다. 영어로는 'Welder's flash'라고 한다. 특이하게도 용접하고 반나절쯤(8~12시간) 지나 증상이 발생하는데 통증이 매우 심한 편이라 한밤중에 응급실을 찾아오는 경우가 많다. 자외선은 우리 눈에 보이지 않기 때문에 눈으로 보이는 불빛이 견딜 만하다고 보호장구 없이 용접 작업을 해서는 절대 안 된다. 인터넷에 '용접 아다리'를 검색하면 민간 요법으로 숟가락, 티백, 감자, 물파스 등으로 냉찜질 하는 방법이 나온다. 웹툰 〈신과 함께〉 저승편에서는 주인공 김자홍이 용접 후 실수로 양파 팩을 해서 고생하는 장면이 나온다. 각막 화상이라고 해도 열 손상thermal injury이 아니라 광화학 손상photochemical

5 '맞다'라는 뜻의 일본어 아타리当たり에서 유래.

injury이기 때문에 냉찜질은 큰 효과가 없다. 진통제를 복용하고 충분한 휴식을 취했는데도 증상이 심하다면 안과를 방문하는 것이 좋다. 안과에서는 각막 상피 회복을 촉진하기 위한 보호용 콘택트렌즈와 여러 안약을 처방한다.

급성으로 발생하는 자외선 각막염과 달리 오랜 기간에 걸쳐서 발생하는 질병도 있다. 익상편을 '서퍼의 눈surfer's eye'이라고도 하는데, 이는 바닷가에서 자외선에 많이 노출되는 서퍼들에게 많이 생기기 때문이다. 초기에는 미용적으로 보기 좋지 않을 뿐이지만 섬유 혈관성 조직이 서서히 증식해 각막 중심부까지 덮거나 난시를 유발하면 시력을 떨어트릴 수 있기 때문에 수술로 병변을 제거해야 한다.

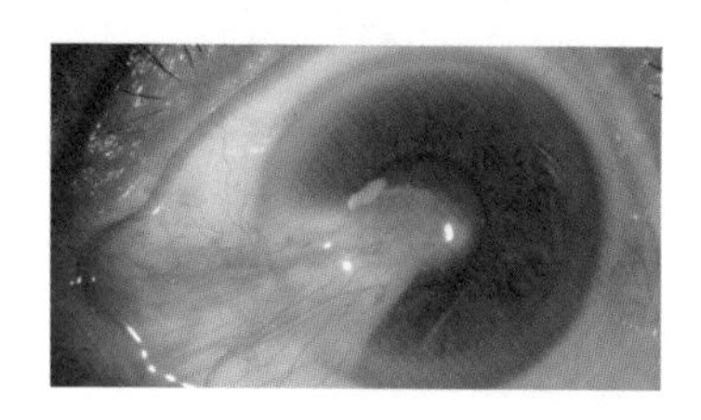

그림 26 익상편은 안구 내측 결막(흰자위)에서 각막(검은자) 쪽으로 섬유 혈관 조직이 증식해 침범하고 진행하는 질환이다.

백내장과 황반변성의 가장 결정적인 원인 역시 자외선이다. 백내장과 황반변성은 모두 노년기에 발생하는 질병이지만 어린 시절에 노출받았던 자외선이 질병의 주원인이라는 사실은 잘 알려져 있지 않다. 특히 황반변성은 일생 동안 노출된 자외선의 총량과 관계가 있다고 밝혀졌다. 재미있는 사실은 자외선이 수정체 혼탁(백내장)을 유발하지만 수정체가 혼탁해지면 자외선 투과율이 떨어진다는 점이다. 신생아의 투명한 수정체는 자외선 투과율이 약 20퍼센트인 반면, 성인이 되면 1퍼

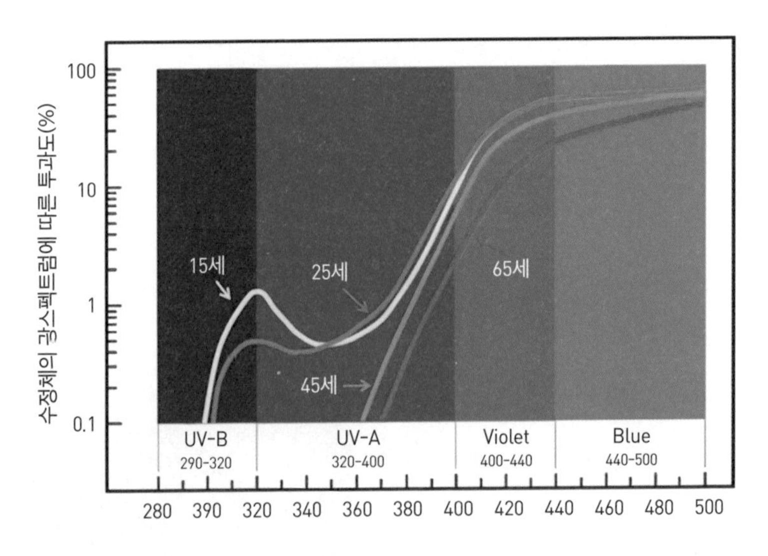

그림 27 나이가 들수록 수정체의 자외선 투과율이 떨어진다는 것을 알 수 있다.

센트 정도로 감소하다가 60세 이후에는 0.1퍼센트 수준으로 줄어든다. 노년기로 갈수록 혼탁해진 수정체의 자외선 차단 기능이 강화되어 수정체가 선글라스같이 눈을 보호하는 기능을 한다고 볼 수 있다. 그래서 우리 눈이 일생 동안 노출되는 자외선의 약 38퍼센트가 20세 이전에 노출된다는 연구 결과도 있다. 따라서 눈 건강을 생각한다면 어릴 때부터 자외선 차단에 신경을 쓰는 것이 좋다.

안경은 눈으로 들어오는 자외선을 효과적으로 차단한다. 투명한 안경 렌즈도 UV400 인증이 있다면 자외선을 99퍼센트 이상 차단한다. 안경의 가격이나 색은 자외선 차단 성능과 큰 상관이 없다. 따라서 선글라스가 부담스럽다면 투명한 안경만 써도 자외선을 충분히 차단할 수 있다. 모자는 안경 주변으로 들어오는 자외선까지 막아주기 때문에 이 두 가지를 함께 사용하면 자외선으로부터 눈을 더 효과적으로 보호할 수 있다.

#5 블루라이트는 눈에 정말 해로울까?

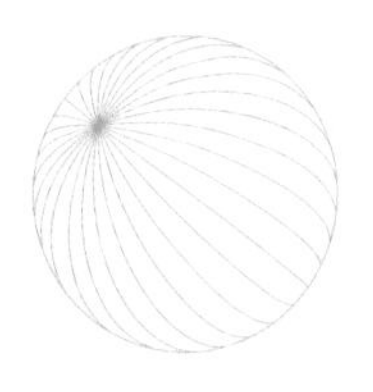

현재 시력교정술을 주로 집도하는 나는 수술을 받은 환자분들에게 "블루라이트(파란색 계열의 빛) 차단 안경을 써야 하나요?"라는 질문을 자주 듣는다. 필자는 블루라이트 차단이 꼭 필요하다고 생각하지는 않지만 "너무 비싸지만 않으면 쓰는 것이 좋죠"라고 대답한다. 수술 후 야외에서 활동할 때는 자외선 차단 안경을 쓰는 것이 좋은데 블루라이트 차단 기능이 들어가도 가격에 큰 차이가 없기 때문이다. 몇만 원으로 수술 후 심리적 안정을 도모할 수 있다면 충분히 의미가 있다고 생각한다.

블루라이트란 무엇일까? 이 책을 순서대로 읽은 독자라면 충분히 알 수 있다. 가시광선 중 우리 눈에 파란색으로 보이는 전자기파를 블루라이트라고 한다. 파란색 계열의 파장은 380~500나노미터 영역에 해당

한다. 전자 기기 화면에서 나오는 것뿐만 아니라 자연에 존재하는 모든 파란 빛이 블루라이트다. 보통 해로운 영향을 강조하고 싶을 때 '전자파'라는 단어를 사용하는데, 여기서 '전자파'는 빛을 뜻하는 '전자기파'와 완전히 똑같은 말이다.

내가 컴퓨터를 처음 접한 1990년대 초반에는 디스플레이가 앞뒤로 볼록한 흑백 CRT 모니터였다. 이 당시 모니터에서 해로운 전자파가 나온다고 해서 모니터 앞에 커버를 씌우곤 했다. 전자파를 흡수한다는 선인장을 모니터 주변에 두거나 십 원짜리 동전을 모니터 모서리마다 붙이기도 했다. 선명하게 보고 싶어서 모니터 커버를 젖히고 컴퓨터를 하면 부모님에게 잔소리를 들었던 기억이 난다. 1990년대 후반이 되어 LCD 모니터가 보급될 무렵에는 LCD 모니터가 '전자파의 위험에서 안전'하다는 것이 하나의 캐치프레이즈였다. 그 후 한동안 잠잠한가 싶었는데 2000년대 후반에 스마트폰이 나오면서 전자파 이야기가 다시 시작되었다. 이번에는 모든 전자파가 아니라 '블루라이트' 한정이라는 정도의 차이가 있을 뿐이다. 이런 공포 마케팅[6]은 유행처럼 돌고 도는 것인지, 블루라이트 관련 시장이 형성되면서 각종 블루라이트 차단 안경, 필름, 모니터 등이 출시되었다. 하지만 현재까지 블루라이트의 유해성

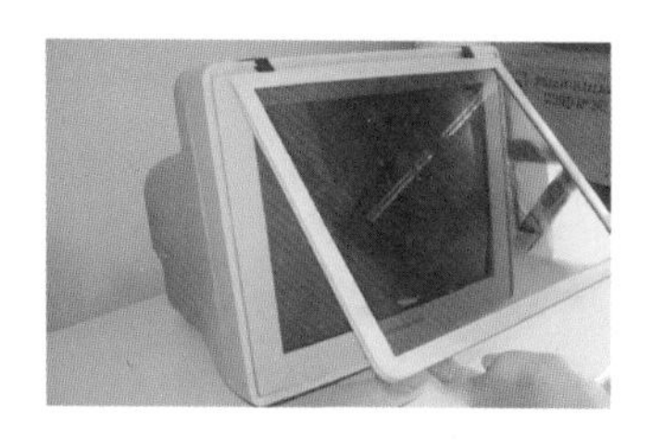

그림 28 1990년대 초반에 유행한 전자파 차단 커버.

은 학문적으로 크게 인정받지 못하고 있다.

블루라이트가 유해하다고 주장하는 학자들은 눈 속으로 들어간 블루라이트가 산화 스트레스를 유발하고, 이로 인해 황반변성이 발생할 수 있다고 말한다. 인간의 망막세포를 실험실에서 배양한 뒤 망막세포에 블루라이트를 가했더니 세포가 손상되었다는 연구 결과를 바탕으로 하는 주장이다. 생물을 대상으로 한 가장 최근의 연구는 2018년에 털리도대학교 연구진이 발표한 것이다. 실험용 쥐를 그룹별로 나눠 각각 여러 색의 빛을 쬐였더니 오직 블루라이트를 쬔 쥐의 망막세포만 기능이 떨어졌다는 사실을 확인했다. 하지만 이 결과를 살아 있는 사람에게 그대로 적용시킬 수는 없다. 사람을 대상으로 동일한 실험을 하는 것은 윤리적으로 문제가 되기 때문에 불가능하다. 이 외 다른 연구에서는 블루라이트의 유해성을 증명하지 못했다. 결국 2015년에 미국안과학회에서 "전자 기기에서 방출되는 블루라이트가 눈에 손상을 가한다는 과학적인 증거는 없다"라고 발표했고, 이후로는 블루라이트 유해성 논란이 어느 정도 잠잠해졌다. 황반변성에 대한 우려 역시 "블루라이트 차단이 유익할 수는 있지만, 급성 블루라이트 노출이 황반변성을 일으킨다는 증거가 부족하고 더 많은 임상 실험이 진행되어야 한다"라고 했다. 게다가 전자기기에서 나오는 블루라이트의 수준은 자연광에 비

6 공포 마케팅이 반드시 나쁜 것만은 아니다. 담뱃갑에 선명하게 찍힌 폐암 환자의 모습과 같이 공익 목적으로 활용되는 경우도 있다.

해 극히 미미하다. 블루라이트가 유해하다는 결론이 나면 우리는 푸른 하늘을 마음 편히 보지 못할 것이다.

그림 29 전자 기기에서 나오는 블루라이트는 수면에 안 좋은 영향을 미친다.

블루라이트가 눈에 유해하지 않다면 마음 놓고 스마트폰을 봐도 괜찮을까? 하지만 스마트폰을 특히 자기 전에 보는 것은 좋지 않다. 블루라이트가 수면에 안 좋은 영향을 미치기 때문이다. 망막에는 '내인성 감광신경절세포intrinsically photosensitive Retinal Ganglion Cells, ipRGCs'라는 것이 있는데, 이 세포는 빛을 감지해서 멜라토닌 분비량을 조절한다. 멜라토닌은 졸음을 유발하는 호르몬이다. 내인성 감광신경절세포는 블루라이트(파란색 계열의 빛)에 가장 예민하게 반응하기 때문에 보통 낮에 햇빛에 의해 멜라토닌 분비량이 감소하고 밤에는 멜라토닌 분비량이 증가한다. 그래서 밤에 전자기기를 사용하면 블루라이트에 지속적으로 노출되어 멜라토닌 분비량이 늘어나지 않는다. 달리 말하면 블루라이트는 사람을 각성시켜 수면을 방해한다.

종합하자면 블루라이트가 눈에 직접적으로 해를 끼치지는 않지만 수면의 질을 떨어뜨린다. 질 높은 수면을 위해서는 취침 전에 스마트폰 사용을 줄이거나 화면 밝기를 낮추어 사용하는 것이 좋다. 스마트폰의 블루라이트 필터나 다크 모드 역시 도움이 된다. 블루라이트 필터를 사용하면 파란 색감이 없어지면서 노란 색감으로 바뀌지만 쓰다보면 이내 익숙해진다.

수면 방해가 아니더라도 스마트폰을 오래 사용하면 눈이 피로해진다. 이는 블루라이트 때문이 아니라 안구건조증과 화면을 너무 가까이에서 보는 행동(조절 과다accommodative excess) 때문이다. 우리가 집중해서 영상이나 게임을 보면 눈을 깜빡이는 빈도가 크게 줄어든다. 눈꺼풀의 움직임이 감소하면 눈물 분비량과 순환량을 모두 떨어트려서 안구건조증을 악화시킨다. 또한 스마트폰처럼 매우 가까운 거리의 글자나 화면을 보게 되면 초점거리를 조절하는 섬모체근의 피로를 유발한다. 따라서 스마트폰을 사용할 때는 적당한 거리를 유지하고 틈틈이 눈을 떼고 휴식을 취해야 한다.

#6 보라색 빛이 근시 팬데믹을 막는다

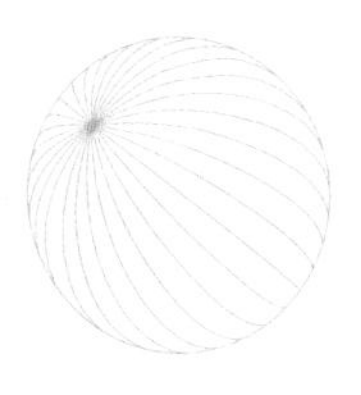

근시는 멀리가 잘 보이지 않는 굴절이상이다. 굴절력의 단위는 디옵터diopter인데 근시는 마이너스, 원시는 플러스로 표시한다. 흔히 "시력이 마이너스로 떨어졌어요"라고 하는데 시력이 아닌 근시 도수를 말하는 것이다. 성장기에 근시가 진행하는 것은 자연스러운 현상이다. 근시가 진행되어도 가까이는 잘 보이며, 책을 읽거나 장난감을 갖고 놀기에는 지장이 없기 때문에 어린아이들은 불편함을 못 느끼는 경우도 많다. 하지만 어떤 방식으로 설명해도 보호자들의 속상한 마음은 여전하다.

2013년에 한 안과 잡지에 「근시 디스토피아Myopia Dystopia」라는 흥미로운 제목의 기사가 실렸다. 암울하고 비관적인 제목의 이 기사는 전세계 청소년의 근시 유병률을 보여주었다. 미국과 영국 청소년의 절

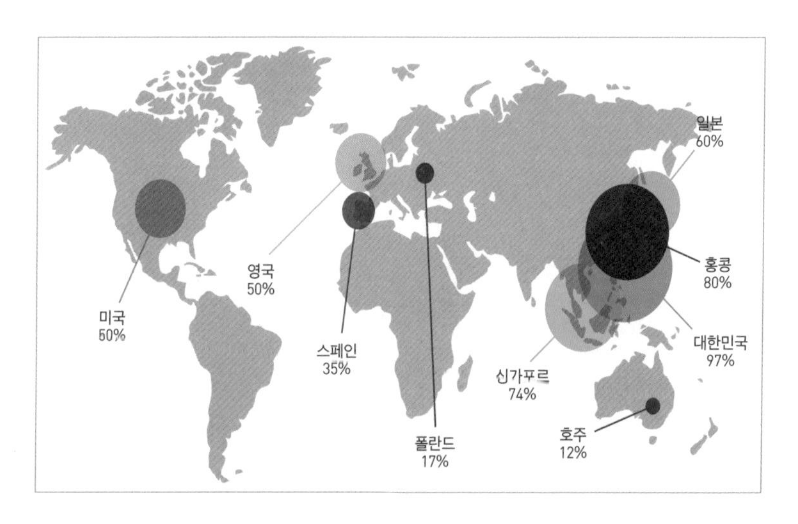

그림 30 전 세계 청소년의 근시 유병률을 나타낸 지도. 우리나라는 97퍼센트를 기록했다.

반인 50퍼센트 정도가 근시였고, 스페인과 폴란드는 각각 35퍼센트와 17퍼센트로 이보다 낮은 수준이었다. 예상대로 동아시아 국가들이 가장 높은 유병률을 보여주었는데 일본, 홍콩, 싱가포르는 60~80퍼센트에 달했다. 특히 우리나라는 97퍼센트라는 경이적인 수치를 보였다. 너무 압도적인 수치에 놀라서 자세히 읽어보니 우리나라 병무청 신체검사(병역 판정 검사) 데이터였다. 병무청 데이터에 따르면, 우리나라 19세 남성의 96.5퍼센트가 근시를 가지고 있다. 우리나라 학생들을 살펴보면 안경을 쓴 사람이 더 많을 정도이니 이미 근시 디스토피아라고 해도 과언이 아닐 것 같다. 세계보건기구WHO가 발표한 보고서에 따르면 전 세계에서 근시로 인한 시력장애가 가장 심한 곳이 바로 우리나라다.

하지만 동아시아 국가에서 원래부터 근시가 많았던 것은 아니다.

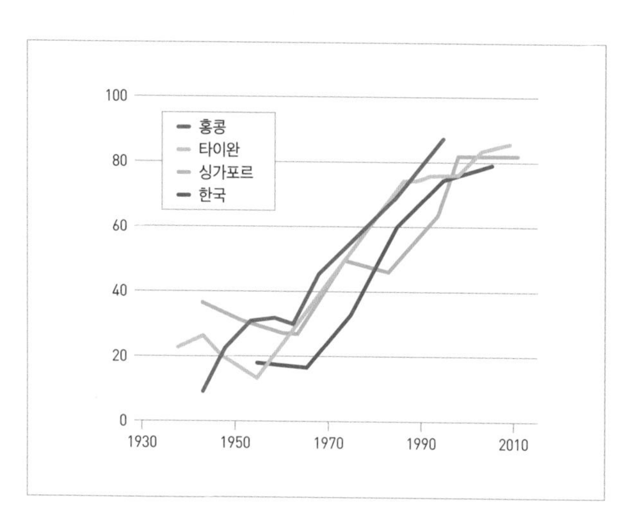

그림 31 동아시아 국가들의 근시 유병률 변화. 모든 나라에서 근시 유병률이 가파르게 증가했다.

우리나라를 포함한 동아시아 국가들에서는 베이비 붐이 아닌 '근시 붐'이라고 해도 지나치지 않을 정도로 근시 유병률이 빠르게 증가했다. 실제 거리에서 10대와 50대 이상을 비교해 보면 안경 착용 빈도에서 확연한 차이가 난다. 이런 사실로 미루어 보아 근시 발생은 인종적 영향뿐만 아니라 환경적 요인이 크게 작용한다는 점을 짐작할 수 있다.

그럼 왜 젊은 세대에서 이토록 근시가 늘어난 것일까? 어떤 환경 요인이 우리 아이들의 눈을 나빠지게 한 것일까? 나도 어렸을 때 가까이서 TV를 보지 말라고, 어두운 곳에서 책을 읽으면 눈이 나빠진다고 잔소리를 들었는데 이것이 사실인지 알아보도록 하자.

놀라운 사실은 아직까지도 근시의 정확한 원인을 모른다는 것이다.

의학 가설을 검증하려면 동물이나 사람을 대상으로 임상실험을 시행하고 증거를 확보해야 하지만 동물의 굴절이상(근시 도수)을 측정하는 것은 매우 어렵다. 안구를 적출해 안축장axial length(눈 길이)을 측정하는 식의 간접적 추정 방법이 있지만, 이는 정확도가 떨어진다. 사람을 대상으로 하는 임상실험은 윤리적 문제가 있을 뿐만 아니라 근시에 영향을 미칠 것으로 추정되는 모든 변수를 통제하는 것은 사실상 불가능에 가깝다. 근시는 태어나서 성인이 될 때까지 오랜 시간에 걸쳐 서서히 발생한다는 사실도 어려운 점이다.

그동안 책이나 전자 기기 등을 가까이서 보는 습관 때문에 근시가 발생한다는 가설이 있었지만, 여러 연구에서 이 가설을 뒷받침할 만한 의학적 근거를 확보하지 못했다. 또한 근시가 있는 아이들이 학업 성적이 좋다는 사실은 여러 연구에서 알려져 있었다. 하지만 공부를 잘하는 아이들이 책을 많이 봐서 근시가 생긴 것인지 아니면 반대로 근시가 있는 아이들은 야외 활동을 싫어해서 책을 많이 보게 되고 그 때문에 공부를 잘하게 된 것인지 알 수 없었다. 2003년 미국안과학회에서는 "성장기 어린이의 모든 일상활동이 근시를 유발하지 않는다"라고 결론을 내렸다. 즉 TV를 가까이서 보거나 어두운 방에서 책을 읽는 등 우리가 흔히 눈에 나쁘다고 생각했던 많은 행동이 실상 근시를 유발하지 않는다는 뜻이다. 2000년대 후반에 들어서는 실외 활동을 많이 한 아이들에게서 근시가 적게 발병한다는 사실이 밝혀졌다. 하지만 여전히 그 기전은 오리무중이었다.

근시의 원인을 모르니 제대로 된 예방과 치료법이 나올 리 없다. 지금도 서점에 가면 검증되지 않은 '시력 회복' 책들을 쉽게 찾을 수 있다. 다양한 전문가들이 눈 운동, 마사지, 훈련 등으로 시력을 회복시킬 수 있다고 주장하고 있으나, 이 중에서 의학적으로 검증된 방법은 없다. 지금도 꾸준히 판매되는 핀홀pin hole 안경도 대표적인 허위 광고다. 안경에 뚫린 작은 구멍으로 빛이 들어오면 근시로 인한 초점 퍼짐defocus이 줄어들어 일시적으로 잘 보이는 것처럼 느껴진다. 이 이상의 의미는 없으며 당연히 근시의 진행을 막거나 근시를 치료하는 효과를 기대해서는 안 된다.

이런 와중에도 안과의사들은 근시 원인에 대한 연구를 계속해 왔다. 특히 실외 활동의 어떤 요소가 근시 진행을 막는지 밝히는 데 집중했다. 2018년 게이오기주쿠대학 의학부의 토리이 히데마사 박사 연구진이 근시와 관련해서 흥미로운 연구를 발표했다. 보라색 빛violet light이 근시의 진행을 막아 근시 팬데믹myopia pandemic을 막을 수 있다는 내용이었다. 연구진은 시력을 교정하려고 렌즈삽입술을 받은 환자들을 추적 관찰한 결과, 렌즈의 종류에 따라 근시의 진행 정도가 다르다는 사실을 발견했다. 안내眼內 삽입용 렌즈인 네덜란드 옵텍OPHTEC 사의 알티산artisan과 알티플렉스artiflex라는 렌즈가 있다. 연구에서는 알티산을 넣은 환자보다 알티플렉스를 넣은 환자들의 근시 진행이 덜했다. 두 렌즈의 차이는 보라색 빛 투과도에 있었다. 이를 확인한 연구진은 이어서 보라색 빛의 효과를 검증하기 위한 동물 실험을 진행했다. 병아리를 두 그룹으로 나누어 한쪽(실험군)은 보라색 빛이 포함된 조명에 노출시키고 다른 쪽(대조군)은 보라색 빛이 없는 조명에 노출시켰다. 그 결과 보라색 빛에 노출된 병아리들의 근시 진행이 유의미하게 억제되었으며, 조직검사 결과에서 근시의 진행을 억제하는 유전자인 EGR1의 발현이 증가한 사실을 확인했다. 연구는 여기서 멈추지 않았다. 보라색 빛의 효과를 검증하기 위해 사람을 대상으로 한 연구를 추가로 진행했다. 13~18세 사이의 학생 147명을 대상으로 보라색 빛을 통과시키는 콘택트렌즈와 보라색 빛을 차단하는 콘택트렌즈를 착용하게 한 후 근시 진행 정도를 비교한 것이다. 추적 관찰 결과 보라색 빛을 통과시키는 콘택트렌즈를 착용한 학생들의 근시 진행이 확실히 억제되는 것을 확인했다.

연구진은 야외 활동이 근시 진행을 억제시키는 기전이 보라색 빛에 의한 것이라고 했다. 야외에서는 항상 햇빛에 포함된 보라색 빛에 노출되는 반면, 실내에서는 거의 노출되지 않기 때문이다. 실내조명으로 쓰이는 인공조명(형광등, LED)에서는 보라색 빛이 거의 나오지 않는다. 그리고 안경이나 창문은 대부분 자외선 차단 기능이 들어 있는데, 이 기능이 자외선 옆의 보라색 가시광선도 같이 차단한다. 그러므로 실내에서 주로 생활하는 아이들은 야외에서 뛰어노는 아이들에 비해 보라색 빛에 대한 노출이 적을 수밖에 없다. 보라색 빛에 노출되지 않으면 근시가 되어 안경을 끼게 되고, 이는 보라색 빛을 더욱 차단하는 악순환을 야기한다. 따라서 연구진은 보라색 빛을 내는 인공조명을 개발하거

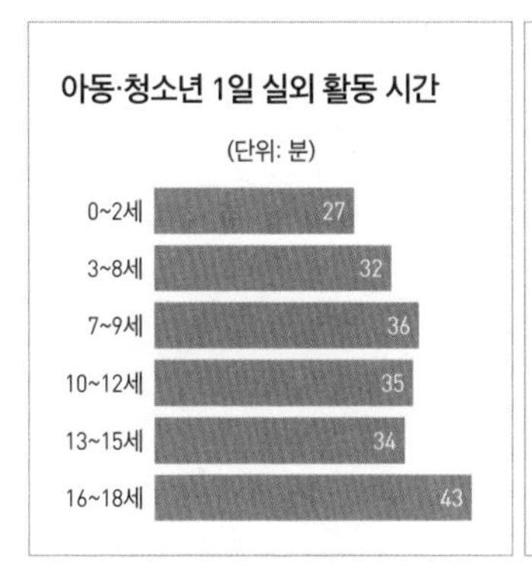

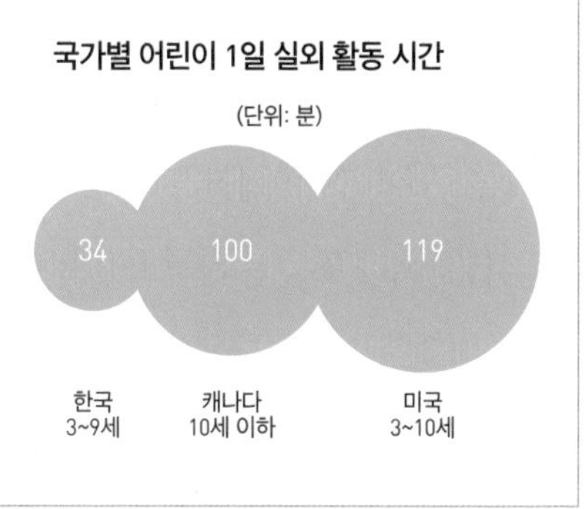

그림 32 우리나라 어린이의 나이별 실외 활동 시간 및 국가별 실외 활동 시간.

나 자외선은 막으면서 보라색 빛은 잘 통과시키는 안경과 창문을 보급하면 전 세계적인 근시 팬데믹을 막을 수 있다고 주장했다.

결국 근시 디스토피아의 결정적인 원인은 TV나 스마트폰이 아니라 '야외 활동의 부족'이었던 것이다. 2016년 조사에 따르면, 우리나라 어린이의 야외 활동 시간은 미국 어린이의 1/3 수준에도 못 미치는 것으로 나타났다. 우리나라 어린이들은 학교, 학원 등으로 실내 활동이 많고 밖에서 놀 시간이 부족하다. 야외 놀이터도 실내 키즈카페로 많이 대체되었다. 이런 추세를 고려하면 앞으로도 우리나라 근시 유병률은 쉽게 낮아질 것 같지 않다. 규칙적인 야외 활동, 특히 햇볕을 보는 것이 아이들의 근시 예방에도 좋다는 사실을 기억할 필요가 있겠다.

#눈 vs 카메라 전격 비교!

#1 눈은 몇 화소일까?

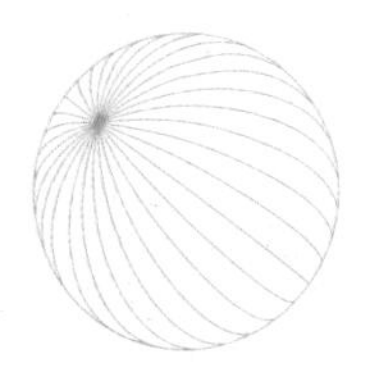

우리는 때로 눈을 카메라에 비유하기도 한다. 실제 우리 눈과 카메라는 매우 흡사한 구조를 가지고 있어서 어느 정도 일대일로 대응할 수 있다. 그렇다면 인간의 눈을 카메라의 사양을 비교하듯이 살펴보는 것은 흥미로운 주제가 될 것이다.

인간의 눈은 카메라로 치면 몇 만 화소일까? 화소는 사각형의 점으로, 디지털 화면을 구성하는 최소 단위다. 우리말의 화소畵素는 그림畵의 원소原素를 줄인 말이고, 영어의 pixel은 picture(그림)와 element(원소)를 줄인 말이다. 화소 하나에 색과 투명도 등의 정보가 담겨 있다.

인간 시각의 최소 단위는 시세포다. 화소가 화면을 구성하는 최소 단위라는 점에서 카메라의 화소를 사람 눈의 시세포에 대응시킬 수 있다.

그림 33 우리 눈은 중심 시야만 높은 해상도를 가지고 있다.

시세포는 원추세포와 간상세포로 나뉜다. 한쪽 눈에 있는 원추세포는 600~700만 개, 간상세포는 1억 개 정도로, 총 약 1억 700만 개에 달한다. 각각의 시세포를 하나의 화소로 간주하면 인간은 1억 700만 화소의 카메라를 두 대 가지고 있는 셈이다. 참고로, 갤럭시 S24 울트라의 후면 카메라는 2억 화소이기 때문에 화소 수로만 따지면 스마트폰 카메라는 이미 사람의 눈을 뛰어넘었다.

화수 수가 높다고 해서 반드시 화질이 좋다고 할 수는 없다. 화질에는 수많은 요소(선예도·왜곡·수차·색 재현력 등)가 관여하며, 화소 수보다는 '센서의 크기'가 중요하다. 스마트폰의 이미지 센서는 대개 10×7밀리미터 내외의 크기다. 센서 크기는 인치(")를 사용하는 비디콘 튜브 규격으로 표기하는데 갤럭시 S24 울트라는 1/1.3인치, 아이폰 15 프로 맥스는 1/1.28인치다. 36×24밀리미터 크기의 풀 프레임full frame 센서보다

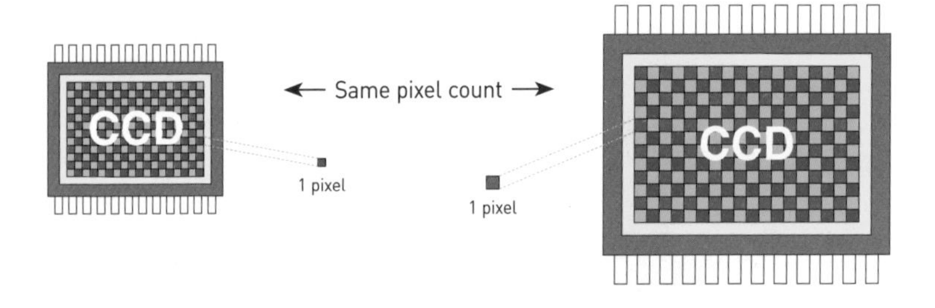

그림 34 같은 화소 수라면 센서의 크기가 클수록 한 화소에 들어가는 빛의 양이 늘어난다.

훨씬 작은 이미지 센서에 더 많은 화소를 넣으면 각 화소마다 들어가는 빛의 양(픽셀당 수광량)이 줄어든다. 이미지 센서가 작아지면 그만큼 저조도 촬영이나 노이즈에 취약해질 수밖에 없다. 전문가들이 최신 스마트폰보다 오래된 풀 프레임 미러리스 카메라를 선호하는 것은 이런 이유 때문이다.[7]

구조적으로는 이미 최신 카메라를 따라갈 수 없으니, 기능적으로 접근해보자. 인간의 정상 시력은 1.0이다. 여기서 시력이란 두 개의 떨어진 사물을 구분할 수 있는 '분해능'을 뜻한다. 지름 7.5밀리미터, 폭 1.5밀리미터의 란돌트 고리Landolt ring에 1.5밀리미터의 틈gap을 만들고 5미터 거리에서 그 간격의 방향을 맞출 수 있을 때의 분해능을 시력 1.0으로 정의한 것이다. 이를 시각visual angle으로 환산하면 1분minute(기

7 하지만 소비자에게는 가장 직관적으로 다가오는 것이 화소 수다. 2억 화소의 이미지 센서를 탑재한 것은 실용성보다는 마케팅 측면의 목적이 크다고 추측한다.

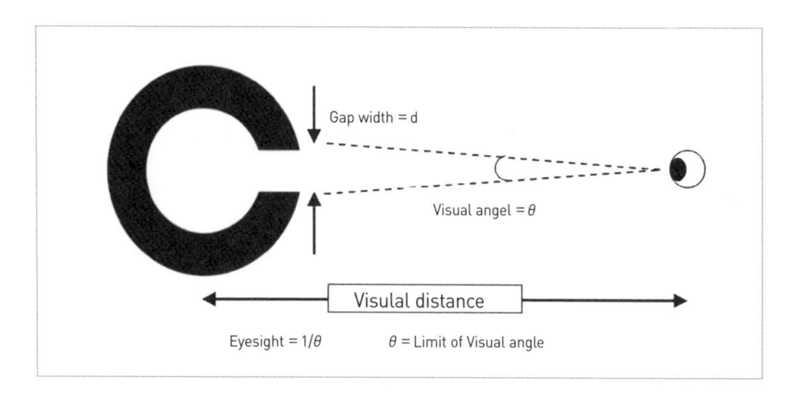

그림 35 란돌트 링과 시력 측정. 시력은 최소 구분 시각의 역수다.

호는 ')이 된다. 구분할 수 있는 최소 시각이 2분이면 시력이 0.5, 30초second(기호는 ")면 시력은 2.0이 된다. 다시 말하면 시력은 구분 가능한 최소 시각의 역수다.

그리고 카메라와 사람의 눈에는 다른 점이 많다. 카메라는 사진에 찍히는 모든 영역을 같은 해상도로 처리하지만, 우리의 눈은 보는 영역에 따라 해상도가 매우 다르다. 우리 눈은 시야의 중심 5도를 매우 세밀하게 볼 수 있도록 황반의 중심에 시세포가 빼곡히 밀집해 있다. 황반부와 달리 눈의 주변부는 시세포가 상당히 듬성듬성하다. 카메라로 치면 중심부만 세밀하게 찍히고 주변부는 흐릿한 이상한 센서를 가진 셈이다.

그렇다면 시력 1.0인 눈으로 보는 것과 같은 카메라를 만들려면 몇 개의 화소가 필요할까? 카메라 역시 하나의 화소마다 다른 신호가 들어와야 이를 구분할 수 있다. 따라서 1분의 시각에 최소 한 개 이상의

- 시력 1.0에 필요한 총 화소 수
  = 분해능(°) × 시야(°)
  = (수직 × 수평 분해능) × (수직 × 수평 시야)
  = (60 × 60) × (130×150)
  = 약 7,000만 화소

- 시력 2.0이라면 2억 8,000만 화소
  ~시력 0.5라면 1,750만 화소

그림 36 시력 1.0의 사람과 비슷한 해상도를 위해서는 약 7,000만 화소가 필요하다.

화소가 필요하다. 1분은 1도degree(기호는 °)를 60등분 한 것이기에 1도에는 60개의 화소가 필요하며, 2차원(면)으로 생각하면 1도의 시야를 위해 가로와 세로를 60개씩 곱한 360개의 화소가 필요하다. 따라서 중심 5도를 보기 위해 필요한 화소 수가 가로와 세로 5도를 곱한 9,000개(360×5×5)라는 계산이 나온다.

이를 우리 눈의 전체 시야로 확대해 보자. 우리는 한 장의 스냅숏snapshot으로 세상을 보지 않는다. 우리 눈은 끊임없이 움직이고 있다. 잠시도 쉬지 않고 여러 곳을 둘러보며 시각 정보를 뇌로 전달하는 중이다. 그리고 뇌는 두 눈에서 오는 시각 정보를 합친 '양안시'를 만들어 더욱 세밀하게 세상을 본다. 일반적으로 인간이 고개를 돌리지 않고 양안시를 유지할 수 있는 시야 범위는 수평 150도, 수직 130도다. 이 범위 안에 있으면 대개 '한눈에 들어온다'라고 인식한다. 이를 통해 시력 1.0인 인간의 양안시를 구현하기 위한 화소 수를 계산하면 약 7,000만 화소(360×130×5)가 된다.

정리하면 인간의 눈은 구조적으로 약 1억 화소, 기능적으로 약 7,000만 화소라고 할 수 있다. 물론 애당초 우리 눈과 카메라는 우열을 가릴 수 있는 대상이 아니다. 인간의 눈을 화소로 환산하려는 것 자체가 어리석은 시도일지도 모른다. 하지만 이런 질문에 합리적으로 접근하는 과정에서 과학적 사고를 기를 수 있다.

#2 눈의 화각은 몇 도일까?

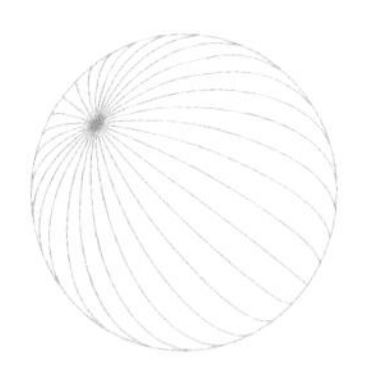

카메라에 입문할 때 본체 다음으로 고민하는 것이 렌즈다. 처음에는 세트로 판매하는 표준 화각 렌즈를 주로 사용하는데 카메라에 어느 정도 익숙해지면 자연스럽게 다양한 렌즈에 눈이 간다. 렌즈는 초점 거리에 따라 배율과 화각이 결정된다. 렌즈의 초점 거리는 초점을 무한으로 설정했을 때 렌즈(보조 주점)부터 이미지 센서(후면 초점)까지의 거리다. 그리고 화각이란 사진에 담을 수 있는 범위를 각도로 표현한 것이다.

렌즈의 초점 거리가 길면 화각이 좁아지고, 초점 거리가 짧으면 화각이 넓어진다. 렌즈의 초점 거리를 조절할 수 없으면 단렌즈, 조절할 수 있으면 줌렌즈라고 한다. 줌렌즈는 24~70밀리미터와 같이 조절 범위를 표시하는데, 24밀리미터의 최소 초점 거리일 때는 넓은 화각으

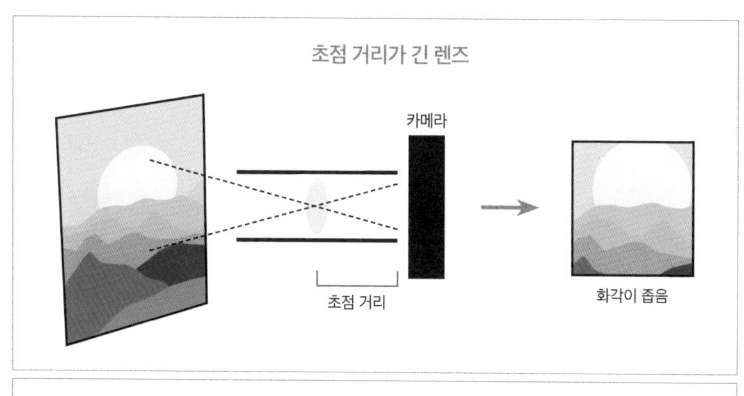

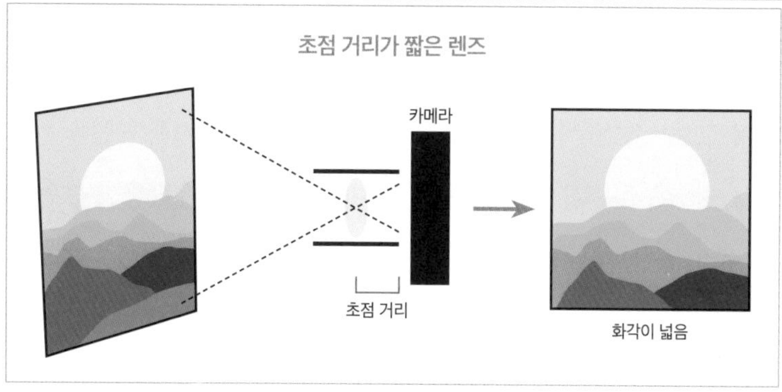

그림 37 렌즈의 초점 거리가 길면 화각이 좁아지고 좁은 범위만 촬영할 수 있다. 초점 거리가 짧으면 화각이 넓어지고, 넓은 범위를 촬영할 수 있다.

로 광각렌즈의 효과를 낼 수 있고, 70밀리미터의 최대 초점 거리일 때는 화각이 좁아지면서 망원렌즈의 효과를 줄 수 있다. 우리 눈으로 보는 것과 가장 비슷한 느낌의 초점 거리가 50밀리미터이기 때문에 일반적으로 38~58밀리미터를 표준렌즈, 15~35밀리미터는 광각렌즈, 70~200밀리미터는 망원렌즈로 분류한다.

줌렌즈에서 초점 거리를 늘려 피사체를 확대하는 것을 줌인zoom in이라고 한다. 줌인을 하면 피사체가 '클로즈업close-up' 되면서 가까이 오는 것처럼 커진다. 하지만 줌인과 피사체에 직접 다가가는 것은 서로 다르다. 줌인을 하면 화각이 좁아지며 카메라에 담을 수 있는 배경 영역이 좁아지기 때문에 피사체는 물론 배경까지 가까이 확대된 것처럼 나타난다. 그래서 피사체와 배경이 붙어 있는 것처럼 표현되는 '망원 압축' 효과가 나타난다. 분명 눈으로 본 것과 같은 장면인데도 줌인을 하면 더 극적으로 표현할 수 있는 이유가 여기에 있다.

예를 들어, 잠실 롯데월드타워 앞에서 빌딩의 전체 모습을 담으면서 인물 모습도 크게 찍고 싶으면 어떻게 해야 할까? 여기서 줌인을 하면 인물의 모습은 커질지언정 화각이 좁아져서 빌딩의 웅장한 모습을 담을 수 없다. 정답은 기본 줌을 유지한 채로 인물에게 가까이 다가가는 것이다. 이렇게 하면 가까이 있는 인물은 커지지만 멀리 있는 배경 속 빌딩은 거의 같은 크기로 유지된다.

지금까지 카메라의 초점 거리를 알아봤는데, 과연 우리 눈의 초점 거리는 얼마나 될까? 화소 수를 비교했을 때와 마찬가지로 구조적 접근과 기능적 접근의 방법으로 생각해 보자. 구조적 접근의 정답은 매우 간단하다. 해부학적으로 우리 눈의 길이는 수정체부터 망막까지다. 조금 더 정확히 말하면 수정체의 약간 뒤쪽에 있는 빛의 교점nodal point부터 망막까지의 거리인 17밀리미터다. 하지만 이 해석은 우리 눈의 광학 구조를 깡그리 무시하고 카메라 렌즈를 우리 눈의 수정체와 일대일로 대응시킨 결과다. 카메라는 렌즈에서 빛의 굴절이 일어나지만, 우리 눈

그림 38 줌인을 하면 화각이 좁아지고, 가까이 가면 화각이 유지된다.

은 각막에서 굴절이 일어난다. 따라서 기능적으로 각막·전방·수정체·유리체 등 눈의 앞쪽 구조를 하나의 렌즈로 보고 초점 거리를 정의하는 것이 보다 합리적이다. 그렇다면 우리 눈의 기능적인 초점 거리는 각막으로부터 망막까지의 거리인 안축장이라고 할 수 있다. 눈의 평균 안축장은 24밀리미터 내외이기 때문에 눈의 초점 거리는 24밀리미터라고 정의하는 것이 광학적으로 바람직하다고 할 수 있다.

그렇다면 우리 눈의 화각은 몇 도일까? 24밀리미터의 초점 거리를 가지는 렌즈의 화각은 대략 90도다. 그렇다면 우리 눈의 화각도 90도라고 할 수 있을까? 이는 너무 단순한 접근이다. 카메라의 화각은 렌즈의 초점 거리뿐만 아니라 이미지 센서의 크기에 의해서도 결정된다. 센서가 커지면 같은 렌즈라고 하더라도 화각이 넓어진다. 초점 거리가 50밀리미터 렌즈를 사람의 눈과 비슷하다고 할 때는 풀 프레임 센

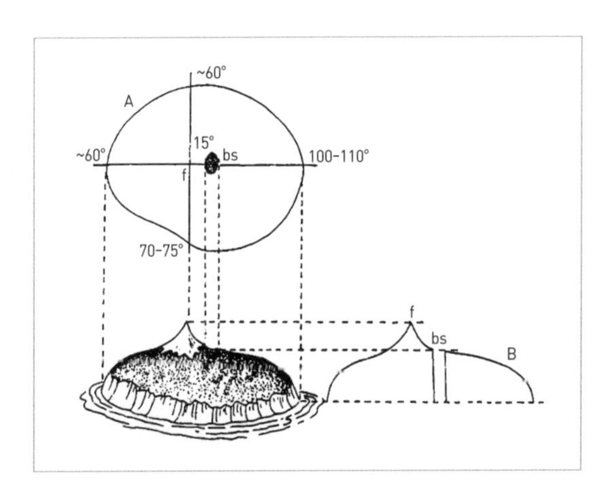

그림 39 안과의사 해리 모스 트라퀘어는 시야를 '암흑의 바다로 둘러싸여 있는 시각의 섬'이라고 표현했다.

서(35밀리미터 필름과 동일한 크기의 대형 센서)를 기준으로 한 것이다. 이미지 센서의 크기가 달라지면 같은 렌즈라도 망원렌즈가 되기도 하고 광각렌즈가 되기도 한다.

우리 눈의 기능적인 화각은 몇 도일까? 눈에 대해서는 카메라 용어인 '화각'보다는 '시야'라는 표현을 사용한다. 이것은 시야검사로 비교적 정확하게 측정할 수 있다. 1939년에 스코틀랜드의 안과의사 해리 모스 트라퀘어Harry Moss Traquair(1875~1954)는 시야를 '암흑의 바다sea of blindness로 둘러싸여 있는 시각의 섬 또는 언덕island or hill of vision'이라고 표현했다. 섬의 넓이가 곧 시야의 범위로 상측 60도, 하측 70~75도, 비측(코 쪽) 60도, 이측(귀 쪽) 100~110도의 범위를 가지고 있다. 섬의 높이는 빛에 대한 감도다. 산꼭대기에 해당하는 중심부는 미세한 빛도 느낄 수 있지만 주변시야로 갈수록 점점 둔감해진다. 우리는 카메라처럼 눈앞에 펼쳐진 풍경을 동일하게 보고 있다고 생각하지만 사실은 중심부 5도를 제외하면 그리 잘 보이지 않는다. 특이한 점은 시야 중심에서 귀 쪽으로 15도쯤 벗어난 범위에 바닥이 보이지 않는 구덩이가 있는 사실이다. 이 곳은 바로 시신경이 망막을 뚫고 지나가는 맹점blind spot이다. 우리는 맹점에 해당하는 시야를 볼 수 없다.

우리 눈에는 카메라 같은 '줌' 기능이 없기 때문에 시야를 마음대로 조절할 수 없다. 평생 하나의 고정된 시야를 가지고 세상을 본다. 그래서 인위적으로 시야가 달라지면 어지러움을 느끼거나 원근감과 입체감이 많이 떨어진다. 예를 들어, 자동차의 사이드미러는 공기저항을 줄이기 위해 가급적 작게 만들고 볼록 거울을 사용해 좁은 시야를 상쇄한다. 볼록 거울은 시야를 넓게 만들어 주지만 사물을 원래보다 작아 보이게 만들고 실제보다 더 멀리 있는 것처럼 느끼게 한다. 그래서 사이드미러에는 "사물이 거울에 보이는 것보다 가까이 있음"이라는 경고 문구가 꼭 쓰여 있다.

#3 눈은 몇 프레임률fps 일까?

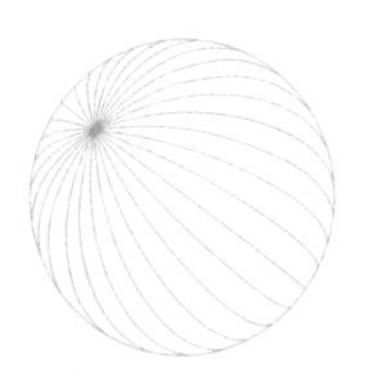

프레임frame은 '틀(액자)'이라는 뜻이다. 영상 매체에서는 영상의 테두리를 지칭해 피사체가 영상 밖으로 빠지는 것을 '프레임 아웃'이라고 한다. 또한 동영상에서 하나의 동작이나 장면을 프레임이라고 한다.

최초의 '동영상' 발명가를 꼽으라고 하면 벨기에 출신의 물리학자 조제프 플라토Joseph Plateau(1801~1883)를 들 수 있다. 페나키스토스코프Phenakistoscope는 1832년에 플라토와 오스트리아 수학자이자 발명가인 사이먼 스탬퍼Simon Stampfer(1792~1864)가 함께 발명한 원판형 시각 놀이 애니메이션 장치다. 그림이 그려진 원판을 회전시키고 그림 사이의 '틈'을 통해 반대편 거울에 비쳐 나타나는 움직임을 보여 준다. 교과서 모서리에 수십 장의 그림을 그리고 넘기면서 보는 플립 북flip book 애니메이션과 같은 원리다.

프레임이 지나가는 속도를 프레임률frame rate이라고 하며 단위로는 초당 프레임frames per second, fps을 사용한다. 프레임률이 높을수록 우리는 동영상이 부드럽게 움직인다고 느낀다. 현재 제작되는 영상마다 프레임률이 제각각인데 여기에는 역사적인 이유가 있다. 1895년 시네마토그래프로 촬영한 최초의 영화 〈공장을 나서는 노동자들Employees Leaving the Lumiere Factory〉이 공개된 이래로 초기 무성 영화에서는 18fps부터 24fps까지 다양한 프레임률이 사용되었다. 그 후 1927년에 워너브라더

그림 40 최초의 애니메이션 장치 페나키스토스코프에 피루엣 동작을 하는 댄서가 그려져 있다.

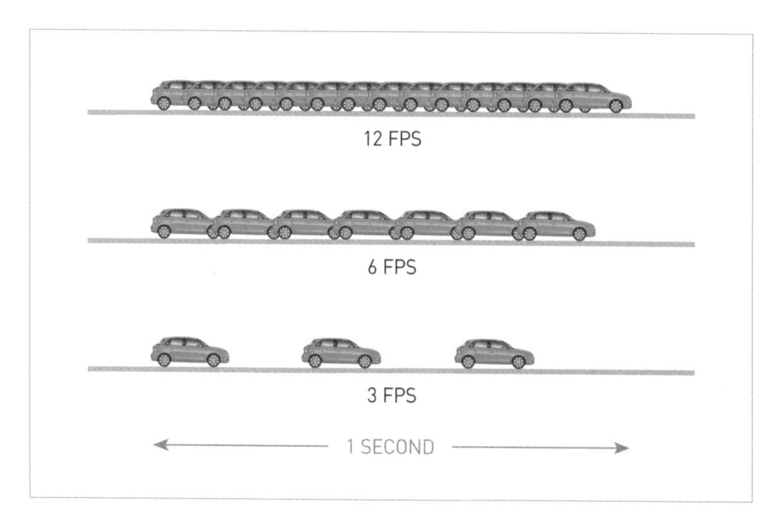

그림 41 프레임이 많을수록 대상의 움직임이 부드러워 보인다.

스의 〈재즈 싱어The Jazz Singer〉가 유성 영화의 시대를 열었다.[8] 유성 영화에는 필름에 음성 정보를 입힌 광학 음향optical sound 기술이 도입되었는데 자연스러운 음악 재생을 위해서는 최소 24fps가 필요했고, 이때부터 24fps가 정착되었다. 당시 필름은 상당히 고가의 재료였다. 영화 전체를 NG 없이 원테이크로 촬영한다는 비현실적인 가정을 하더라도 2시간짜리 영화에 17만 2,800장(2×60×60×24)의 필름이 필요하다. 영화는 어디까지나 수익을 내야 하는 상품이기 때문에 원가 절감이 매우 중요하다. 모든 상영관에 필름을 복제 및 배급하는 비용까지 생각하면 최소한의 fps로 영화를 제작하는 것은 영화 산업 전체의 생존이 달린 문제였을 것이다.[8]

가정용 TV가 보급된 후에는 브라운관의 기술적인 이유로 프레임률이 결정되었다. 초기 브라운관은 교류 전류의 주파수에 맞추어 화면을 깜빡여야re-fresh 했기 때문에 프레임률이 전원에 맞춰졌다. 60헤르츠Hz 교류 전류를 사용하던 미국에서는 30fps(NTSC 방식)로, 50헤르츠 교류 전류를 사용하던 유럽에서는 25fps(PAL 방식)로 결정되었다.[9] 물론 최소

8 영국의 영화배우 찰리 채플린Charles Chaplin(1889~1977)도 초기에 음성 도입을 완강히 거부했다고 한다. 그의 뛰어난 연기는 주로 과장된 움직임과 시각적 이미지에 의존했기 때문이다. 하지만 그는 이후에 〈위대한 독재자The Great Dictator〉 같은 뛰어난 유성 영화를 남겼다.

9 NTSCNational Television System Committee(미국 텔레비전 시스템 위원회) 방식은 미국의 TV 송출 기술 표준으로 528줄의 해상도와 60헤르츠의 주사율에서 작동한다. PALPhase Alternating Line(위상 교류 라인) 방식은 유럽의 표준으로 625줄의 해상도와 50헤르츠의 주사율에서 작동한다.

한의 fps를 사용한다는 원칙은 여기서도 변함이 없었다.

애니메이션의 프레임률 역시 철저히 원가 절감을 위해 결정되었다. 미국과 유럽에서는 극장용 풀 프레임 애니메이션을 24fps으로 제작했다. 1초의 영상을 위해 24장의 그림을 그리는 것은 상당한 중노동이다. 사람의 움직임을 자연스럽게 표현하기 위해서는 단순히 팔다리만 움직여서는 안 된다. 팔꿈치 등의 움직임까지 모두 1/24초 단위로 조절해 주어야 한다. 일본의 TV 애니메이션은 1초에 고작 8장에서 12장으로 제작되었다.

모든 영상을 디지털로 촬영하고 LCD, LED 디스플레이로 시청하는 요즘은 프레임률을 제한할 기술적인 이유는 없어졌다. 비용 문제만 아니라면 프레임률을 높여 최대한 부드러운 움직임을 표현할 것이다. 최근에는 60fps가 새로운 표준이 되어 가고 있다. 고프로와 같은 액션캠이나 중급형 이상 스마트폰마저도 60fps의 동영상 촬영을 지원한다. 유튜브 같은 실시간 스트리밍 서비스에서도 60fps인 영상을 제공한다.

카메라가 아닌 모니터가 표현할 수 있는 최대 초당 프레임 수를 주사율refresh rate이라고 한다. 현재 대부분의 사무용 모니터는 60헤르츠를, 고급 게이밍 모니터는 144헤르츠를 지원한다. 스마트폰은 대부분 60헤르츠 주사율을 지원하며, 플래그십 기종(갤럭시 S24, 아이폰 15 프로)은 120헤르츠 주사율을 지원한다. 스마트폰 화면은 보는 데만 그치지 않고 터치에 반응한다. 1초에 더 많은 이미지가 표시된다는 것은 터치가 더 빨리 반영된다는 것을 의미한다. 그래서 주사율이 높으면 스마트폰에서는 사용자의 명령이 입력되자마자 화면의 움직임이 더 빠르게 반응하는 것처럼 보인다. 120헤르츠의 스마트폰은 화면이 손에 '착 붙는 듯한 느낌'이 든다.

그렇다면 사람의 눈은 과연 몇 fps까지 느낄 수 있을까? 사람이 느낄 수 있는 최대 프레임률을 알면 기술 표준을 정립하는 기준이 될 수 있을 것이다. 하지만 안타깝게도 아직 체계적인 연구가 부족해 몇몇 전문가의 의견을 종합해 보는 수밖에 없다. 움직임을 감지하는 능력은 사람마다 다르고 훈련을 받을수록 높아지는 것으로 보인다. 순간적인 움직임을 포착하는 동체시력이 실력을 좌우하는 1인칭 슈팅First Person Shooter, FPS 게임을 오랫동안 즐긴 사람과 보통 사람은 움직임 감지 능력에 차이가 난다. 하지만 현재 보급되고 있는 144헤르츠 고주사율 디스플레이를 60헤르츠 디스플레이와 비교했을 때는 동체시력이 뛰어나지 않아도 누구나 그 차이를 느낄 수 있는 것으로 나타났다.

사람은 20fps 이상을 인식할 수 없다고 주장하는 학자도 있다. 단순히 모니터 주사율 차이를 감지할 수 있다고 해서 우리 뇌가 초당 수십 장의 이미지를 모두 인식하지는 못한다는 것이다. 이런 주장을 뒷받침하는 현상이 두 가지 있다. 첫 번째 예는 마차 바퀴 현상wagon wheel effect이다. 역마차 바퀴 현상stagecoach-wheel effect이라고도 하는데, 이는 바큇살이 달린 바퀴가 실제 회전하는 방향과 다르게 도는 것처럼 보이는 착시 현상이다. 이때 바퀴는 회전하는 속도보다 더 느리게 도는 것처럼 보일 수도 있고, 반대 방향으로 회전하는 것처럼 보일 수도 있다. 돌아가는 선풍기의 날개를 보거나 피젯 스피너fidget spinner 장난감을 돌려봐도 같은 효과를 느낄 수 있다. 두 번째 예는 스트로보 효과stroboscopic effect다. 스트로브strobe는 우리말로 섬광등인데, 이를 이용한 멋있는 장면이 영화 〈나우 유 씨미 2Now You See Me 2〉에 나왔다. J. 다니엘 아틀라스(제시 아이젠버그)가 공연에서 빗물의 움직임을 조종하는 마술을 보여준다. 물방울을 공중에 멈춰 세우기도 하고 다시 하늘로 올려 보내기도 한다. 이 마술의 비밀은 대형 분무기로 인공 비를 내리게 한 다음, 해당 구역을 비추고 있던 조명을 절묘한 타이밍에 깜빡거리게 하는 데 있다. 조명의 깜빡임 간격을 조절하면 빗줄기가 공중에 멈춘 것처럼 보이게 하거나 반대로 위로 올라가는 것처럼 보이게 할 수 있다.

이 현상의 원인을 설명하는 두 가지 이론이 있다. 첫 번째는 '불연속 프레임 이론Discrete Frames Theory'이다. 루핀 반룰렌Rufin VanRullen이 2011년에 발표한 논문에 따르면, 뇌파 검사에서 우리 뇌가 움직임 정보를 처리하는 프레임률은 13fps 정도라고 한다. 그는 20fps와 60fps의 차이를 '느낄' 수는 있지만 우리 뇌가 동영상으로 처리할 수 있는 속도에는 한계가 있다고 주장하고 있다. 두 번째는 '일시적 에일리어싱 이론Temporal Aliasing Theory'이다. 스하우턴Jan Frederik Schouten(1910~1980)의 1967년 논문에 따르면, 마차 바퀴는 초당 8~12사이클의 회전에서는 정지한 것처럼 보이고, 초당 30~35사이클에서는 역회전으로 보이며, 초당 40~400사이클에서는 거의 균일하게 회전하는 것으로 보인다고 한다. 스하우턴은 초당 30~35사이클의 움직임을 감지할 수 있는 가상의 신경 회로인 '라이하르트 감지계Reichardt detectors'가 있는데, 이 감지계의 일시적 에일리어싱 현상(컴퓨터 그래픽에서 윤곽선이 계단 모양으로 깨지는 현상)에 의해 반대로 돌아가는 것처럼 느끼게 되는 것이라고 주장했다. 현재는 이 두 이론 모두 어느 정도 근거를 인정받고 있다.

하지만 우리 눈이 몇 fps까지 느낄 수 있는지에 대해서는 명확한 결론을 내지 못했다. 다만 우리가 영상을 볼 때 '부드럽게 움직인다'라고 느끼는 것이 프레임률과 필연적인 관계는 아니라는 사실을 덧붙이고 싶다. 우리가 느끼는 '부드러움'에는 영상의 프레임률보다는 피사체 동작의 연속성이 더욱 중요하다. 프레임률이 낮아도 피사체의 움직임이 정확히 이어진다면 얼마든지 '부드러운' 영상이 될 수 있다.

#4 눈의 감도는 몇 ISO일까?

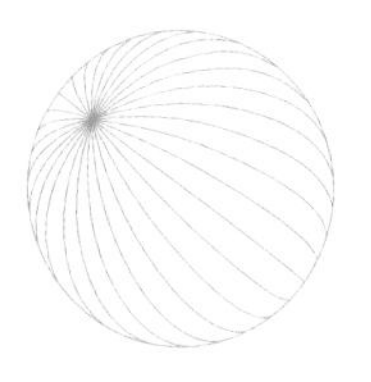

사진을 배울 때 처음으로 맞이하는 난관이 노출exposure이다. 노출은 사진의 '밝기'를 결정하는 것인데, 조리갯값, 셔터 속도, 필름 감도의 조합으로 이루어진다. 이 세 가지 요소를 조합하는 것은 상당히 복잡하다.

감도는 빛에 대한 필름이나 센서의 민감성을 나타낸다. 흔히 디지털카메라 사양을 비교할 때 ISOInternational Organization for Standardization(국제표준화기구) 값을 보는데, ISO는 감도의 표준 단위다. 필름 카메라는 필름마다 ISO 값이 정해져 있어서 필름 한 롤을 다 쓰고 교체하기 전까지는 감도를 조정할 수 없었다. 노출의 삼대 요소 중 하나인 감도를 고정한 채로 시작하는 것이다. 하지만 디지털카메라는 CCDCharged Coupled Device(전하결합소자) 센서의 감도를 쉽게 조절함으로써 필름을 교체하는 효과를 낼 수 있다. ISO 값은 선형線形 단위이기 때문에 ISO 값이 두 배 높으면 빛을 받아들이는 감도도 두 배 높다. 그렇기 때문에 두 배 빠른 셔터 속도(셔터가 열리는 시간의 길이)에서 같은 노출의 사진을 얻을 수 있다. 일반적으로 감도가 낮을수록 노이즈가 적어져서 좋은 사진을 얻을 수 있다. 반면 감도가 높으면 노이즈가 심해지지만 어두운 곳에서도 흔들림 없는 사진을 찍을 수 있다.

초창기의 디지털카메라는 ISO 400을 쓸 수 있다는 것만으로도 혁신이라는 평가를 들었다. 흔히 ISO 1600 이상을 고감도, ISO 값이 만 단위 이상이면 초고감도로 일컫는다. 2024년 현재 입문용 미러리스 카메라는 ISO 25600을 지원하고 고가 기종은 ISO 102400을 지원한다.

카메라의 필름이나 CCD 센서는 인간의 망막에 해당한다. 그렇다면 카메라의 감도는 망막에 있는 시세포의 빛에 대한 민감도와 같다고 볼 수 있다. 그렇다면 시세포의 민감도를 카메라의 ISO 값으로 환산하면 어느 정도일까? 우리 눈에는 셔터가 없고 조리개(홍채)를 내 뜻대로 조절할 수 없기 때문에 주변 환경의 밝기에 따라 나누어서 생각해 봐야 할 것이다.

신기하게도 시세포에는 주변 밝기에 따라 감도(ISO 값)를 자동으로 조절하는 기능이 있다. 바로 순응adaptation이다. 순응에는 명순응light adaptation과 암순응dark adaptation이 있다. 명순응은 어두운 곳에서 갑자기 밝은 곳으로 나왔을 때 시세포의 민감도를 떨어트려 점차 밝은 빛에 적응하는 것을 말한다. 이때 처음에는 잘 보이지 않다가 시간이 어느 정

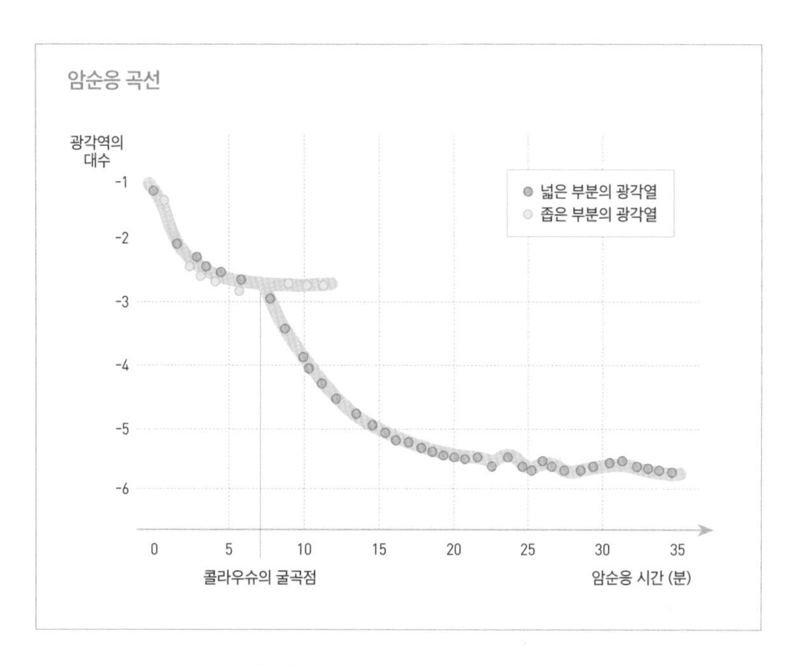

그림 42 콜라우슈의 굴곡점과 암순응 곡선을 나타낸 그래프.

도 지나면 정상적으로 보이는데, 짧으면 수 밀리초ms(1/1000초)에서 길면 1~2분 정도 소요된다. 밝은 낮에 어두운 터널을 빠져나오면 눈앞이 하얘졌다가 잠시 시간이 지나고서야 잘 보이는데 이것이 명순응이다.

반대로 암순응은 어두운 곳에서 시세포의 민감도가 높아지는 현상이다. 어두운 곳에 들어가서부터 시간에 따른 시세포의 민감도 변화를 측정한 암순응 곡선을 살펴보면 7분쯤 경과된 곳에 굴곡점이 생긴다. 이것을 '콜라우슈의 굴곡점Kohlrausch's kink'이라고 한다. 처음에는 망막 시세포 중 원추세포가 주로 작용해 민감도를 열 배까지 증가시키지만 암순응이 진행됨에 따라 간상세포의 민감도가 높아져서 원추세포를 대신한다. 암순응이 시작되면 간상세포 안에서 새로운 로돕신rhodopsin이 합성되면서 감도가 점점 증가한다. 새로운 로돕신을 합성하기까지 시간이 걸리기 때문에 최대 암순응이 되려면 45분 정도 소요된다. 로돕신은 빛에 의해 옵신opsin과 레티날retinal로 분해되며, 옵신에 의한 일련의 신호 전달 과정을 통해 신호가 증폭되어 작은 빛에도 민감하게 반응하게 된다. 간상세포의 암순응 덕분에 총 민감도는 약 1만 배 증가한다. 로돕신 합성에는 비타민 A가 필요하기 때문에 비타민 A가 부족하면 암순응 기능이 떨어져 어두운 곳에서 사물을 분간하기 어려운 야맹증이 생길 수도 있다.

최대 암순응을 경험할 수 있는 곳은 아마 군대일 것이다. 칠흑 같은 어둠 속에서 경계 근무를 서면 건너편 산기슭에 있는 담뱃불까지 보인다. 전쟁 영화에서는 야간에 요리를 하지 않거나 불빛이 새어나가지 않게 조심하는 모습을 볼 수 있는데, 적에게 위치가 노출되는 것이 생사의 문제와 직결되기 때문이다.

그렇다면 암순응 상태에서 우리 눈의 ISO 값은 얼마까지 올라갈까? 밤 하늘의 별을 보며 생각해 보자. 별의 등급은 별의 밝기에 대한 척도다. 기원전 135년경 히파르코스Hipparchos(기원전 190~120)는 별을 밝기에 따라 1등급에서 6등급으로 분류했는데, 가장 밝은 별을 1등급, 맨눈으로 겨우 볼 수 있는 별을 6등급으로 정했다. 완벽한 암순응 상태에서 사람은 밤하늘의 14등급 별빛까지 감지할 수 있다. 보급형 카메라로 5인치 조리개 렌즈, 3초의 셔터 속도를 기준으로 14등급의 별빛을 찍으려면 ISO 800000이 필요하다.

하지만 사람 눈의 감도가 ISO 800000이라고 해서 카메라보다 어두운 곳을 잘 보는 것은 아니다. 어디까지나 시세포의 최대 '감도'를 ISO 값으로 '환산'한 것이다. 우리가 시선을 맞추고 글자를 보고 읽기 위해서는 황반 중심부에 집중적으로 모여 있는 원추세포를 사용해야 한다. 하지만 완전한 암순응 상태에서는 원추세포가 거의 기능하지 못하기 때문에 글자를 읽거나 색을 구분하는 것은 거의 불가능하다. 그렇기에 실제 어둠 속에서는 우리 눈보다 카메라가 글자, 사물의 색상 등을 더 잘 구별할 수 있다.

2016년 록펠러대학교에서 인간 눈의 시세포가 빛의 광자photon 한 개를 볼 수 있다는 연구를 발표했다. 만약 살아 있는 사람에게서 비슷한 결과가 나온다면 망막의 감도를 ISO로 변환하려는 시도는 의미가 없을 것이다. 이 정도 감도를 ISO로 변환하면 수십억이 훌쩍 넘어가기 때문이다. 참고로 촛불 한 개에서 1초 동안 방출되는 광자의 개수는 5.15×10^{16}개이다.

#5 눈에도 자동 초점 기능이 있을까?

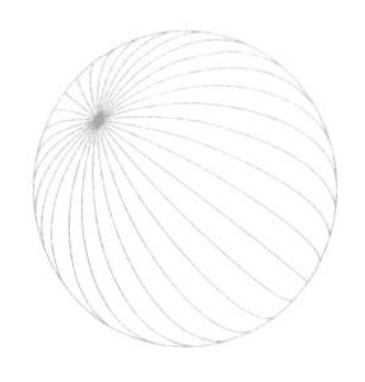

자동 초점Auto Focus, AF은 말 그대로 자동으로 초점을 잡아주는 기능이다. 자동 초점에는 카메라가 피사체의 위치를 직접 측정하는 능동식 자동 초점 방식과 카메라로 들어오는 빛을 이용해 광학적으로 위치를 어림잡는 수동식 자동 초점 방식이 있다. 대부분의 카메라는 수동식 자동 초점 방식을 사용한다. 그리고 수동식 자동 초점 방식에는 위상차 검출 방식phase-difference detection system과 대비 검출 방식contrast detection system 그리고 이 둘의 장점을 합친 하이브리드 방식이 있다.

위상차 검출 방식에서는 렌즈를 통과한 빛을 둘로 나눈다. 센서에 투영된 두 초점의 거리가 가까우면 피사체가 가깝다고 판단해 렌즈를 뒤로 움직이고, 두 초점의 거리가 멀면 피사체가 멀다고 판단해 앞으로

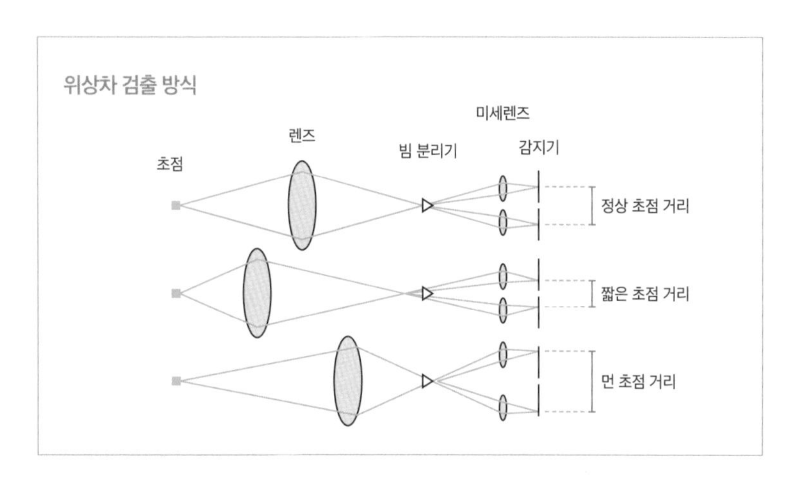

그림 43 초점 사이의 거리가 짧으면 렌즈를 뒤로, 멀면 렌즈를 앞으로 움직인다.

움직인다. 이 방식은 두 초점 사이의 거리를 이용해 렌즈를 어느 방향으로 얼마만큼 움직여야 할지 빠르게 판단하기 때문에 대부분의 카메라에 적용된다.

대비 검출 방식은 피사체와 배경 사이의 색과 밝기 차이를 인식한다. 렌즈를 앞뒤로 움직이다가 대비가 가장 높은 위치에 초점을 맞추는 방식이다. 가장 또렷한 지점을 찾는 방식이라 정확도가 뛰어나다. 하지만 위상차 검출 방식보다 속도가 느리고, 대비가 적은 단색 피사체인 경우 초점을 잘 못 맞춘다는 단점이 있다.

우리 눈에도 아주 훌륭한 자동 초점 기능이 있다. 우리는 산 정상에서 멀리 있는 경치를 감상하다가도 금세 스마트폰 화면에 초점을 맞출 수 있다. 우리 눈의 자동 초점 기능을 조절이라고 한다. 만약 우리 눈에

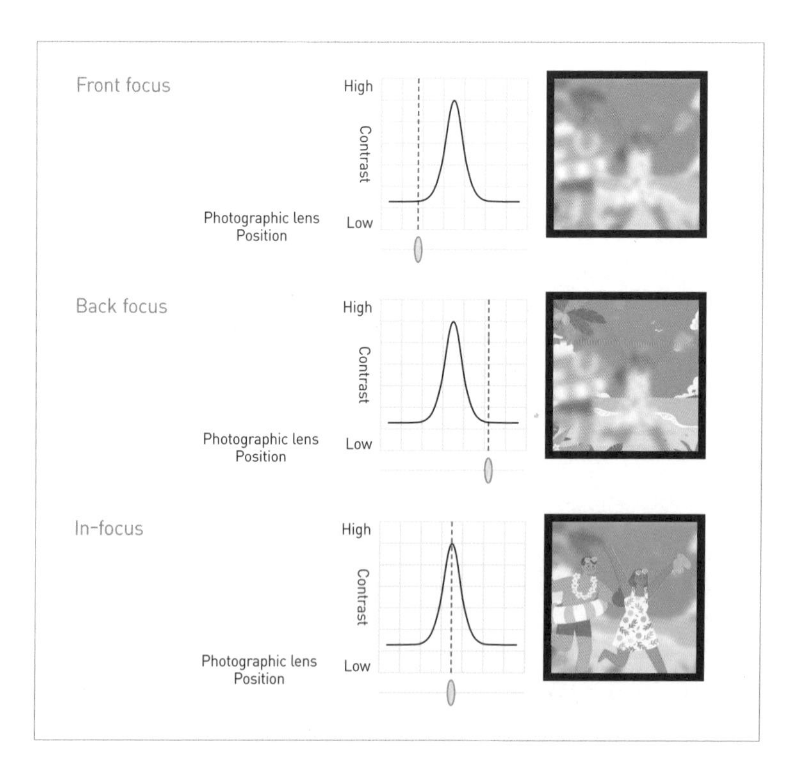

그림 44 대비 검출 방식은 피사체와 배경 사이의 대비가 가장 높은 위치에 초점을 맞춘다.

조절 능력이 없다면 어떻게 될까? 정시(근시 및 원시가 없는 상태)라면 먼 곳은 잘 보여도 가까운 곳은 정확히 보이지 않을 것이다. 50센티미터 앞의 모니터를 보기 위해서는 +2디옵터 안경(돋보기)을, 33센티미터 앞의 스마트폰을 보기 위해서는 +3디옵터의 안경을 써야 한다.

우리 눈의 조절은 보고자 하는 대상의 상image이 흐릿할 때 일어난다. 대비 검출 방식과 유사하게 망막에 맺히는 상의 흐릿함이 수정체 두께 조절을 유발한다. 다른 점은 카메라 렌즈는 앞뒤 방향으로 모두 움직일 수 있지만 수정체는 오직 두꺼워지는 한쪽 방향으로만 조절할 수 있다는 것이다. 원래 가진 초점보다 가까이 보는 쪽으로만 조절이 일어나는 것이다. 가까운 곳으로 시선을 옮기면 눈의 섬모체근이 수축하면서 섬모체 소대(작은 인대)가 느슨해지고 여기에 연결되어 있는 수정체가 볼록해진다. 이때 주로 수정체 전면의 곡률curvature이 커지면서 굴절력이 커진다.

보고자 하는 물체가 없어도 약간의 조절이 일어난다. 예를 들어, 깜깜한 밤에 깊은 산속에 있으면 초점을 맞출 만한 대상이 없음에도 불구하고 조절이 일어난다. 이것이 바로 야간 근시night myopia다. 야간 근시는 젊은 사람에게 주로 나타나고 노안이 생기는 나이가 될수록 발생 빈도가 줄어든다. 평상시 시력이 좋다고 자부하던 군 복무 중인 장병이 야간 경계 근무를 설 때 갑자기 시력이 떨어져서 놀라기도 한다. 간혹 안과에 야맹증 검사를 받고 싶다고 찾아 오기도 한다. 그런데 선천성 야맹증 환자는 시각 장애가 동반되어 군 복무가 불가능하다. 후천성 야맹증은 비타민 A 결핍이나 말기 녹내장, 망막색소 변성증이 원인으로 작용해서 발생할 수 있지만, 젊은 장병들에게 이런 병이 발생할 확률은 매우 낮으며 안저眼底검사로 쉽게 감별할 수 있다. 안과에서 이런 장병들에게 야간 근시이니 걱정하지 말라고 설명하면 개운치 않은 표정을 짓기도 한다.

비슷한 증상을 비행기 조종사도 겪을 수 있다. 구름 한 점 없는 하늘에서는 주변에 초점을 맞출 만한 대상이 없다. 야간 근시와 같은 원리이지만, 이 경우 '공간 근시space myopia'라는 표현을 쓴다. 이를 방지하기 위해서 전투기 조종사에게는 비행 중에 일정 시간 이상 빈 하늘을 보지 못하도록 교육한다. 근시가 없어야지만 적기가 나타났을 때 순간적으로 대응할 수 있기 때문이다.

이런 조절 기능이 나이에 따라 떨어지는 것이 노안이다. 자연스러운 노화 현상인 노안은 뒷장에서 자세히 다루도록 하고, 여기에서는 병적인 변화 다섯 가지를 소개하겠다. 첫째, '조절 부족accommodative insufficiency'은 조절력이 나이에 비해 유난히 떨어지는 것이다. 주로 섬모체근의 기능을 떨어트리는 약물(멀미 약, 다이어트 약 등) 복용이 원인이다. 둘째, '조절 피로accommodative fatigue'는 장시간 집중해서 근거리 작업을 한 경우에 발생한다. 이것은 섬모체근의 일시적 피로이며 휴식하면 나아진다. 셋째, '조절 마비accommodative paralysis'는 섬모체근이 마비되어서 초점이 조절되지 않는 상태다. 약물이나 외상, 신경 이상(동안신경 마비) 등의 원인으로 발생한다. 넷째, '조절 무력inertia of accommodation'은 근거리에서 원거리로 초점이 원활하게 전환되지 않는 현상으로, 백내장 초기에 수정체가 딱딱해지면서 발생한다. 마지막으로 '조절 연축accommodative spasm'은 조절이 너무 심해서 마치 근시가 있는 것처럼 멀리에 있는 물체가 보이지 않는 상태다. 원인으로는 히스테리, 약물(축동제), 뇌간 손상 등이 있다. 많은 어린이에게 발생하는 가성 근시pseudomyopia도 조절 연축의 일종이다. 그래서 10세 미만의 아이에게는 처음 안경을 처방하기 전에 섬모체근의 긴장을 풀어주고 정확한 근시 도수를 확인하기 위해 조절 마비 검사를 하는 것이 원칙이다. 40대 이전에 가까이에 있는 글자를 보기가 힘들다면 이런 조절 이상을 감별하기 위해 안과 진료를 받아보는 것이 좋다.

#6 눈에도 손 떨림 방지 기능이 있을까?

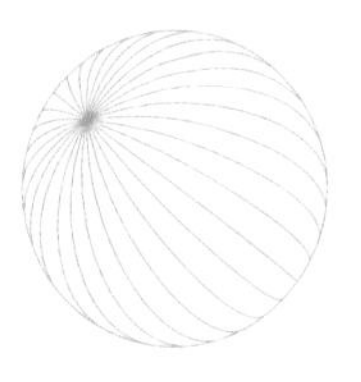

요즘은 액션캠은 물론이고 스마트폰에도 '손 떨림 방지' 기능이 기본으로 탑재되어 있다. 손 떨림 방지 기능은 우리의 손이나 움직이는 차의 떨림과 같은 빠른 진동 때문에 사진이 번지는 현상을 보정하는 기능이다. 느린 진동은 '흔들림'이 아니라 '움직임'이기 때문에 보정하지 않는다. 흔히 '손떨방'이라고 줄여서 이야기하지만 정확히 말하면 손 떨림을 방지하는 것이 아니라 손 떨림으로 인한 흔들림을 보정하는 것이다.

손 떨림 보정 기술로는 광학식 손 떨림 보정Optical Image Stabilization, OIS과 전자식 손 떨림 보정Electrical Image Stabilization, EIS 그리고 디지털 손 떨림 보정Digital Image Stabilization, DIS이 많이 쓰인다. 동영상 촬영에

는 광학식과 디지털의 장점을 결합한 융합형 손 떨림 보정Fused Video Stabilization을 많이 사용한다. 최근에는 인공지능을 결합해 흔들림을 예측 보정하는 인공지능 보정Artificial Intelligence Stabilization 기술도 개발되고 있다.

광학식 손 떨림 보정OIS은 자이로스코프gyroscope로 흔들림의 정도와 방향을 측정해 흔들리는 방향과 반대 방향으로 렌즈나 센서를 이동시키는 기술이다. 초창기에는 렌즈를 움직이는 제품이 대부분이었으나 요즘에는 센서를 움직이는 방식을 많이 사용한다. 3차원 공간에서 카메라는 총 여섯 축으로 이동할 수 있는데, 이 중 X, Y, Roll, Yaw, Pitch의 다섯 축까지는 OIS로 보정이 가능하다. 나머지 Z축은 피사체와의 거리인데, 이것은 흔들림 보정이 아니라 자동 초점으로 해결한다. OIS는 대략 1~2도 정도의 떨림을 보정할 수 있고, 어두운 환경에서도 성능이 우수하다.

전자식 손 떨림 보정EIS과 디지털 손 떨림 보정DIS은 카메라 영상을 후처리해 흔들림을 보정하는 기술이다. EIS는 피사체(주로 동물의 눈)의 위치를 찾아서 자른 후 중심부만 남기는 크롭crop(잘라내기) 방식으로 흔들림을 보정한다. 이때 잘리는 가장자리 부분을 '안정화 여백'이라고 부른다. 많이 자를수록 보정도 잘 된다. 고프로와 같은 액션캠은 뛰어난 EIS 기능을 가지고 있다. EIS는 OIS에 비해 더 심한 흔들림도 보정할 수 있고 센서를 움직일 필요가 없어서 하드웨어 비용도 줄어든다. 하지만 이미지 센서의 높은 화소가 뒷받침되어야 하며 고사양의

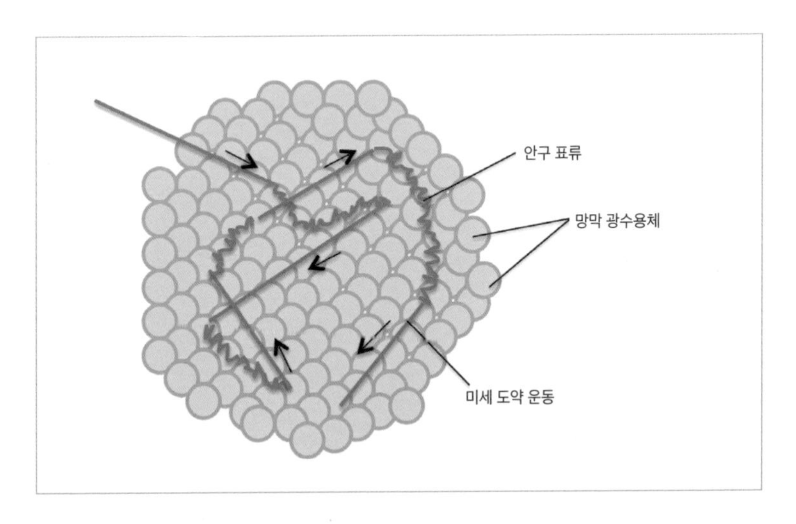

그림 45 우리는 느끼지 못하지만 눈은 끊임없이 미세하게 움직이고 있다.

프로세서와 메모리가 필요하다는 단점이 있다. DIS는 흔들린 피사체의 움직임을 감지해서 움직인 만큼 이미지를 옮겨 합성하는 방식이다. EIS와 DIS는 소프트웨어로 흔들림을 보정한다는 점에서는 비슷하지만 DIS는 흔들림을 감지하기 위한 자이로스코프가 필요 없다는 점이 다르다. 손 떨림 보정 기술은 말 그대로 손의 떨림을 보정하는 것이기 때문에 각종 영상 액세서리(삼각대, 짐벌 등)를 사용한다면 이 기능이 필요 없어진다. 그래서 영화 촬영을 위한 전문 촬영 장비에는 오히려 손 떨림 보정 기능이 없는 경우도 있다.

우리 눈에도 훌륭한 손 떨림 보정 기능이 있다. 당장 양쪽으로 고개를 도리도리하면서 이 책을 읽어보자. 대부분 큰 문제 없이 독서를 이어갈 수 있을 것이다. 우리는 관심 있는 대상에 시선을 고정하면 자신이 흔들리더라도 대상을 시야 중심부에서 놓치지 않을 수 있다. 이것을 바로 '주시 유지 체계gaze stabilization mechanism'라고 한다. 주시 유지 체계에는 주시 고정, 전정안 반사, 중심 외 주시 유지의 세 가지 기전이 함께 작용한다.

첫 번째는 눈 떨림을 보정하는 '주시 고정visual fixation'이다. 우리는 느끼지 못하지만 눈은 끊임없이 미세하게 움직이고 있다. 망막으로 들어온 빛은 눈의 미세한 움직임에 따라 시세포 위를 끊임없이 움직인다. 이 빛이 망막의 중심 밖으로 벗어날 때마다 자동으로 이를 복귀시키는 '깜빡임 움직임flickering movement'이라는 반사 작용이 일어난다. 망막 중심에 맺힌 상의 이탈을 감지해 교정 눈 운동을 일어나게 해 대상으로부터 시선이 벗어나지 못하게 한다. 주시 고정을 위한 눈 움직임에는 미세 도약 운동microsaccade, 안구 표류ocular drift, 안구 미세 떨림ocular microtremor이 있다.

두 번째는 머리 움직임을 보정하는 '전정안 반사vestibule-ocular reflex'다. 이는 머리가 움직이는 방향과 정반대 방향으로 안구 운동을 일으켜서 신체가 움직이는 중에도 선명한 시력을 유지할 수 있게 한다. 귀 속에 있는 전정기관의 유모세포hair cell는 머리 운동의 가속도를 직접 감지하므로 빠르고 효과적으로 반응할 수 있다. 머리를 좌우로 흔들면서 책을 읽을 수 있는 이유는 바로 이 전정안 반사 덕분이다. 반사의 잠복기가 10밀리초로 우리 몸에서 가장 빠른 반사 작용이다. 반대로 우리가 의도적으로 시선을 움직이거나, 움직이는 물체에 시선을 고정하는

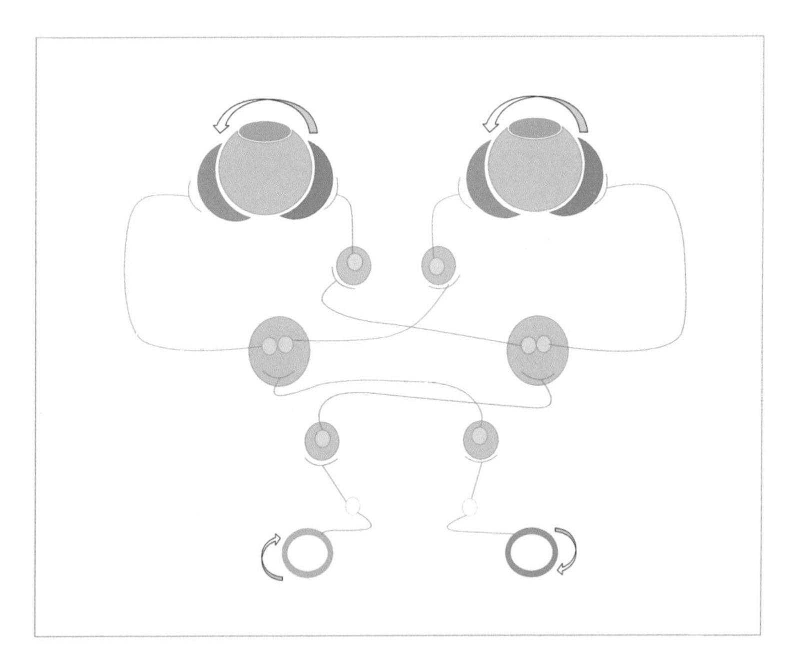

그림 46 전정안 반사의 모식도. 고개가 우측으로 돌아가면 눈은 좌측으로 돌아간다. 즉 ①내이의 전정기관에서 회전을 감지하면 ②신경을 통해 외안근에 신호를 전달하고 ③좌측을 주시하는 외안근은 수축, 반대 측은 이완된다.

경우에는 눈과 머리가 같은 방향으로 동시에 움직여야 하기 때문에 전정안 반사가 정상적으로 억제된다. 전정안 반사에 문제가 생기면 동요시oscillopsia가 발생해 어지럼증이 생긴다.

세 번째는 시선을 원하는 대로 유지시켜 주는 '중심 외 주시 유지gaze holding mechanism'다. 이것은 시선을 움직여 사물을 바라볼 때 작용한다. 우리가 바깥쪽으로 시선을 움직이면 눈에 붙어 있는 근육과 인대의 탄성으로 눈을 다시 중심으로 복귀시키려는 힘이 생긴다. 이런 탄성을 극복하면서 시선을 유지하기 위해 우리 뇌의 주시 유지 네트워크gaze holding network에서 복합적인 신호를 보낸다. 이 중심 외 주시 유지 기능이 있어야만 곁눈질로 옆자리 짝의 시험지를 훔쳐볼 수 있다.

이렇게 복잡한 주시 유지 체계에서 한 곳이라도 문제가 생기면 다양한 안구진탕이 발생한다. 안구진탕은 무의식적이고 빠른 리듬감으로 눈이 떨리는 현상이다. 안구진탕은 두 가지 움직임으로 구성되는데, 안구가 원하는 위치에 머무르지 못하고 서서히 주시점을 벗어나는 느린 움직임slow phase과 무의식적으로 이를 회복하려는 빠른 움직임fast phase이다. 증상은 어지러움을 전혀 느끼지 못하는 선천적인 경우부터 심하게 흔들려 보이는 경우까지 다양한 양상으로 나타난다.

우리는 런닝머신 위를 뛰면서도 TV 속 자막을 어렵지 않게 읽을 수 있다. 현재 아무리 뛰어난 '손떨방' 기능이 있는 카메라라고 하더라도 우리 눈만큼 뛰어나지는 않다. '손 떨림 보정' 측면에서는 우리 눈이 확실히 우위에 있는 것 같다.

#7 셀카를 과학적으로 잘 찍는 방법

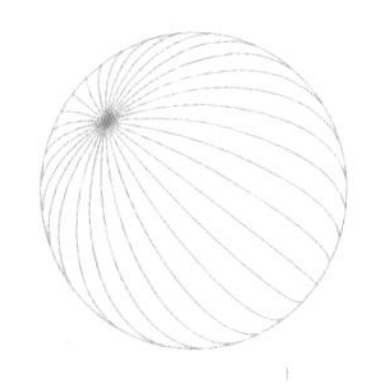

셀카는 셀프 카메라를 줄인 말이다. 영어권에서는 셀피selfie, self film라고 한다. 셀카는 디지털카메라가 보급되던 2000년대부터 생겨났다고 본다. 30대 이상이라면 일명 '똑딱이' 디지털카메라로 셀카를 찍었던 추억이 있을 것이다. 2010년대부터는 스마트폰이 보급되면서 누구나 쉽게 셀카를 찍게 되었다. 스마트폰에는 전면과 후면에 각각 카메라가 배치되어 있는데, 이 두 카메라로 셀카를 찍으면 얼굴 모습이 제법 다르게 나타난다. 셀카 속 내 얼굴과 다른 사람이 찍어준 내 얼굴이 조금 다르다는 느낌을 느껴봤을 것이다. 여기서는 왜 이런 차이가 생기는지, 두 사진 중에서 '진짜' 내 얼굴은 과연 무엇인지 알아보겠다.

스마트폰의 전후면 카메라로 찍은 셀카에 차이가 나는 이유는 화질,

광각렌즈, 좌우 반전 때문이다. 초창기 스마트폰의 전면 카메라는 후면 카메라보다 화질이 많이 떨어졌기 때문에 얼굴 잡티가 덜 보였다. 이런 자연스러운 '뽀샤시' 효과 때문에 전면 카메라로 찍은 셀카를 좋아하는 이가 많았다. 피처폰을 쓰던 시절에는 렌즈를 손가락으로 가렸다가 뗀 직후에 셀카를 찍는 기술이 있었다. 이는 센서로 들어가는 빛을 막아 일시적으로 감도가 높아져 나타나는 뽀샤시 효과를 노린 것이다. 요즘에는 이미지 센서의 감도가 순식간에 조정되기 때문에 더 이상 이 기술을 사용하기 어려워졌다. 최근에는 짧은 시간 동안 여러 장의 사진을 찍어 자동으로 후보정을 하는 기능이 포함되어 있다.

또 다른 이유는 렌즈의 화각 차이다. 우리가 실제 사람을 볼 때는 얼굴의 움직임과 입체적인 느낌을 다 볼 수 있지만, 카메라는 한 장의 평면 사진에 얼굴을 담는다. 이때 카메라의 화각에 따라 셀카의 결과물이 달라진다. 카메라 업계에서는 50밀리미터 렌즈의 46도를 사람이 눈으로 보는 것과 가장 비슷하다고 해서 표준 화각이라고 한다. 50밀리미터 렌즈를 사용하면 뷰파인더를 통해 보는 피사체의 크기가 맨눈으로 볼 때와 비슷하기 때문에 뷰파인더와 맨눈으로 동시에 보더라도 큰 이질감 없이 사진을 찍을 수 있다. 사람들이 '선명하다'라고 느끼는 시야는 60도 정도다.[10] 그래서 40~60도를 표준 화각이라고 하고, 40도 이하를

10 사람의 시야는 이보다 더 넓지만 60도를 넘어가는 주변부 시야로 사물의 윤곽이나 색을 알아보는 것은 거의 불가능하다. 60도를 넘는 범위를 보기 위해서 우리는 필연적으로 눈이나 고개를 움직인다.

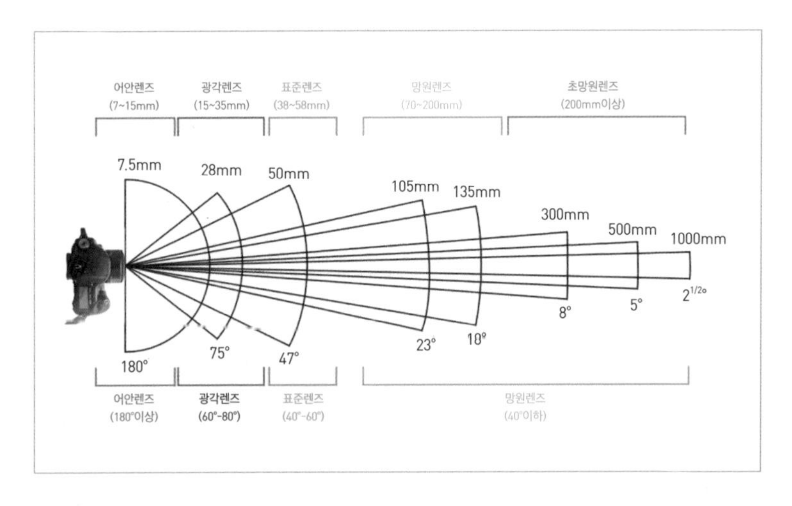

그림 47 초점 거리에 따른 렌즈의 분류표.

망원, 60도 이상을 광각이라고 부른다.

스마트폰 역시 초창기에는 이 기준을 그대로 적용해 화각이 60도를 넘으면 '광각'이라고 칭했다.[11] 그런데 스마트폰은 두 눈으로 화면을 보며 촬영하기 때문에 광각의 기준이 카메라의 것보다 넓어야 한다. 그래서 최근 스마트폰 업계는 셀카봉 없이 상반신과 뒷배경을 잘 담을 수 있는 정도의 화각을 '광각'이라고 한다. 갤럭시 S24의 카메라 화각을 살펴보면 전면 카메라는 80도, 후면 기본 카메라는 85도, 망원 카메라는 36도, 광각 카메라는 120도다. 요즘엔 85도까지 기본 화각이라고 부

11 비교적 최근인 2016년에 출시된 아이폰 7은 화각이 75도였지만 여전히 '광각'이라고 말했다.

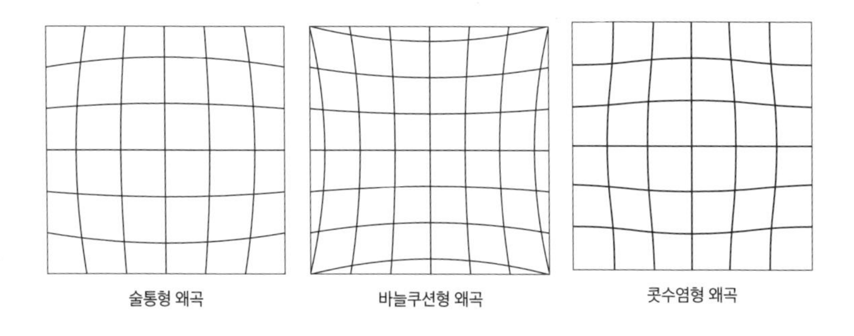

그림 48 광각렌즈는 상의 왜곡을 발생시킨다. 가장 흔한 술통형 왜곡은 광각렌즈가 가까이에 있는 사물을 더 크게, 멀리에 있는 사물을 더 작아 보이게 하기 때문에 발생하는 현상이다.

르는 추세다.

스마트폰의 렌즈를 포함해 현재 모든 광각렌즈는 상의 왜곡을 일으킨다. 술통형 왜곡barrel distortion은 광각렌즈가 가까이에 있는 사물을 더 크게, 멀리에 있는 사물은 더 작아 보이게 한다.[12] 넓은 화각을 한정된 화면에 압축해 담아내기 때문에 이런 현상이 일어난다. 피사체와의 거리가 가까울수록 술통형 왜곡이 심해지기 때문에 셀카를 찍을 때 특히 문제가 된다. 이런 광각렌즈의 왜곡 때문에 턱이 오이처럼 길쭉하게 나온다고 해서 '오이 현상'이라 하기도 한다. 스마트폰을 얼굴 아래쪽에 두고 턱을 내밀어 턱과 렌즈를 가깝게 하면 오이 현상이 심해진다. 반

12 이런 왜곡을 극대화한 것이 어안렌즈다. 반대로 망원렌즈에서 발생하는 왜곡을 '바늘쿠션형 왜곡pincushion distortion'이라고 한다. 중심부에 술통형, 주변부에 바늘쿠션형 왜곡이 같이 나타나면 '콧수염형 왜곡moustache distortion'이라고 한다.

대로 스마트폰을 얼굴 위로 들고 턱을 당기면 오이 현상을 피할 수 있다. 이 방법은 우리가 옛날부터 익히 들어왔던 '셀카 잘 찍는 법'과 똑같다. 많은 사람이 경험으로 터득한 노하우였던 것이다. 최신 스마트폰 카메라에는 화각을 좁혀주는 기능이 있다. 아이폰에서는 화살표, 안드로이드폰에서는 아이콘 버튼으로 '표준 모드'와 '광각 모드'를 선택할 수 있다. 전면 카메라는 하나밖에 없기 때문에 실제 화각을 좁히는 것은 아니다. 사진 중심 부분만 크롭해서 왜곡이 생기는 주변부를 잘라내는 방식이다.

세 번째 이유는 좌우 반전이다. 눈으로 자신의 얼굴을 보기 위해서는 거울을 사용할 수밖에 없다. 거울 속의 나는 좌우 반전된 상으로 보인다. 내가 오른손을 들면 거울 속의 나는 왼손을 든다. 영국 세인트앤드루스대학교의 심리학 연구진이 발표한 논문에 따르면, 피실험자에게 자신의 왼쪽 얼굴과 오른쪽 얼굴 사진을 보여주고 마음에 드는 사진을 고르라고 하면 90퍼센트에 달하는 피실험자가 왼쪽 얼굴을 골랐다고 한다. 연구진은 사람은 시각 정보 처리 능력이 뛰어난 우뇌를 사용해 다른 사람의 오른쪽 얼굴을 위주로 본다고 설명한다. 거울 속 자신의 얼굴은 좌우 반전된 왼쪽 얼굴을 주로 본다는 것이다. 그래서 전면 카메라로 셀카를 찍으면 거울로 늘 보던 좌우 반전된 얼굴을 보는 것이라 더 익숙하게 느낀다고 한다.

그런데 다른 사람들도 내 셀카를 예쁘다고 느낄까? 캐나다 토론토대학교의 심리학자 대니얼 레Daniel Re 연구진은 198명의 대학생에게 본인이 찍은 셀카와 타인이 찍어 준 사진을 준비하도록 했다. 그리고 피실험자와 다른 사람이 두 사진을 점수로 평가하도록 했다. 흥미롭게도 피실험자는 본인의 셀카에 더 높은 점수를 주었지만 다른 사람은 타인이 찍어준 사진에 더 높은 점수를 주었다. 본인은 셀카가 더 잘 나왔다고 생각하지만 다른 사람이 보기에는 꼭 그렇지 않다는 것이다. 왜 이런 결과가 나왔을까? 연구진은 이를 자기애적 성향self-favoring biases에 대한 거부감이라고 해석한다. 우리는 대부분 마음에 드는 셀카를 SNS에 공유한다. 많은 '좋아요'를 위해 보정하는 일이 반복되면 이런 성향이 점점 강화된다. 하지만 다른 사람은 이런 셀카에 오히려 과시욕과 허영심을 느껴 거부감이 들고 다른 사람이 찍어준 사진을 더 좋게 평가한다고 설명한다.

그런가 하면 '셀카 속의 나'를 닮기 위해 성형 수술을 요구하는 경우도 있다고 한다. 영국의 성형외과 의사 티지언 에쇼Tijion Esho(1981~)는 환자들이 과거에는 닮고 싶은 유명인의 사진을 가지고 왔지만 최근에는 SNS에서 제공하는 필터로 보정된 자신의 사진을 보여주는 경우를 종종 접한다고 한다. 그는 SNS 속의 나를 닮기 위한 현상에 대해 '스냅챗 이형증snapchat dysmorphia'이라는 신조어를 만들었다. 《미국의사협회저널》의 한 논문에서는 "필터링된 이미지는 현실과 환상 간의 경계를 흐리게 만들고 자신의 신체적 특징을 제거해야 할 결함으로 집착하게 만드는 정신질환인 신체이형장애body dysmorphic disorder를 유발할 수 있다"라고 경고했다.

지금까지 셀카 속의 얼굴이 어떻게 달라 보이고 왜 이를 친숙하게 느끼는지 알아보았다. 우리는 동영상까지 실시간으로 보정되는 시대에 살고 있다. 스마트폰의 발전은 있는 그대로를 보여주기보다 아름다워 보이게 보정하는 기능에 초점을 맞추고 있다는 느낌도 든다. 하지만 중요한 사실은 다른 사람들은 '셀카 속의 나'를 보는 것이 아니라는 점이다. 우리의 얼굴은 누구나 비대칭적이고 보정된 셀카와 똑같이 생긴 사람은 이 세상에 없다. 자신을 있는 그대로 사랑하는 것이 가장 중요하다는 사실을 잊지 않았으면 좋겠다.

#안과의사가
알려주는
신비한 잡학 지식

#1 시력 1.0을 영어로 어떻게 말할까?

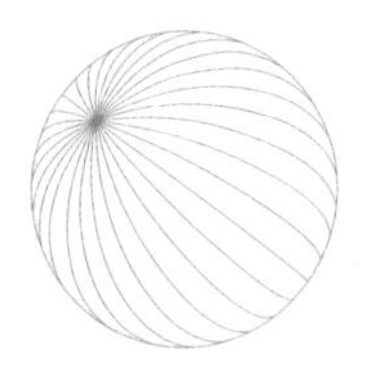

"내 시력은 1.0입니다"를 영어로 어떻게 말할까? 구글과 파파고 번역기는 "My eyesight is one point zero"라고 알려준다. 하지만 이렇게 말하면 영어권 국가에서 통하지 않는다. 미국에서는 'twenty-twenty20/20 vision'이라고 해야 한다. 이는 시력을 표기하는 방식이 나라마다 다르기 때문이다.

우리나라는 소수시력을 사용한다. 시력검사표 위의 가장 큰 시표가 0.1이고 아래로 갈수록 숫자가 커진다. 기준 거리(진용한 시력검사표 기준 4미터)에서 읽을 수 있는 가장 작은 시표가 자신의 시력이 된다. 반대로 가장 위의 0.1 시표를 읽을 수 없다면 보일 때까지 시력검사표로 가까이 다가가야 한다. 기준 거리의 절반(2미터)에서 읽으면 시력은 0.05,

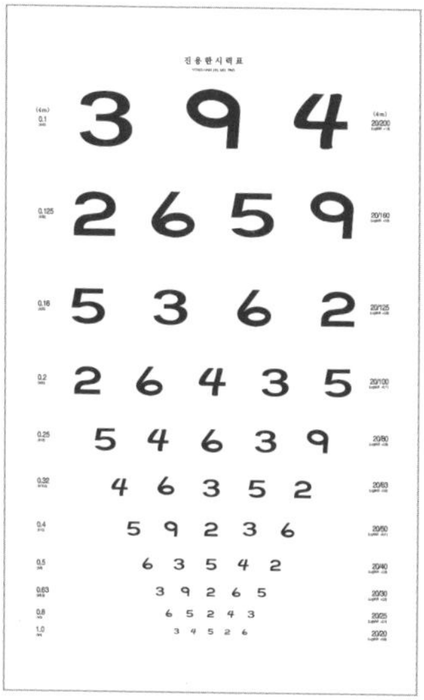

그림 49 진용한 시력검사표.

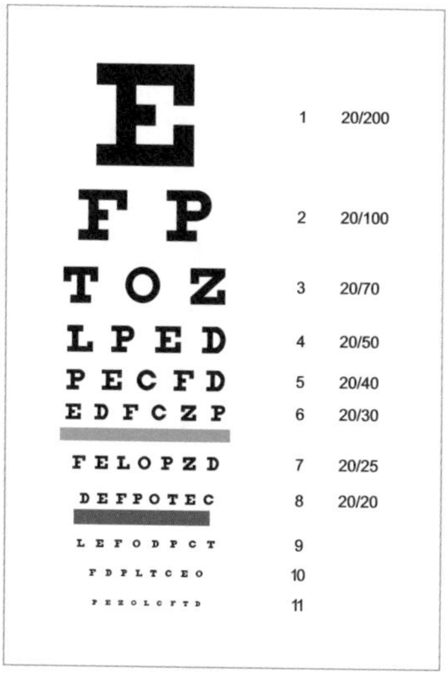

그림 50 분수시력표.

1/4 거리(1미터)에서 읽으면 시력은 0.025가 된다. 완전 실명 상태의 시력은 '0'이며 마이너스 시력이라는 것은 존재하지 않는다. 흔히 안경원에서 듣는 '마이너스'는 시력이 아니라 안경 도수를 뜻한다. 근시 안경은 마이너스로, 원시 안경은 플러스로 표시하고 단위는 디옵터다.

분수시력은 미국과 일부 유럽 국가에서 사용한다. 분수시력에서 분자는 시력검사를 하는 거리이며 고정된 값이다. 미국에서는 20피트ft, 영국에서는 6미터(20피트 = 6.096미터)를 사용한다. 분모는 시표가 1분각arc minutes을 이루는 거리다. 1.0 시표는 20피트에서 1분각을 이루고, 0.5 시표는 40피트에서 1분각을 이룬다. 분모를 시표 크기라고 생각하면 이해하기 편하다. 읽을 수 있는 시표가 작아질수록 분모의 숫자도

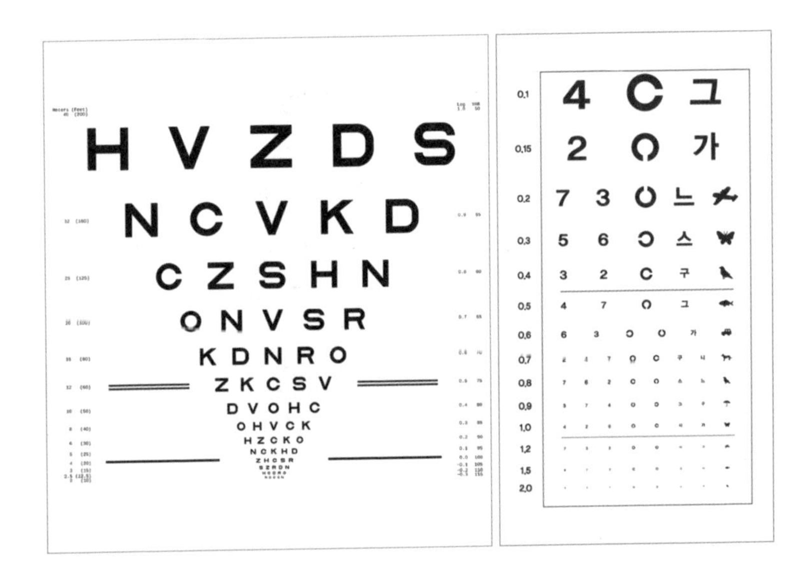

그림 51 LogMAR 시력검사표.

그림 52 한천석 시력검사표.

작아진다. 20피트에서 20번 시표를 읽으면 소수시력 1.0(20/20), 40번 시표를 읽으면 소수시력 0.5(20/40), 200번 시표를 읽으면 소수시력 0.1(20/200)이 된다. 소수시력 1.0을 뜻하는 분수시력 20/20은 'twenty-twenty'라고 읽으며, 이를 시력이 좋다는 관용적인 표현으로 사용한다.

학술적인 목적으로는 대수시력 LogMAR visual acuity을 사용한다. 대수시력검사표는 가장 과학적인 시력 표기법이다. 모든 줄에 5개의 시표가 있고, 아래로 내려갈수록 시표만 작아지는 것이 아니라 시표 사이의 간격과 줄 사이의 간격도 줄어든다. 그리고 같은 줄의 시표 중 몇 개만 읽더라도 점수처럼 계산할 수 있다. 또한 대수시력은 로그함수를 사용하기 때문에 통계분석이 쉽다는 장점이 있다. 하지만 대수시력은 직관적이지 않다는 단점이 있다. 소수시력 0.1은 대수시력 1.0이고, 소수시력 0.5는 대수시력 0.3, 소수시력 1.0은 대수시력 0이다. 시력이 좋을수록 대수시력 숫자가 작아진다. 우리나라는 소수시력만 사용하기 때문에 다른 방식으로 시력을 표시할 때(논문, 영문 소견서 등)는 변환표를 참고하거나 계산기를 사용한다.

대수시력의 또 한 가지 장점은 시력 변화를 일정한 간격으로 통일했다는 것이다. 대수시력검사표는 시표의 크기와 간격이 수학적 방식이 아니라 국제표준화기구 기준(ISO 8596)에 따른 기하학적 방식으로 바뀌는데, 한 줄당 0.1 log unit(1.25배)의 일정한 비율로 바뀐다(등비급수). 이렇게 하면 모든 구간에서 시력검사표 한 줄의 시력 변화가 의학적으로 동일한 의미를 가지게 되어 의사결정에 도움이 된다.

예를 들어, 우리나라에서 가장 널리 쓰이는 '한천석 시력검사표'는 시력이 0.1 단위로 표시되어 직관적으로 쉽게 이해할 수 있다. 하지만 한 줄씩 달라질 때마다 시표의 크기 변화가 일정하지 않다. 0.9와 1.0 시표는 크기 차이가 1.1배에 불과하지만, 0.1과 0.2 시표는 두 배나 차이 난다. 둘의 차이가 똑같은 0.1의 시력 차이지만 의학적으로는 의미가 매우 달라진다. 그래서 한천석 시력검사표는 시력이 좋은 사람은 필요 이상으로 세밀하게 측정하고 시력이 안 좋은 환자의 미세한 시력 변화는 놓칠 우려가 있다.

안과에서 사용하는 '진용한 시력검사표'는 이런 점을 보완해 한 줄마다 1.25배의 일정한 비율로 크기가 변하도록 제작되었다. 대신 시력검사표의 위쪽은 세 줄(0.1-0.125-0.16-0.2)을 거쳐야 시력이 0.1이 변하는 반면, 아래쪽은 두 줄(0.63-0.8-1.0) 만에 0.4 가까이 변한다. 그래서 측정 결과가 다소 들쭉날쭉하다는 느낌을 받게 되지만, 이렇게 하면 모든 구간에서 한 줄의 시력 변화가 의학적으로 동일한 의미를 가진다.

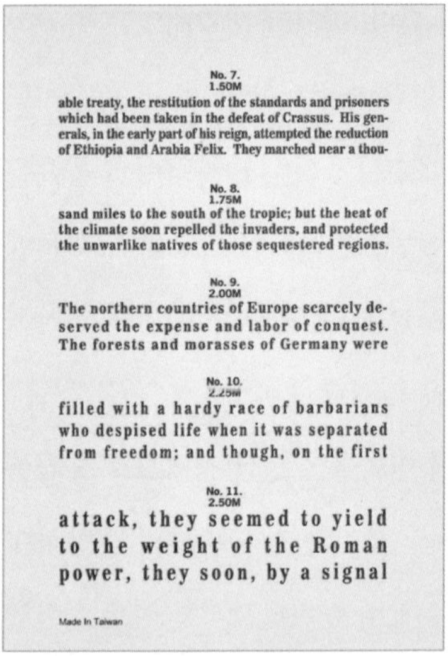
No. 7.
1.50M
able treaty, the restitution of the standards and prisoners which had been taken in the defeat of Crassus. His generals, in the early part of his reign, attempted the reduction of Ethiopia and Arabia Felix. They marched near a thou-

No. 8.
1.75M
sand miles to the south of the tropic; but the heat of the climate soon repelled the invaders, and protected the unwarlike natives of those sequestered regions.

No. 9.
2.00M
The northern countries of Europe scarcely deserved the expense and labor of conquest. The forests and morasses of Germany were

No. 10.
2.25M
filled with a hardy race of barbarians who despised life when it was separated from freedom; and though, on the first

No. 11.
2.50M
attack, they seemed to yield to the weight of the Roman power, they soon, by a signal

Made In Taiwan

그림 53 예거 근거리 시력검사표.

이 밖에도 시력을 표현하는 방식은 몇 가지 더 있다. 근거리 시력을 측정할 때는 예거Jaeger 방식을 사용하기도 하는데, 예거 근거리 시력검사표의 원본은 사라지고 복사본만 여러 형태로 존재하는 까닭에 글자 크기가 일정하지 않다는 단점이 있다. 이렇듯 시력을 표현하는 방법은 다양하다. 마지막으로 시력과 관련된 영어 표현 하나를 소개하고 싶다.

"Hindsight is 20/20."

여기서 'Hindsight'는 '뒤늦은 깨달음'이라는 뜻이다. 반대말 'foresight'는 예측 혹은 선견지명이라는 의미가 있다. 20/20은 1.0의 정상 시력을 뜻하는데, '또렷하다' 혹은 '선명하다' 정도로 의역할 수 있겠다. 전체를 직역하면 '뒤늦은 깨달음이 선명하다'를 뜻한다. 여전히 아리송한데 예문을 함께 보면 이해하기 쉽다.

① Don't blame yourself. Hindsight is 20/20, after all.

자책하지 마. 결국 지나고 나면 알게 되는 법이지.

② The coach should have changed the player earlier. Hindsight is always 20/20.

코치가 선수를 일찍 교체했어야 했어. 지나고 나서야 깨닫는 법이지.

'Hindsight is 2020'은 지난 2020년 미국 민주당 대통령 후보 경선 과정에서 버니 샌더스Bernie Sanders(1941~) 지지자들이 사용한 캠페인 문구다. 이 문구를 곰곰이 생각해 보면 '지난 2016년 대선에서 트럼프Donald Trump(1946~)에게 지고 나서야 뒤늦게 샌더스라는 것이 명확해졌다'라는 의미라고 해석할 수 있다.

그림 54 버니 샌더스가 2020년 미국 민주당 대통령 후보 경선에 사용했던 포스터.

#2 왜 어떤 안약만 흔들어서 넣을까?

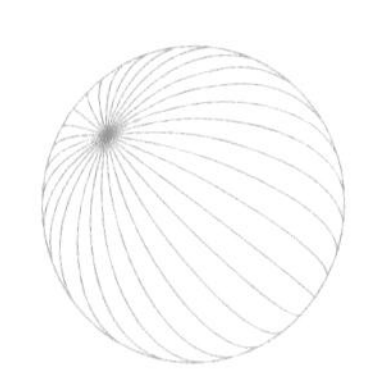

안과에서는 환자들에게 대개 한두 종류의 안약을 처방한다. 가장 흔한 눈병(결막염)에는 보통 항생제와 소염제 안약을 처방한다. 그런데 약국에 가면 소염제 안약은 '흔들어서' 넣고 항생제 안약은 그냥 넣으라고 한다. 똑같은 안약인데 왜 이런 차이가 있을까? 모두 흔들어 쓰면 약 성분을 골고루 섞을 수 있고 설명하기도 편하지 않을까?

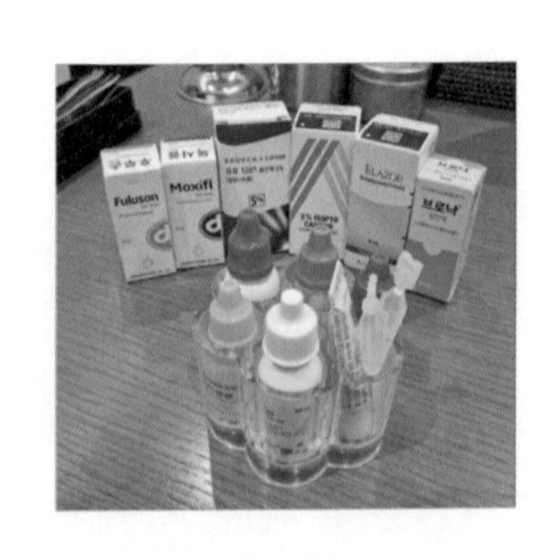

그림 55 다양한 안약의 종류.

이 질문에 정확히 답하려면 약간의 화확 지식이 필요하다. 사실 초등학교 5학년 때 우리는 이미 배웠다. 설탕물은 설탕이 물에 녹아 있는 상태다. 여기서 설탕은 용질, 물은 용매, 설탕물은 용액이라고 한다. 용액은 두 가지 이상의 물질이 '균일하게' 섞인 하나의 혼합물이다. 용액의 '액液'이 액체를 뜻하는 한자라서 착각하기 쉽지만, 꼭 액체가 아니어도 균일한 혼합물을 모두 용액이라고 한다.

초등학교에서는 설탕물처럼 고체를 액체에 녹이는 경우만 배우지만 용질과 용매는 다양하게 조합될 수 있다. 기체, 액체, 고체 모두 용질과 용매가 될 수 있다. 용질과 용매가 같은 상태이면 양이 많은 쪽이 용매, 양이 적은 쪽이 용질이 된다. 우리가 숨 쉬고 있는 공기도 여러 기체가 섞인 용액이다. 공기의 경우 78퍼센트를 차지하는 질소가 용매이고 나머지 기체(산소, 이산화탄소 등)가 용질이다. 용질과 용매가 모두 고체인 경우는 합금을 예로 들 수 있다. 동전은 구리 합금인데, 구리가 용매이고 나머지 금속이 용질이다. 금은 함량에 따라 14캐럿K(58.3퍼센트), 18캐럿(75퍼센트) 등으로 나뉘는데, 당연히 금이 용매이고 은, 동, 아연 등이 용질이 된다.

하지만 모든 용질이 완벽하게 녹는 것은 아니다. 용질이 녹지 않고 미립자 상태로 용매 속에 떠다니는 것을 분산dispersion이라고 한다. 분산이라는 용어가 생소한데 흙탕물을 생각하면 된다. 우유나 먹물도 주변에서 흔히 볼 수 있는 분산으로 분산은 대부분 투명하지 않다.

분산도 용액과 마찬가지로 분산질(≒용질)과 분산매(≒용매)의 종류에 따라 다양한 이름이 붙는다. 기체 안에 액체나 고체가 분산된 것을 에어로졸aerosol이라고 한다. 구름이나 스프레이는 기체 속에 액체가 분산

분산질		기체	액체	고체
분산매	기체	'용액'	에어로졸 aerosol / 스프레이 spray	에어로졸 aerosol
	액체	거품 foam / 가스 에멀션 gas emulsion	에멀션 emulsion	sol / 서스펜션 suspension
	고체	거품 foam	겔 gel	솔 / 합금 sol / alloy

그림 56 다양한 분산의 종류.

된 것이고, 담배 연기는 기체 속에 고체가 분산된 것이다. 액체 안에 기체가 분산되면 거품foam, 액체가 분산되면 에멀션emulsion, 고체가 분산되면 서스펜션suspension이라고 한다. 고체 안에 기체가 분산된 것도 거품foam이라고 하며, 액체가 분산된 것은 겔gel, 고체가 분산된 것은 솔sol 혹은 합금alloy이라고 한다. 참고로, 기체끼리는 완벽하게 섞이기 때문에 항상 '용액'이 된다.

그럼 우리가 사용하는 안약은 이 중에서 어떤 형태에 해당할까? 약물의 상태를 제형dosage forms이라고 하는데, 액체가 베이스(용매)인 안약의 제형은 세 가지로 구분한다. 약 성분이 완전하게 녹아 있으면 용

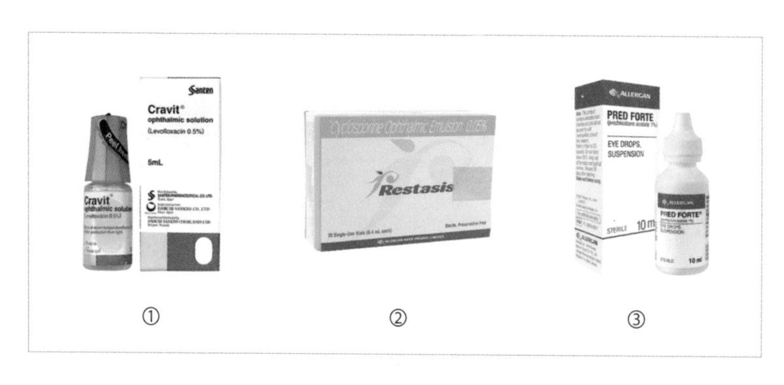

그림 57 ①용액 제형의 항생제 ②에멀션 제형의 안구건조증 치료제 ③서스펜션 제형의 소염제.

액solution, 액체 상태로 떠다니면 에멀션emulsion, 고체 상태로 떠다니면 서스펜션suspension이다.

대부분의 항생제, 알레르기, 녹내장 안약이 용액solution에 해당한다. 약 성분이 완전히 녹아 있는 상태이기 때문에 굳이 흔들 필요가 없다. 이런 안약은 넣었을 때 점안감이 비교적 좋은 편이며, 넣고 난 직후에 시력에 미치는 영향도 적다.

약 성분이 녹지 않고 액체 상태로 떠다니면 에멀션emulsion이다. 에멀션은 화장품 덕분에 친숙한 단어가 되었다. 한자로 유화乳化라고 하는데, 말 그대로 우유처럼 만든다는 뜻이다. 물과 기름처럼 서로 녹지 않는 두 액체를 섞는 유화는 크림이나 로션을 만드는 데 중요한 기술이다. 안구건조증 치료제는 물에 녹지 않는 지용성 물질인 시클로스포린 Acyclosporine A가 주성분이다. 지용성 물질을 안약으로 만들기 위해 용해 보조제로 피마자유caster oil를 사용했다. 안구건조증 치료제와 같은 에멀션 안약은 기름 성분이기 때문에 점안감이 좋지 않다. 넣으면 따갑거나 화끈거리고 잠시 뿌옇게 보인다. 그래서 안구건조증 치료제는 약물 순응도가 낮은 편이라 약을 중단하는 환자들이 많다. 그리고 이런 에멀션 안약은 약 성분이 고르게 섞여 있지 않을 가능성이 있기 때문에 넣기 전에 흔들어 주는 것이 좋다. 최근에는 시클로스포린 A 입자의 크기를 더욱 작게 만든 나노 에멀션 안약도 있는데, 점안감이 조금 더 낫고 흔들지 않아도 된다는 장점이 있다.

고체 약 성분이 액체 용매에 녹지 않고 떠다니면 서스펜션(현탁액)이다. 서스펜션은 미세한 고체 알갱이가 떠다니는 상태다. 소염제, 일부 항생제, 일부 녹내장 안약이 여기에 속한다. 이런 안약은 대체로 약효가 강하고 오래가는 편이다. 입자 크기가 클수록 자극감이 있으며 넣고 난 후에 침전물이 생겨 눈곱이 끼는 경우가 있다. 이런 서스펜션 안약은 약 성분이 바닥에 가라앉아 있기 때문에 넣기 전에 가장 신경 써서 흔들어 줘야 한다. 안과 처방 약에 흔들어서 넣는 안약이 하나씩 끼어 있는 이유는 안과에서 가장 많이 쓰는 소염제가 모두 서스펜션이기 때문이다. 똑같아 보이는 안약에도 이렇게 다양한 제형이 있다.

토막 상식 1 안약을 잘 넣는 법

나는 한 달에 한 번쯤 "안약은 어떻게 넣어야 하나요?"라는 질문을 받는다. 가끔은 환자가 평소에 어떻게 안약을 넣는지 확인해 보는데, 능숙하게 한 손으로 넣는 사람도 있고 안약 병을 눈에 대고 문지르는 사람도 있어서 안약을 넣는 방법이 생각보다 다양했다. 여기서는 안약 넣는 정석을 소개하겠다.

안약은 한 방울만 넣어도 일부가 눈 밖으로 넘치거나 눈물길을 통해 목으로 넘어간다.[13] 따라서 모든 안약은 한 방울만 넣으면 충분하다. 어떻게 하면 안약이 넘치는 것을 줄일 수 있을까? 일단 한 손에는 안약 병을 들고 나머지 한 손으로 아랫눈꺼풀을 살짝 아래로 당겨주자. 이렇게 하면 아랫눈꺼풀과 안구 사이에 주머니 같은 공간이 형성되는데 이를 아래쪽 결막 구석inferior fornix이라고 한다. 이곳은 우리 눈에서 안약을 저장할 수 있는 가장 넓은 공간이므로 여기에 한 방울 떨어트리면 좋다. 아랫눈꺼풀을 당기지 않고 넣으면 안약이 안구 표면에만 닿고 결막 구석까지 내려가지 않기 때문에 밖으로 넘치는 양이 더 많아진다. 일부 녹내장 안약은 속눈썹이 진해지거나 다크서클이 생기는 부작용이 있

13 슬픈 영화를 보며 눈물을 흘릴 때 콧물이 함께 나는 이유와 같다.

으며, 피부에 알레르기 염증을 유발할 수 있다.

위아래 눈꺼풀을 동시에 벌리는 방법은 효과적이지 않다. 아래쪽 결막 구석이 제대로 벌어지지 않을 뿐만 아니라 윗눈꺼풀을 벌리는 손가락이 안구를 압박하게 된다. 특히 눈 수술을 받은 후에는 안구를 압박하지 않도록 주의해야 한다. 최근 대부분의 눈 수술은 수술 절개창을 봉합하지 않고 마무리하는데, 안구를 압박하면 수술 절개창이 벌어질 수 있기 때문이다. 아랫눈꺼풀만 밑으로 잡아당기면 안구를 압박하지 않으면서도 안약을 저장할 주머니 공간을 확보할 수 있다.

안약이 목으로 넘어가는 느낌이 싫다면 안약을 넣고 콧잔등 옆에 있는 눈물점을 1분 정도 지그시 누르고 있으면 좋다. 특히 임신부는 태아 부작용이 걱정될 수 있는데, 이렇게 눈물점을 막으면 안약이 전신으로 흡수되는 길을 막을 수 있다.

두 가지 안약을 넣어야 할 때는 5분 정도 간격을 두면 좋다. 안약을 연달아 넣으면 서로 섞이거나 둘 다 제대로 흡수되지 못하고 넘칠 수 있다. 안약을 넣는 순서는 눈에 자극을 주는 안약을 먼저 넣고 눈을 편안하게 해주는 안약을 마지막에 넣는 것이 원칙이다. 특히 인공 눈물은 맨 마지막에 넣어야 한다. 인공 눈물은 다른 안약과 달리 흡수되기보다 안구 표면에 최대한 오래 머물러서 안구 표면을 촉촉하게 하기 때문이다. 따라서 인공 눈물은 넣자마자 깜빡거리기보다는 지그시 감고 인공 눈물이 안구 표면에 천천히 퍼지기를 기다리는 것이 좋다. 이렇게 하면 인공 눈물 속 히알루론산 성분이 안구 표면에 골고루 퍼지고 최대 30분 정도 머무르면서 안구가 수분을 머금을 수 있다.

안약 병의 입구 끝부분은 만지지 말아야 한다. 안약 병의 입구가 오염되면 보존제가 있더라도 세균이 번식할 수 있다. 특히 전염성 눈병(바이러스성 결막염) 때문에 사용했던 안약이라면 병에 바이러스가 묻어 있을 가능성이 있기 때문에 치료가 끝난 후에는 남은 안약을 버려야 한다. 같은 이유로 가족들이 함께 눈병에 걸렸어도 안약은 따로 쓰는 것이 원칙이다. 안과에서는 병으로 된 안약을 점안할 때 첫 번째 방울은 흘려 버리고 두 번째 방울부터 점안한다. 혹시나 안약 병 끝에 묻어 있을지도 모르는 오염 물질을 버리기 위해서다.

병으로 나오는 다회용 안약과 일회용 안약의 차이는 보존제의 유무다. 다회용 안약에는 보존제가 들어 있지만 일반적인 수준에서 눈에 해롭지 않다.[14] 또한 안약의 보존제에는 유효 성분 흡수를 돕는 기능이 있기 때문에 꼭 나쁜 것만은 아니다. 다만 인공 눈물과 같이 하루에 6회 이상 자주 점안해야 하는 경우에는 보존제가 없는 일회용 안약을 권장한다. 다회용 안약은 보존제가 있더라도 개봉한 지 한 달이 지나면 버리는 것이 좋다. 일회용 안약의 단가가 더 비싸지만 다회용 안약은 한 달이 지나면 버려야 하기 때문에 어느 쪽이 더 경제적일지는 사람마다 다를 것이다.

14 정확히 말하면 유해성hazard은 있으나 위해성risk은 없다. 인체에 조금이라도 해로운 영향이 있다면 유해성이 있다고 하지만, 일반적인 노출(농도나 빈도)로 해로운 영향이 발생할 우려가 없다면 위해성은 없다고 표현한다.

토막 상식 2 약국 안약은 안전할까?

눈이 불편할 때 안과에 가기 어려운 경우도 있다. 특히 인공 눈물 처방만 받으려고 병원에 가기엔 상당히 번거롭다. 그런 경우 처방전 없이 살 수 있는 일반의약품 안약에는 어떤 것들이 있을까?

인공 눈물은 처방전이 필요한 히알루론산hyaluronic acid(전문의약품) 성분과 처방전 없이 살 수 있는 카르복시메틸 셀룰로오스carboxymethyl cellulose(일반의약품) 성분 등이 있다. 히알루론산의 보습 효과가 더 뛰어나고 각막 및 결막의 상처 회복을 촉진하는 효과도 있지만, 심한 안구 건조증 환자가 아니라면 일반의약품으로도 충분하다.

약국에는 인공 눈물 외에도 다양한 안약이 있다. 일본에서 수입된 안약 중에는 '눈에서 빔이 나가는 느낌'이라며 입소문을 탄 제품도 있다. 이런 안약에는 지혈제, 멘톨, 비타민, 타우린, 감초 추출물, 페니라민Peniramin(항히스타민제) 등의 여러 성분이 들어 있다. 특히 충혈 제거 효과를 주는 나파졸린naphazoline(혈관 수축 작용제) 성분이 포함된 경우가 많다. 나파졸린은 교감신경작용제이기 때문에 결막 혈관을 수축시켜 눈이 하얗고 깨끗하게 보이는 효과를 준다. 하지만 나파졸린의 효과는 일시적이고 수축된 혈관은 이내 원래대로 돌아간다. 문제는 나파졸린 성분이 들어간 안약을 장기간 사용하면 혈관 수축 작용 능력이 점차 떨어지며 혈관 근육이 제 기능을 잃을 수 있다는 점이다. 오히려 이 성분이 포함된 안약을 남용하면 혈관 확장을 초래해서 눈이 만성적으로 충혈된 것처럼 보일 수 있다.[15] 또 다른 충혈제거제인 클로르페니라민chlorpheniramine과 테트라히드로졸린tetrahydrozoline은 안압 상승을 초래할 수 있어 녹내장 환자는 주의해서 사용해야 한다. 이런 안약은 가끔씩만 넣고, 만성 충혈이 있다면 안과에서 원인을 찾고 거기에 맞는 치료를 받아야 한다.

일본 고바야시 제약의 '아이봉'에 대한 문의도 종종 받는다. 사실 아이봉은 눈에 넣는 '안약'이 아니라 세정제의 일종이다. 눈꺼풀과 안구 표면을 씻어주는 안구용 가글이다. 아이봉 속 멘톨은 시원한 느낌을 준다. 또한 사용하고 나면 각종 이물질(화장품, 각질, 지방질 등)이 떠다니는 것을 볼 수 있는데, 이를 보면 상쾌한 기분이 드는 것이 사실이다. 하지만 세정용 컵을 매번 소독해서 사용하지 않는다면 위생 측면에서 인공 눈물보다 낫다고 할 수 없다.

개인적으로는 눈꺼풀은 비누로 꼼꼼하게 씻고, 안구 표면은 인공 눈물로 씻어내기를 추천한다. 멸균된 도구가 없는 가정에서는 비누로 씻은 직후의 손이 가장 깨끗하다. 세안할 때 눈꺼풀 테두리, 특히 속눈썹

15 비슷한 이유로 이비인후과 의사가 가장 우려하는 약이 오트리빈Otrivin이다. 아무리 심한 코막힘도 한 번만 뿌리면 금방 뚫릴 정도로 약효가 좋다. 하지만 일주일 이상 사용하면 코 점막에 영향을 미치고 내성이 생긴다. 내성이 생기면 약을 여러 번 뿌려야 하며 장기간 사용하면 오히려 약물중독성 비염drug-induced rhinitis이 생길 수 있다.

뿌리와 그 안쪽까지 가볍게 문질러서 씻는 습관을 들이면 다래끼와 안구건조증까지 예방하는 효과가 있다.

토막 상식 3 임신과 수유 시 안약을 써도 될까?

임신 중 약물 복용에 관한 질문은 참으로 대답하기 어렵다. 현대 의학은 근거를 기반으로 의사결정을 하는 근거중심의학Evidence-Based Medicine, EBM이다. 아무리 권위 있는 전문가의 의견이나 수많은 개별 사례가 있다 하더라도 과학적 실험과 통계에 기반한 근거를 이길 수는 없다. 보통 임신부에 대한 연구는 이 실험 단계부터 벽에 부딪힌다. 태아를 실험 대상으로 삼거나 해가 될 가능성이 있는 약물을 임신부에게 연구 목적으로 투여하는 것은 윤리적으로 옳지 않기 때문이다. 모든 의학 연구는 1964년 세계의사회 총회에서 채택한 윤리강령인 '헬싱키 선언Declaration of Helsinki'[16]을 준수해야 한다.

임신 중 약물 복용에 대한 가장 객관적인 기준은 1979년 미국 식품의약국FDA에서 분류한 '태아 위험도 구분pregnancy category'이다. 다섯 가지의 카테고리가 있는데, 먼저 카테고리 A는 인체 실험을 통해 태아에 위험성이 없다고 밝혀진 약물이다. 카테고리 B는 인체 실험을 하지 않았지만 동물 실험에서 태아 위험성이 없다고 밝혀진 약물이고, 카테

16 정식 명칭은 '사람을 대상으로 한 의학 연구의 윤리적 원칙'이다. 제2차 세계대전 동안 벌어진 나치의 인체 실험 만행에 대한 반성에서 나온 1947년의 '뉘른베르크 강령'을 수정 및 보완해 만든 규범이다.

고리 C는 인체 실험은 없지만 일부 동물 실험에서 태아 위험성이 나타난 약물이다. 카테고리 D는 태아에게 위험성이 있지만 약물을 투여해서 얻는 이득이 태아에게 끼칠 위험성보다 큰 경우다. 카테고리 D 약물은 사용하지 않으면 임신부와 태아의 생명이 위험한 경우에만 사용하게 된다. 마지막으로 카테고리 X는 태아에게 미치는 위험성이 확실해서 임신부에게 투여하면 안 되는 약물이다. FDA 분류도 어디까지나 참고 사항이지 절대적인 기준은 아니다. 그래서 의사는 모든 임신부 환자를 마주할 때 약물에 의한 이득과 태아에 대한 잠재적 위험성을 저울질해서 치료 방법을 결정해야 한다. 우리나라 임신부는 태아에게 해로울 수 있는 약물을 쓰는 것을 매우 꺼리는 편이다. 의사가 괜찮다고 권해도 본인이 아픈 것을 참는 임신부가 더 많다.

안과에서 자주 사용하는 안약은 대부분 카테고리 C에 해당한다. 인체 실험은 없지만 일부 동물 실험에서 태아 위험성이 나타난 약물이다. 그래서 임신부에게는 카테고리 B로 분류되는 약물을 우선적으로 처방한다. 토브라마이신tobramycin 항생제, 알카프타딘alcaftadine 알레르기 안약, 브리모니딘brimonidine 녹내장 안약 등이 그것이다. 인공 눈물은 연구된 결과가 없지만 대부분의 안과의사가 안전하다고 생각한다. 검사나 시술 시 사용하는 산동제와 점안마취제는 카테고리 C에 해당하는 약물이어서, 임신 중에는 꼭 필요한 경우가 아니라면 검사와 시술을 미룬다. 하지만 시력을 위협하거나 치료하지 않았을 때 악화될 수 있는 질환이 발생했다면 임신부와 상의해 검사와 치료를 할 수 있다. 카테고리

C 약물이라 하더라도 전신으로 흡수되어 태아에게 전달되는 양은 매우 적다. 태아에게 미칠 위험성이 걱정된다면 안약 점안 후 콧잔등 옆의 눈물점을 막아주면 전신으로 흡수되는 양을 최소화할 수 있다.

모유 수유를 할 때는 안약을 넣어도 괜찮을까? 이와 관련해서는 근거로 삼을 만한 연구 결과가 있다. 수유부에게 6개월간 녹내장 안약을 투여하며 모유 속의 약물 농도를 측정한 결과, 투여한 안약의 0.01퍼센트가 검출된 것이다. 신생아도 안과 검사를 하거나 안과 질환이 생긴 경우에는 안약 점안을 하기 때문에 이 정도 농도는 신생아의 부작용을 걱정할 수준은 아니라고 할 수 있다. 하지만 '확실한 안전'을 책임질 수 있냐고 묻는다면 할 말이 없기 때문에 실제로는 '케이스 바이 케이스'로 설명하고 있다.

#3 동물의 시력은 얼마일까?

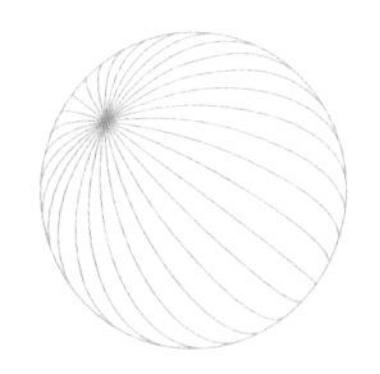

2022년 5월, 나는 매우 특별한 백내장 수술을 참관하기 위해 마포구의 한 병원을 방문했다. 참관이 특별했던 이유는 그 병원이 동물병원이었고 환자가 8세 푸들이었다는 점 때문이었다. 그동안 개 백내장 수술을 어떻게 하는지 매우 궁금했는데, 드디어 그 궁금증이 풀리는 날이었다. 수술은 1시간 정도 진행되었고 동물 병원의 수술 장비, 기구, 방법 모두 사람 병원과 크게 다르지 않았다. 심지어 안약은 사람과 같은 제품을 사용했다. 다른 점은 환자가 전신마취 상태였다는 점과 수술 후 눈을 비비지 못하도록 눈꺼풀을 반쯤 봉합했다는 점이었다. 보호자(견주)에게 하는 설명은 사람보다 더 자세하다는 인상을 받았다. 그리고 수술실 밖에는 귀여운 개들이 돌아다녀서 아주 즐겁고 색다른 경험이었다.

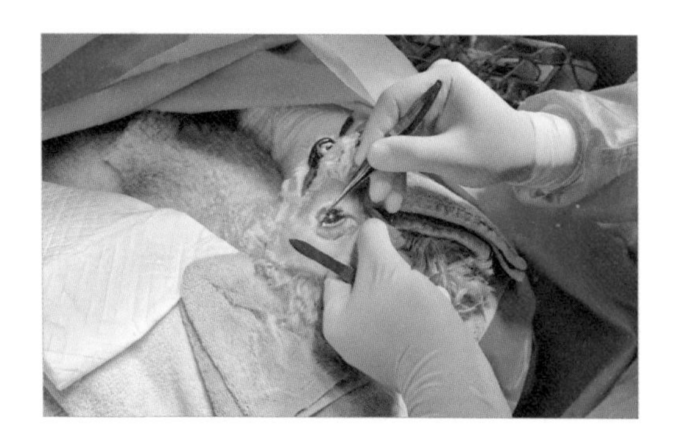

그림 58 푸들이 전신마취 상태에서 백내장 수술을 받고 있다.

그런데 동물의 시력은 어느 정도이고 어떻게 측정하는 걸까? 동물의 시력을 측정하는 가장 확실하고 직접적인 방법은 행동연구behavioral study다. 연구는 시표의 크기를 변화시키면서 이에 따른 동물 행동의 변화를 관찰하는 방식으로 진행된다. 하지만 이 방법은 동물에게 상당한 훈련을 필요로 하며 의사소통이 가능할 정도로 지능이 높아야 하기 때문에 널리 사용하지는 않는다. 일반적으로 동물의 시력을 추측하기 위해서는 해부학적 방법을 많이 사용한다. 시력의 한계를 결정하는 가장 중요한 요소는 시세포 밀도와 눈의 크기(초점 거리)이기 때문에 동물의 시세포 밀도를 인간의 것과 비교해 이를 시력으로 환산하는 것이다. 이 밖에도 보기 운동 드럼optokinetic drum을 눈앞에서 회전시키면서 안구진탕이 일어나는 주파수를 측정하는 방법과 머리에 전극을 붙여 뇌파를 측정하는 시유발 전위Visual Evoked Potential, VEP를 활용할 수 있다. 이 두 가지 방법은 의사소통을 할 수 없는 사람의 시력을 유추하기 위해 사용하기도 한다.

해부학적 시력은 1도당 주기cycles per degree, cpd[17]를 단위로 사용한다. 1cpd는 1도degree의 시야에서 몇 개의 줄무늬cycles를 구별할 수 있는지를 나타낸다. 1도의 시야는 대략 팔을 쭉 뻗었을 때 보이는 엄지손톱의 크기 정도다. 사람의 해부학적 시력은 최대 60cpd인데, 이는 엄지손톱만 한 곳에 있는 60개의 흑백 줄무늬를 구별할 수 있다는 의미다. cpd를 우리에게 익숙한 소수시력으로 변환하면 대략 3cpd당 0.1이 된다. 6cpd는 0.2, 12cpd는 0.4, 24cpd는 0.8, 30cpd는 1.0, 48cpd는 1.6, 60cpd는 2.0이다.

해부학적으로 시력에 가장 큰 영향을 미치는 것은 시세포 밀도다. 디지털카메라의 화소처럼 시세포 밀도가 높아질수록 물체를 더욱 세밀하게 구별하는 분해능이 향상된다. 그다음으로는 눈의 크기가 중요하다. 눈이 커질수록 보다 많은 양의 빛을 받아들일 수 있으며 수정체와 망막 사이의 거리가 멀어지기 때문에 분해능이 향상된다. 이런 해부학적 시력은 실제로 측정한 동물의 시력이 아니라 그 동물이 가질 수 있는 시력의 '이론적 상한선'을 제시한다. 실제 시력은 시세포 밀도와 초점 거리뿐만 아니라 여러 광학 수차 및 대뇌 인지 기능 등의 요소가 복합적으로 관여한다. 그래서 행동 연구로 측정한 동물의 시력은 해부학

17 각해상도angular resolution의 단위로 1도 범위에서 검은색과 흰색 줄을 몇 쌍까지 구분할 수 있는지를 나타낸다. 화소로 치면 한 사이클이 화소 두 개에 해당한다. 안과에서는 줄무늬 시력grating acuity이라고 한다.

적 시력과 비슷하거나 약간 낮게 측정되는 것이 보통이다. 예를 들어, 사람의 최대 시력은 해부학적 연구로는 65cpd, 행동과학적 연구로는 60cpd다.

인간을 비롯한 척추동물과 문어와 같은 일부 연체동물은 하나의 수정체와 망막을 가진 '카메라 눈'으로 진화했다. 이 둘은 계통적으로 멀리 떨어져 있어 서로 다른 경로로 진화했는데 최종적으로 비슷한 구조와 기능의 눈을 가지게 된 '수렴 진화'의 좋은 예다.

곤충과 지네와 같은 절지동물은 겹눈compound eye을 만들었다. '겹눈'은 튜브 모양의 가느다란 낱눈이 수백에서 수만 개가 모여 생긴 눈이다. 각각의 낱눈은 볼록렌즈 역할을 하는 키틴 각막과 7~8개의 시세포로 구성되어 있다. 겹눈을 가진 동물은 시세포 사이의 거리 대신 이웃한 낱눈 사이의 각도를 측정해 해부학적 시력을 계산한다. 일반적으로 겹눈은 카메라 눈에 비해 시력이 매우 떨어진다. 겹눈은 빛이 작은 각막을 통과하므로 회절 현상의 영향을 많이 받기 때문이다. 하지만 겹눈에 단점만 있는 것은 아니다. 겹눈을 가진 동물이 움직이는 대상을 보는 경우 겹눈 속 여러 개의 낱눈에 연속적인 정보가 한 번에 전달되기 때문에 대상을 빨리 포착할 수 있다. 그리고 겹눈의 단순한 시각정보는 대뇌의 정보 처리 능력에 주는 부담이 훨씬 적기에 상대적으로 뇌가 작은 동물들에게 유리하다. 인간은 몇몇 맹금류를 제외하면 시력이 매우 좋은 편이다. 지금까지 연구된 동물의 시력을 정리해 보았다. 대부분의 동물이 우리의 생각보다 시력이 좋지 않다는 생각이 들 수 있을 것이다.

개, 고양이

개는 7.5~11.6cpd(소수시력 0.3~0.4)의 시력을 가지고 있다. 그리고 -2디옵터 정도의 근시여서 근거리는 잘 보이지만 원거리는 잘 보이지 않는다. 하지만 개에게는 뛰어난 후각과 청각이 있어서 부족한 원거리 시력을 메운다. 사람의 눈으로 볼 수 없을 정도로 대상과 멀리 떨어졌더라도 냄새로 추적할 수 있고, 사람이 들을 수 없는 높은 주파수의 소리(초음파)도 들을 수 있다.

고양이의 시력은 해부학적 연구로 6~20cpd(소수시력 0.2~0.6), 행동연구로 3~9cpd(소수시력 0.1~0.3) 사이로 보고되었다. 고양이도 심한 근시여서 원거리 시력은 좋지 않지만 인간보다 뛰어난 야간 시력을 가지고 있다. 고양이는 망막 뒤에 휘판輝板, tapetum lucidum이라는 반사층을 가지고 있어 어둠 속에서도 잘 볼 수 있다. 어둠 속에서 고양이의 눈이 빛나 보이는 이유는 이 반사층 때문이다. 세로로 길쭉한 동공은 눈으로 들어오는 빛의 양을 미세하게 조절하는 데 매우 유리하다. 사람 동공의 최대 면적은 50제곱밀리미터 정도이지만 고양이는 160제곱밀리미터까지 열려 어둠 속에서 사냥하기에 적합하다. 고양이의 동공이 커지면 귀여워 보이지만 이때는 사냥에 집중하고 있는 흥분 상태다.

포유류

코끼리의 눈 지름은 약 3.8센티미터 정도이며 시력은 13~14cpd(소수시력 0.4) 정도다. 말은 18~25cpd(소수시력 0.6~0.8)로 사람에 비해서는 낮지만 다른 육상 포유류와 비교하면 우수한 편이다. 말은 한쪽 눈의 시야가 220도이며, 양안 시야는 거의 360도에 가깝다. 사육되는 말은 약간의 근시이며 야생말은 약간 원시가 있다고 보고되었으나, 그 원인은 분명하지 않다. 말은 원시인 데다 특유의 안구 배치로 인해 코 앞의 가까운 물체는 볼 수 없어서 입 근처의 먹이나 물체는 코와 입술, 수염의 촉각으로 감지한다. 그래서 말은 궁금한 게 있으면 주둥이를 내미는 습성을 가지고 있다. 기린은 27cpd(소수시력 0.9), 치타는 23cpd(소수시력 0.8)로 시력이 좋은 편이다. 사자의 시력은 13cpd(소수시력 0.4)에 불과하다. 겨울이 긴 고위도 지방에서 서식하는 순록의 눈은 긴 겨울을 견딜 수 있도록 진화되었다. 순록 눈 속의 휘판은 계절에 따라 구조를 변화해 태양광이 적은 겨울에는 더 많은 빛을 반사한다. 이로 인해 순록의 눈은 여름에는 황금빛, 겨울에는 푸른빛으로 보인다.

옛사람들은 어두운 밤에 잘 돌아다니는 박쥐의 눈이 아주 밝으리라 생각해 '붉쥐'(눈이 밝은 쥐)라는 이름을 붙였다고 한다. 하지만 긴수염박쥐는 0.1cpd(소수시력 0.01 미만)로 매우 시력이 나쁘다. 박쥐는 깜깜한 동굴 속에서 초음파로 주변을 탐지한다. 영장류는 눈의 크기에 비해 시력이 좋은 편이고 삼색형 색각이 발달한 경우가 많다. 마모셋원숭이의 시력은 30cpd(소수시력 1.0), 마카크원숭이는 50cpd(소수시력 1.6)로 사람의 60cpd(소수시력 2.0)와 비슷한 수준이다. 침팬지는 인간과 비슷한 64cpd(소수시력 2.1) 정도의 시력을 가지고 있다.

조류

조류는 비행을 위해서 좋은 시력이 필요하다. 그래서 눈이 잘 발달한 편이고, 눈이 머리에 비해 상대적으로 크다. 빠른 속도로 비행하는 조류일수록 눈이 더 큰 경향이 있는데 이를 '류카트 법칙Leukart's law'이라고 한다. 사람은 세 개의 원추세포를 가지고 있지만 대부분의 조류는 네 개의 원추세포를 가지고 있다. 망막에서 시세포가 밀집된 부위를 황반이라고 하고, 그 중심에 오목하게 들어간 부분을 망막중심오목이라고 한다. 대부분의 조류는 망막중심오목이 인간보다 더 발달되어 있다.

독수리와 매 같은 몇몇 맹금류는 인간보다 더 좋은 시력을 가지고 있다. 현재까지 시력이 측정된 동물 중 최고 기록은 쐐기꼬리수리의 138cpd로 소수시력으로 환산하면 대략 5.0이다. 독수리의 시력이 좋은 이유는 크게 네 가지다. 첫째, 독수리의 동공은 매우 커서 회절의 영향이 적다. 회절은 빛이 장애물이나 틈을 만났을 때 장애물 뒤쪽으로 꺾이는 현상이다. 즉 동공이 좁을수록 회절이 일어나 시력이 떨어진다. 둘째, 독수리의 원추세포는 밀도가 높다. 원추세포 사이의 거리가 사람은 2.5~3마이크로미터인데 독수리는 2마이크로미터에 그친다. 사람의 시세포 밀도는 제곱밀리미터당 20만 개인데 독수리는 제곱밀리미터당 100만 개나 된다. 셋째, 독수리의 수정체는 각막 쪽에 가깝고 평평하다. 이는 망막에 맺히는 상의 크기를 확대하는 효과가 있다. 마지막으로 망막중심오목이 더욱 오목하다. 망막중심오목의 오목함은 눈의 초점 거리를 증가시키고 확대된 상을 만든다. 스나이더Allan W. Snyder(1942~)와 밀러William H. Miller(1941~)의 텔레포토 이론telephoto theory에 따르면 독수리의 망막중심오목은 1.45배의 확대율을 가지고 있어서 독수리는 대상을 볼 때 실물보다 크게 보인다고 한다. 그래서 1.6킬로미터 떨어진 곳에서도 사냥감인 쥐를 발견할 수 있다. 반면에 독수리의 시야는 넓지 않다. 독수리에게는 머리의 위아래에 커다란 사각지대가 존재한다. 그리고 하늘을 날 때는 머리를 약간 아래로 숙이기 때문에 날아가는 방향의 정면에도 사각지대가 생긴다. 많은 새들이 풍력 발전기의 날개에 충돌하는 이유는 하늘을 나는 동안 정면을 볼 수 없기 때문이다. 독수리의 시야는 하늘을 날며 땅을 훑어보거나 옆에서 비행하는 다른 독수리를 보는 것에 맞춰져 있다.

타조의 눈은 육상 동물 중에서 가장 크다. 사람 눈의 길이는 22~24밀

그림 59 타조의 눈은 뇌보다 크다.

리미터 정도인데 타조의 눈은 40밀리미터에 달해서 사람에 비해서 눈의 길이는 두 배, 부피는 다섯 배에 육박한다. 심지어 타조는 본인의 뇌보다 눈이 더 크다. 그렇다면 타조도 독수리만큼 시력이 좋지 않을까? 하지만 타조의 눈은 망막의 시세포 밀도가 낮아서 독수리보다 시력이 낮을 것으로 추정된다. 국내에 타조의 시력이 25.0이라는 기사가 많이 보이는데 그 출처는 확인할 수 없었다. 눈을 카메라나 망원경과 같은 광학 기구로 볼 때 눈이 크면 집광력集光力이 크다고 할 수 있다. 또한 눈이 클수록 시세포 사이의 각도가 작아져서 분해능이 높아진다. 동물 행동연구로 타조의 시력을 측정한 연구는 없으며 독수리보다 낮은 시세포의 밀도까지 고려하면 25.0이라는 시력을 사실로 받아들이기는 어렵다. 타조가 큰 눈으로 아주 멀리 있는 사물까지 구분한다는 정도로만 이해하면 좋을 것 같다. 타조는 대부분의 조류가 그렇듯 주간 시력을 담당하는 원추세포의 비율이 높고 야간 시력을 담당하는 간상세포의 비율은 낮아서 밤눈이 어두운 편이다. 그래서 야간 시력이 발달한 사자나 표범 같은 고양잇과 포식자에게 사냥당하기도 한다.

독수리의 시력이 뛰어나다고 해서 다른 조류들의 시력도 좋은 것은 아니다. 대부분의 조류는 인간보다 시력이 나쁘다. 93종이나 되는 조류의 해부학적 시력을 종합한 결과, 조류의 평균 시력은 11cpd(소수시력 0.36)이고, 이 중 84퍼센트는 30cpd(소수시력 1.0) 미만의 시력을 가지고 있다. 야행성인 원숭이올빼미의 시력은 4cpd(소수시력 0.13)에 불과했다. 대부분의 조류는 두 눈의 시야가 겹치지 않는다. 오른쪽과 왼쪽 눈이 서로 다른 대상을 보고 있으며, 새로운 물체를 살필 때는 머리를 좌우로 흔들며 양쪽 눈을 번갈아 사용한다.

파충류

뱀은 특이하게도 적외선 수용체를 가지고 있다. 방울뱀은 눈과 코 사이에 한 쌍의 작은 구멍기관pit organ이 있는데, 구멍의 내부에는 적외선을 감지하는 털 세포가 있다. 연구에 의하면 털 세포의 열수용체는 약 1미터 거리에 있는 물체의 0.001도의 온도 변화도 감지할 수 있다. 따라서 주변 온도가 표적 물체보다 낮다면 대상이 아무리 위장을 하고 있더라도 정확하게 찾아낼 수 있다. 올리브바다뱀은 꼬리 끝에 광수용체가 달려 있어서 동굴 속에 숨었을 때 꼬리가 삐져나와 포식자에게 들키는 것을 방지한다.

무척추동물

무척추동물 중에서는 두족류頭足類[18]의 시력이 가장 좋다. 참문어는 대형 포식성 물고기와 비슷한 46cpd(소수시력 1.6)의 시력을 지녔다. 대왕오징어는 지구상에서 가장 긴 두족류로 최대 13미터까지 성장한다. 다리를 제외한 몸통의 길이도 최대 3미터에 이르며 지구상에 존재하는

18 머리와 다리가 붙어 있기 때문에 '두족'이라고 한다. 우리가 흔히 오징어의 머리라고 생각하는 부위에는 내장이 들어 있어서 두족류는 배-머리-다리 순으로 연결되어 있다.

모든 동물 중 가장 큰 눈을 가지고 있다. 눈의 지름이 27센티미터로 축구공과 비슷한 크기다. 대왕오징어의 터무니없이 큰 눈은 향유고래가 작은 해파리, 갑각류 등과 충돌할 때 발생하는 생물발광 섬광을 보기 위해 진화했다고 추정된다. 먼발치에서 돌진하는 고래의 윤곽을 보고 고래와 충돌하는 먹잇감을 찾을 수 있는 것이다. 문어, 오징어는 피부에도 광수용체를 가지고 있어서 변색 능력을 제어하는 데 도움이 된다. 다른 무척추동물의 시력에 대해서는 연구된 바가 없다. 불가사리는 다섯 개의 팔 끝에 눈이 있다. 매우 원시적인 형태의 눈이지만 천적을 피해 몸을 숨길 수 있는 산호초로 복귀하도록 도와준다.

물고기

물고기 중에서 대형 포식성 종의 시력이 좋은 편이다. 록배스는 40cpd(소수시력 1.3)로 시력이 가장 좋으며, 대서양돛새치는 32cpd(소수시력 1.0)다. 하지만 비교적 몸집이 크고 지능이 높다고 알려진 상어의 시력은 그다지 좋지 않다. 큰눈황도상어의 11cpd(소수시력 0.36)부터 흑점얼룩상어의 2cpd(소수시력 0.07)까지 다양한 시력을 보인다. 어류 중 시력이 가장 낮다고 알려진 송사리의 시력은 0.56cpd(소수시력 0.01)다.

곤충

곤충은 수많은 낱눈이 모인 겹눈을 가진다. 초파리에게는 약 800개, 잠자리에게는 3만 개의 낱눈이 모여 있다. 곤충 중 가장 높은 시력을 가지고 있는 종은 2cpd(소수시력 0.07)의 잠자리다. 지금까지 연구된 곤충의 98퍼센트는 시력이 1cpd(소수시력 0.035) 미만이며, 평균 시력은 0.25cpd(소수시력 0.008)에 불과하다. 겹눈은 보려는 물체의 자세한 형태를 살피기에는 적합하지 않지만 빠른 움직임을 파악하는 데는 효율적이다. 대상이 움직이면 인접한 낱눈에 시각 정보가 연속적으로 입력되기 때문에 곤충의 동체시력은 매우 뛰어난 편이다.

거미

거미는 매우 특이하게 8개의 눈을 가지고 있다. 중앙에 위치한 한 쌍의 눈은 시력이 좋고 자유롭게 움직일 수 있지만 시야가 매우 좁다. 주변에 위치한 세 쌍의 보조 눈은 시야를 가지지만 움직일 수 없다. 거미의 눈은 겹눈이 아니며 카메라 눈에 가깝다. 다만 카메라처럼 수정체 두께를 조절해 초점을 맞추는 방식이 아니라 눈 속에 여러 개의 망막이 있어 거리에 따라 적절한 망막을 이용해 대상을 본다. 그래서 거미는 몸집에 비해 높은 시력을 가지고 있다. 자연 다큐멘터리에서 가장 똑똑한 거미로 소개된 적이 있는 깡충거미의 한 종은 참새목과 비슷한 13cpd(소수시력 0.4)의 시력을 가지고 있다.

동체시력

동체시력이란 움직이는 물체를 빠르고 정확하게 인지하는 능력이다. 우리는 정지된 대상을 보고 시력을 측정하지만 실제 야생에서는 대상이 움직이고 있는 경우가 많다. 동체시력은 인식할 수 있는 최대 점멸 속도인 점멸융합주파수Flicker Fusion Frequency, FFF로 나타내며 단위는 헤르츠다. 사람은 비교적 동체시력이 낮은 편으로 50헤르츠가 넘는 움직임을 인지할 수 없다.

일반적으로 작고 빠른 동물일수록 FFF가 높은 경향이 있다. 가리비는 1~5헤르츠, 야행성 두꺼비는 0.25~0.5헤르츠라서 FFF가 매우 낮은 편에 속한다. 고양이는 48헤르츠, 개는 75헤르츠라서 FFF가 비교적 높은 편이다. 척추동물 중 얼룩딱새의 FFF가 146헤르츠로 가장 높다. 아마 날아다니는 곤충을 잡아먹기 위해 동체시력이 발달한 것으로 보인다. 하지만 그들의 먹잇감인 곤충들은 대부분 얼룩딱새보다 동체시력이 높다. 꿀벌, 잠자리, 파리와 같은 비행 곤충의 FFF는 200~350헤르츠다. 1초에 120회씩 깜빡이는 형광등 조명이 인간의 눈에는 일정하게 보이지만 파리의 눈에는 조명이 깜빡이는 것처럼 보인다.

어류의 동체시력이 정확히 확인된 바는 없으나, 정어리처럼 함께 뭉쳐서 이동하는 무리를 이루려면 동체시력이 높아야 한다. 동체시력이 높으면 주변 변화를 쉽게 감지할 수 있어 생존에 유리할 것으로 추정된다. 어류의 동체시력을 잘 아는 낚시꾼들은 목표하는 생선에 따라 낚싯바늘을 다르게 움직인다. 동체시력이 낮은 농어류를 잡을 때는 릴링을 천천히 하고, 삼치나 다랑어같이 동체시력이 높은 어류가 목표일 때는 낚싯줄을 빠르게 감아서 미끼를 움직인다.

모든 생명체는 늘 제한된 자원을 효율적으로 이용해야 한다. 시각 정보를 처리하는 데 지나치게 많은 에너지를 투자하면 다른 감각기관이나 운동기관에 쓸 여력이 부족해진다. 따라서 동물의 눈은 자신이 처한 자연환경에서 가장 효율적으로 생존할 수 있도록 진화한 결과다. 지구상의 빛은 대부분 태양으로부터 오기 때문에 빛을 감지하면 시간과 온도를 알 수 있다. 또한 시력을 통해 적이나 사냥감을 발견하는 능력은 생존에 결정적이었다. 그래서 다양한 시간대와 복잡한 공간적 환경에서 생활하는 동물과 육식동물의 시력이 좋은 경향이 있다. 야행성 동물은 주간 시력이 매우 나쁜 편이지만 눈의 길이가 짧아 시세포에 빛을 더 많이 전달받을 수 있다. 이러한 특성에 더해 높은 간상세포의 비율 덕분에 이들은 다른 동물들보다 야간 사냥에 유리했다. 그렇지 않았다면 야행성 동물은 오늘날까지 남아 있지 못했을 것이다.

인간은 시력이 매우 좋은 동물이다. 하지만 시력에 따라 동물에 순위를 매기거나 인간이 다른 동물들보다 우월하다고 할 수는 없다. 다만 동물들이 보는 세상이 우리와는 다르다는 사실을 알고 이들을 이해하는 데 도움이 되기를 바란다.

#4 뽀로로가 물안경을 쓰는 진짜 이유

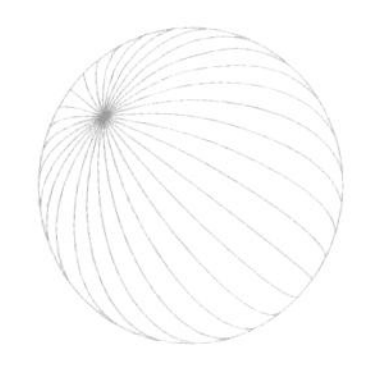

렌즈는 빛을 모으는 방향에 따라서 크게 볼록렌즈와 오목렌즈로 나뉘고, 모양에 따라서 여섯 종류로 구분한다. 렌즈의 종류는 중심부와 주변부의 두께를 비교하면 구분하기 쉽다. 중심부가 주변부보다 더 두꺼우면 볼록렌즈, 주변부가 더 두꺼우면 오목렌즈다. 우리 눈의 각막은 전체적으로 앞으로 볼록한 모양을 하고 있지만 중심부가 가장 얇고 주변부로 갈수록 두꺼워지기 때문에 메니스커스meniscus 오목렌즈 모양을 가지고 있다.

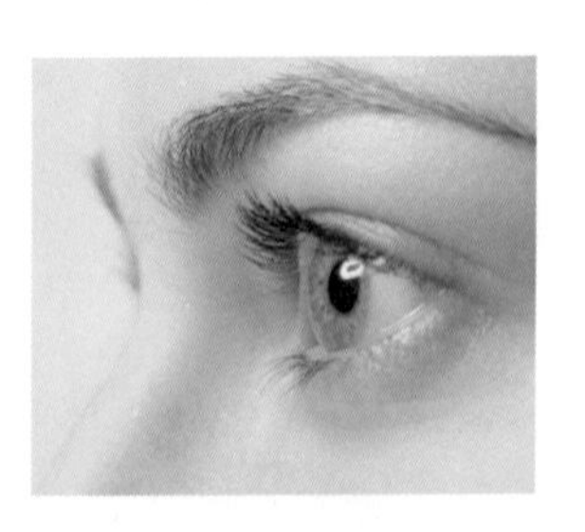

그림 60 각막 앞쪽에는 공기가, 뒤쪽에는 방수가 있다.

하지만 각막은 우리 눈에서 빛을 모으

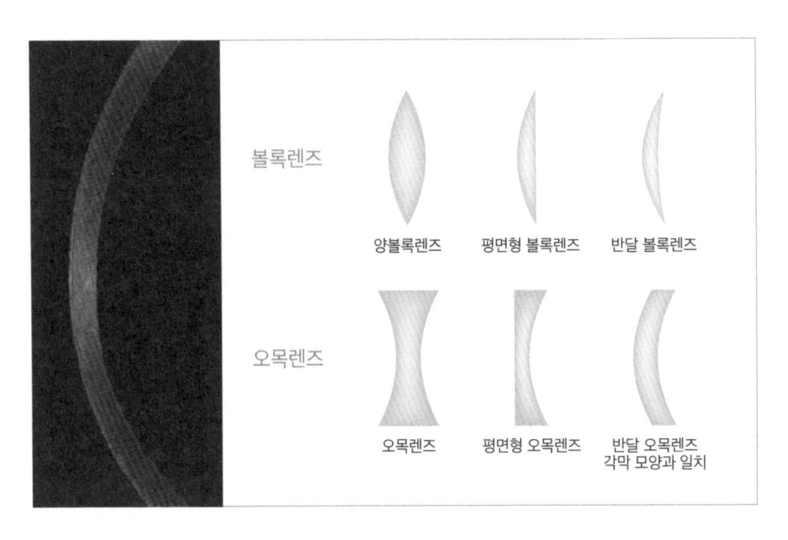

그림 61 볼록렌즈와 오목렌즈의 모양.

는 볼록렌즈의 역할을 한다. 오목렌즈 모양인 각막이 어떻게 볼록렌즈 역할을 한다는 말인가? 이런 모순이 생기는 이유는 각막 앞뒤에 있는 구조물이 다르기 때문이다. 빛은 진행하는 매질에 따라 속력이 달라지며 서로 다른 매질을 통과하면 그 경계면을 기준으로 방향이 꺾인다.

진공을 기준으로 해 매질의 굴절률refractive index이 정해지며, 두 매질 사이의 굴절률이 크게 차이 날수록 빛은 더 많이 꺾인다. 각막 앞쪽은 당연히 공기이고 뒤쪽은 방수라고 하는 물로 채워져 있다. 공기의 굴절률은 1.003이고 각막의 굴절률은 1.38이기 때문에 각막으로 들어온 빛은 강하게 꺾이면서 안쪽으로 모아진다. 각막은 미세한 오목렌즈 모양이지만 공기와 각막의 굴절률 차이가 더 크기 때문에 결과적으로 볼록렌즈 역할을 하는 것이다. 우리 눈의 총 굴절력은 59디옵터 정도이며,

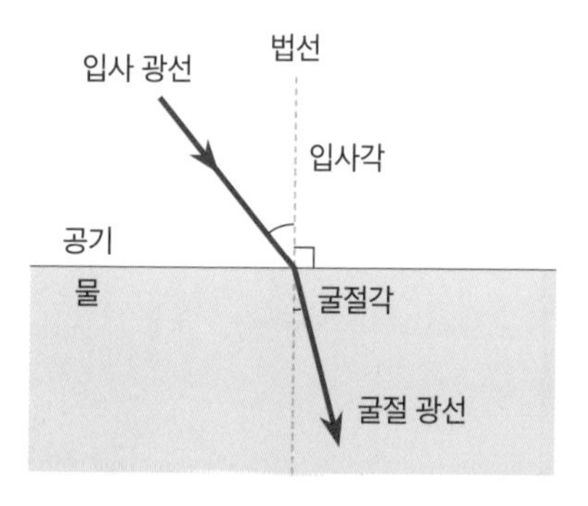

그림 62 빛은 굴절률이 다른 물질의 경계면에서 꺾인다.

각막이 전체 굴절력의 2/3에 해당하는 41디옵터를 담당하고, 나머지 18디옵터는 수정체가 담당한다. 그리고 수정체는 멀리 볼 때는 얇아지고 가까이 볼 때는 두꺼워지면서 굴절력을 미세하게 조절한다.

그러나 수영장에서 우리가 물속에 들어가면 각막 앞에 굴절률이 1.33인 물이 존재한다. 물과 각막의 굴절률 차이가 크지 않기 때문에 각막은 굴절력을 대부분 잃어버린다. 결과적으로 물속에서는 눈을 뜨면 빛이 모아지지 않아 초점이 망막 뒤쪽에 맺히는 극심한 원시 상태가 된다. 이것이 물속에서 눈을 떠도 잘 보이지 않는 이유다. 물안경을 쓰는 이유는 단순히 눈에 물이 닿는 것을 막는 것이 아니라 각막 앞쪽에 공기층을 만들기 위함이다. 그래야 물속에서도 지상에서처럼 각막의 굴절력을 유지시킬 수 있다.

한편 물고기를 사냥하는 펭귄은 물속에서 정시 상태가 되어서 사냥감을 선명하게 볼 수 있게 된다. 반대로 펭귄은 지상에 올라오면 각막

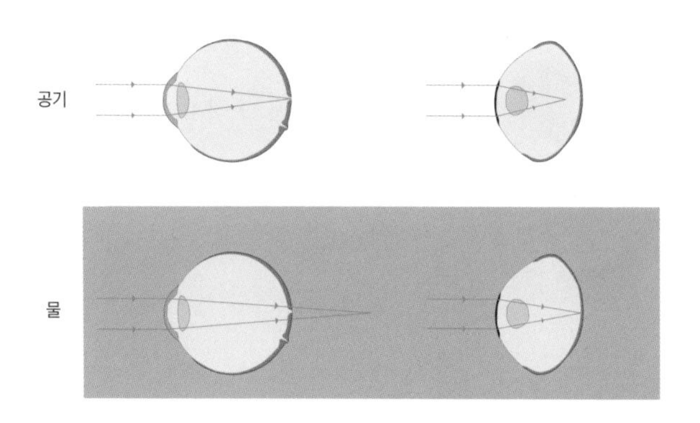

그림 63 (좌)인간의 눈, (우)펭귄의 눈. 물속에서 펭귄의 눈은 정시가 되고, 인간의 눈은 원시가 된다.

앞쪽의 공기 때문에 각막이 볼록렌즈 역할을 하게 된다. 따라서 지상의 펭귄은 초점이 망막 앞쪽에 맺히는 근시가 되어 멀리 있는 물체가 잘 안 보일 것이다. 가뜩이나 펭귄은 걸음도 느린데 근시까지 있다니 생존 경쟁에서 상당히 불리하지 않을까 하는 생각이 든다.

펭귄이 지상에서 잘 보려면 근시용 안경이 필요할 것이다. 유명한 펭귄 뽀로로가 쓰고 있는 고글은 단순히 디자인적 요소가 아니라 시력이 나빠서 착용한 것으로, 도수가 들어간 시력교정용 안경인 것이다. 뽀로로는 또한 파일럿처럼 점프 슈트와 헬멧, 고글도 착용하고 있다. 날지 못하는 새인 뽀로로가 '하늘을 날고 싶다'라는 꿈 때문에 파일럿 복장을 착용한 것이라고 한다. 뽀로로가 물속에서 고글을 벗고 수영하면 더욱 현실적인 작품이 되지 않을까.

지상과 물속을 오가는 펭귄과 달리, 물속에서만 사는 어류의 눈은 조금 더 다르다. 물속에서는 각막 앞에 항상 물이 있기 때문에 각막만으로는 의미 있는 굴절력을 얻을 수 없다. 따라서 각막은 아주 평평한 모양이고, 대신 수정체가 공처럼 볼록해 대부분의 굴절이 여기서 일어난다. 이런 둥근 수정체 덕분에 한쪽 눈으로 180도 이상의 범위를 보는 넓은 시야를 볼 수 있게 되었다. 이는 사방에서 접근하는 포식자를 재빨리 감지해 피할 수 있도록 진화된 것이기도 하다.

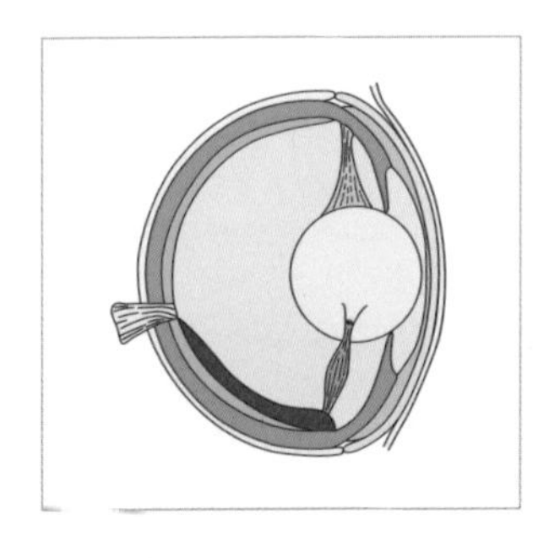

그림 64 물고기의 눈은 각막이 평평하고 수정체가 공처럼 볼록해서 대부분의 굴절이 수정체에서 일어난다.

이런 물고기의 수정체를 참고해서 만든 것이 어안렌즈다. 어안렌즈는 180도 이상의 파노라마를 촬영할 수 있는 초광각렌즈다. 어안렌즈는 매우 넓은 범위를 촬영하지만 주변부를 심하게 왜곡킨다는 특징이 있다. 그래서 독특한 느낌을 주려고 어안렌즈를 의도적으로 사용하는 경우가 많다. 또한 어안렌즈를 CCTV에 적용하면 넓은 지역을 효과적으로 감시할 수 있으며, 액션캠에 장착하면 역동적인 영상을 찍을 수 있다. 어안렌즈는 볼록렌즈의 범주에 들어가지만 곡면이 거의 구면(공 모양)이라서 극단적인 구면수차spherical aberration가 발생한다.[19]

19 구면수차는 렌즈의 중앙을 통과하는 빛과 가장자리를 통과하는 빛이 한 점에 모이지 못하는 현상이다. 구면수차가 많을수록 사진의 선예도sharpness가 떨어진다.

그림 65 어안렌즈(좌)와 초광각으로 찍은 사진(우).

어안렌즈는 가상현실VR 영상 제작에 필수적인 360도 카메라에도 사용된다. 렌즈 여러 개를 겹친 다중 렌즈 기술 덕분에 210도까지 촬영할 수 있는 초광각렌즈 두 개를 앞뒤로 이어 붙이고, 겹치는 영역을 소프트웨어로 보정하면 모든 방향을 360도로 촬영할 수 있는 카메라가 된다. 요즘 많은 자동차에 탑재된 어라운드뷰 모니터도 어안렌즈를 이용한 기술이다. 전후좌우에 카메라 네 대를 설치한 뒤에 이 영상을 합성해 차량을 위에서 내려다 보는 각도로 보여준다. 어안렌즈는 주차할 때 주변 장애물을 확인하거나 좁은 골목길을 운전할 때 유용하게 사용된다.

17세기에 아이작 뉴턴은 빛의 '입자설'로 빛의 직진, 반사, 굴절 등을 설명했다. 이에 맞서 네덜란드의 천문학자 크리스티안 하위헌스 Christian Huygens(1629~1695)는 빛의 '파동설'로 반사와 굴절을 충분히 설명할 수 있다고 주장했다. 하지만 뉴턴의 압도적인 권위에 힘입어 빛의 입자설은 약 200년 동안 정설로 받아들여졌다. 하지만 19세기 초에 토머스 영이 파동설로 간섭과 회절 현상을 설명(이중슬릿 실험)하고, 19세기 말에 맥스웰과 헤르츠가 빛이 전자기파의 일종이라는 사실을 밝혀냈다. 빛의 정체에 관한 오랜 논쟁은 파동설의 승리로 막을 내리는 것처럼 보였다. 하지만 20세기에 아인슈타인Albert Einstein(1879~1955)이 광양자설[20]로 광전 효과를 설명해 빛이 입자로 이루어져 있다는 입자설을 지지했다. (그렇지만 그는 파동설을 부인하지는 않았다.) 현대 물리학은 양자역학을 통해 빛은 입자와 파동의 성질을 모두 가지는 '이중성'을 지녔다고 정의한다.

빛의 직진성(광선)으로 설명하는 광학을 기하광학geometrical optics이

20 빛은 진동수에 비례하는 에너지를 갖는 입자인 광자로 구성되어 있다는 이론이다. 아인슈타인은 빛을 하나, 둘 셀 수 있는 상태를 가졌다고 주장했다.

라고 한다. 파동설로 빛의 여러 현상을 설명하는 광학을 파동광학wave optics이라고 한다. 기하광학은 빛의 파장을 '0'으로 가정한 학문이기 때문에 실제 빛과는 약간의 오차가 있지만, 일반적으로 안경을 처방할 때는 기하광학을 주로 사용한다. 웨이브프론트wavefront 기술을 사용한 맞춤형 시력교정술과 '노안 백내장 수술'에 사용하는 다초점 인공수정체를 이해하기 위해서는 파동광학을 함께 이해해야 한다. 광학은 물리학에서 큰 비중을 차지하고 응용 분야가 매우 다양한데, 여기서는 광학의 기본 개념만 소개하겠다. 빛이 매질을 만나면 다음과 같은 여섯 가지 현상이 나타난다.

1) 반사

곧게 나아가던 빛이 어떤 매질에 닿아 앞으로 나아가지 못하고 되돌아 나오는 현상을 빛의 반사reflection라고 한다. 반사되는 표면이 매끄러우면 정반사specular reflection가 일어나고, 울퉁불퉁하면 난반사diffuse reflection가 일어난다. 난반사는 울퉁불퉁한 표면 때문에 반사광이 모든 방향으로 퍼지는 현상이다. 거울이 아닌 대부분의 물체 표면에서는 난반사가 일어난다.

2) 투과

빛이 매질을 그대로 통과하는 현상을 투과transmission라고 한다. 빛이 어떤 물질을 투과하면 그 물질을 '투명transparent'하다고 하고, 투과하지 못하면 '불투명opaque'하다고 한다. 유리는 가시광선에 대해서는 투명하지만 자외선이나 적외선에 대해서는 불투명하다.

3) 굴절

굴절refraction은 빛이 두 매질의 경계면에서 진행 방향이 바뀌는 현상을 말한다. 이것은 빛의 속력이 어떤 매질을 통과하는지에 따라 달라지기 때문이다. 빛은 진공에서 가장 빠르며 매질을 통과할 때마다 속도가 감소한다. 진공을 기준으로 해 매질에 따른 빛의 속도를 정량화한 것이 굴절률이다. 안경원에서는 고도근시 환자에게 '압축 렌즈'를 권한다. 여기서 '압축'은 이해를 돕기 위해 만들어 낸 용어일 뿐이지 실제로 렌즈를 압축하는 것은 아니다. 굴절률이 보다 높은 재질의 렌즈를 사용해 렌즈 두께를 줄이는 것이다.[21]

4) 회절

회절diffraction은 빛이 장애물을 만났을 때 장애물 뒤까지 돌아들어 가는 현상이다. 거실 공유기에서 나오는 와이파이 신호를 방 안에서 쓸 수 있는 이유도 회절 현상 덕분이다. 회절은 빛에만 국한된 현상이 아니라 모든 파동에서 일어나는 현상이다. 소리(음파)도 파동이라서 우리

---

21 안경 렌즈는 모두 플라스틱 재질이다. 굴절률 1.5의 CR-39 렌즈를 기준으로 굴절률 1.56 재질을 '1번 압축', 굴절률 1.6 재질을 '2번 압축', 굴절률 1.67 재질을 '3번 압축'이라고 한다. 유리는 굴절률 1.8이라서 더 얇게 만들 수 있지만 무겁고 잘 깨진다.

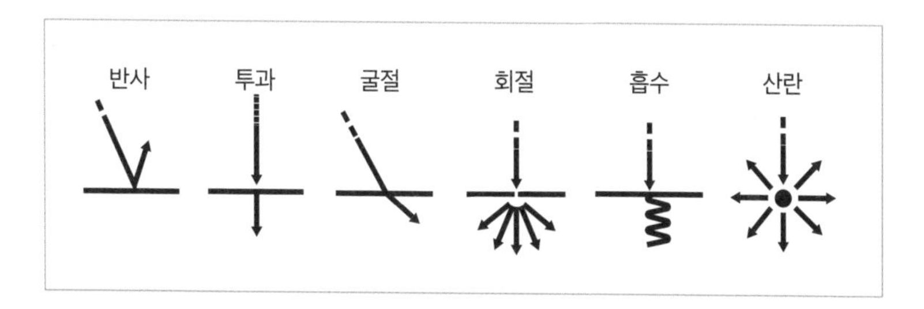

그림 66 빛이 매질을 만나면 나타나는 현상.

는 회절을 통해 담벼락 너머의 소리를 들을 수 있다.

5) 흡수와 산란

빛이 작은 입자를 만나면 흡수absorption되거나 산란scattering된다. 흡수는 해당 파장의 빛이 사라지는 것이고, 산란은 해당 파장의 빛으로 재방출되는 현상이다. 가시광선의 평균 파장인 550마이크로미터를 기준으로, 이보다 작은 입자에 의한 산란을 레일리 산란Rayleigh scattering 또는 분자 산란molecular scattering이라고 하고, 큰 입자에 의한 산란은 미 산란Mie scattering이라고 한다.

레일리 산란은 빛의 파장(색)에 따라 산란되는 정도가 다르다. 하늘이 파랗게 보이는 이유는 대기 속 작은 입자들이 파란색 파장을 많이 산란시키기 때문이다. 저녁이 되어 태양의 고도가 낮아지면 태양광이 대기를 통과하는 거리가 길어진다. 그 과정에서 파란색 파장이 모두 산란되어 사라지고 붉은색 계열만 남기 때문에 아름다운 저녁노을이 생긴다. 반면에 큰 입자에 의한 미 산란은 모든 파장을 똑같이 산란시킨다. 구름은 먼지나 수증기 같은 큰 입자에 의한 미 산란이 일어나기 때문에 모든 파장이 똑같이 산란되어 하얗게 보인다. 물방울 입자가 더 커지면 산란보다 흡수가 많아져서 어두운 먹구름으로 보인다.

6) 분산

빛은 파장(색)에 따라 매질 속에서의 속도가 달라진다. 파장에 따른 속도 차이 때문에 빛이 여러 색으로 분리되는 현상을 분산dispersion이라고 한다. 우리에게 가장 익숙한 분산 현상은 프리즘이다. 무지개 역시 대기 중 수증기에 의한 분산으로 나타나는 현상이다. 매질에 따라 빛이 분산되는 정도가 달라지는데, 이 분산능의 역수가 아베수Abbe's number다. 아베수가 낮은 안경 렌즈는 프리즘처럼 색 분산을 일으켜 시력의 질이 떨어지는데, 이를 색 수차chromaatic aberration라고 한다. 안경 도수가 높은 사람은 렌즈를 선택할 때 렌즈 재료의 아베수까지 고려하기도 한다.

#5 역사 속 반맹과 시각장애

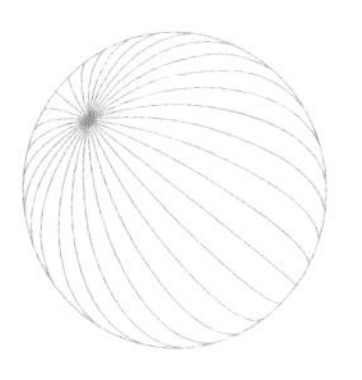

궁예(857?~918), 하후돈(?~220), 한니발Hannibal Barca(기원전 247~183)의 공통점은 무엇일까? 첫 번째는 이들 모두 한 시대를 대표하는 무장武將이라는 점이고, 두 번째는 한쪽 눈이 안 보인다는 점이다. 반맹은 외눈박이와는 다르다. 반맹은 두 눈이 있지만 질병이나 사고로 한쪽을 실명한 상태고, 외눈박이는 태어날 때부터 눈이 하나밖에 없는 것이다. 그리스 로마 신화의 키클롭스(사이클롭스)가 대표적인 외눈박이다.

우리에게 가장 친숙한 반맹은 궁예다. 2000년에 방영된 KBS 대하드라마 〈태조 왕건〉에서 김영철 씨가 연기한 궁예가 엄청난 인기를 끌었다. 궁예의 "누가 기침 소리를 내었는가?"라는 대사는 아직도 많이 사용하는 인터넷 밈meme이 되었다. 궁예의 혈통은 정확히 밝혀진 바는 없으나 신라 경문왕의 서자라는 설이 가장 유력하다. 궁예는 후궁의 아들로 태어나 왕실의 권력 다툼에서 화를 당했으며, 아기였던 궁예를 살해하려는 암살자의 추격에서 도망치는 과정에서 유모가 실수로 궁예의 눈을 찔렀다고 전해진다. 그 후 반맹 승려로 떠돌다가 한반도의 2/3를 평정하기에 이르렀다. 그러나 재위 말년에 궁예는 망상, 환각, 의심 등의 이상 행동이 생겨 가혹한 폭정을 실시하고 권력을 유지하지 못했다.

하후돈은 중국 삼국시대 위나라의 인물이다. 하후돈이 반맹이 된 일화는 유명하다. 하후돈은 서주西周에서 여포군을 공격하다가 고순의 부장 조성이 기습적으로 쏜 화살에 맞았다. 하후돈은 "이 눈은 아버지의 정精과 어머니의 피로 이루어진 것인데 어찌 함부로 다룰 수 있겠느냐"라는 말과 함께 화살 꽂힌 눈을 통째로 뽑아서 씹어 삼키고 조성을 베어 죽인다. 하후돈이 반맹인 사실은 정사에도 나오지만, 이 일화는 『삼국지연의』의 작가 나관중罗贯中(1330?~1400)이 창작했다고 전해진다. 하후돈은 정사와 연의에서 묘사되는 모습이 가장 차이가 큰 인물이다. 연의에서는 최전방에 나서는 맹장으로 각색되었으나 정사에서는 주로 후방을 관리하고 민심 수습과 체제 안정에 힘썼으며 전장에서의 군공은 거의 기록되어 있지 않다. 『위략魏略』에는 병사들이 하후연夏侯淵(?~219)과 하후돈을 구분하기 위해 하후돈을 맹하후盲夏候라 불렀다는 일화가 나온다. 하후돈은 이 별칭을 싫어하면서도 자신을 이렇게 부른 부하들을 나무라지 않을 정도로 너그럽고 인품이 훌륭했다고 한다. 나관

중은 이런 부드러운 성격을 지닌 하후돈을 인상적인 맹장으로 각색했다. 아마 하후돈을 악역 조조曹操(155~220)의 '반맹 행동대장'이며 강하지만 결국은 화를 당하는 캐릭터로 설정한 듯하다. 사실 한쪽 눈이 없으면 시야가 좁아지고 원근감과 입체감이 크게 떨어지기 때문에 전장을 누비는 무장에게는 큰 약점이 된다. 실제로 반맹이었던 하후돈은 전장에 나가기 어려웠을 것이다.

의학적으로 봤을 때도 하후돈이 눈에 직접 화살에 맞았을 가능성은 낮아 보인다. 시신경은 척수와 함께 뇌에서 직접 뻗어 나온 중추신경이기 때문에 물컹한 눈에 화살이 직접 박혔다면 생명을 잃을 수도 있는 상당한 중상이다. 삼국시대 의학 기술로 이 정도 부상을 치료할 수 있을지 의문이다. 실제 외상으로 인해 안구가 파열된 경우에는 멀쩡한 반대편 눈까지 실명할 수 있다. 안구 내부에 있는 단백질은 우리 몸의 면역체계에 한 번도 노출된 적이 없으며, 면역체계가 안구 파열로 이런 단백질을 만나면 '이물질'로 인식해 공격한다. 이를 교감성 안염sympathetic ophthalmitis이라고 하는데, 다치지 않은 반대편 눈이 '공감' 혹은 '동조'해 멀쩡한 눈에도 염증이 생기기 때문에 붙여진 이름이다. 교감성 안염은 안구 천공상 이후 0.2퍼센트에서 발생한다.

서양에서 반맹 장수의 대명사는 한니발 바르카다. 한니발은 고대 카르타고의 장군으로 차 포에니 전쟁의 지휘관으로 맹활약했다. 전투 코끼리가 포함된 군대를 이끌고 알프스산맥을 넘어 로마 본토를 공격한 것으로 유명하다. 로마군은 이탈리아 반도에서 방어전을 계획하고 있었는데, 지형상 불리하다고 판단한 한니발은 늪지대로 진군했고, 약 100킬로미터의 험난한 늪 지역을 무박 4일 동안 행군했다고 한다. 이 과정에서 많은 병사가 죽거나 풍토병에 시달렸고, 한니발 본인도 오른쪽 눈에 병을 얻어 반맹이 되었다. 이후 한니발은 칸나이 전투에서 대승해 로마를 궁지로 몰아넣었지만 끝내 로마를 함락하지 못했고 카르타고는 패전했다. 한니발의 뛰어난 지휘력과 전설적인 전과는 부정할 수 없기에 인류 역사에서 명장 중 한 명으로 꼽힌다. "눈물 흘릴 눈이 하나뿐이라는 것이 원망스럽구나"와 "나는 감은 눈으로 작전을 생각하고, 뜬 눈으로 적을 바라보겠다"라는 어록이 유명하다.

신화에서는 지식이나 힘을 얻는 대가로 한쪽 눈을 희생하는 경우도 있다. 오딘Odin은 북유럽 신화의 최고 신이자 신들의 왕이다. 그는 마법에 능통하기에 어떠한 모습으로도 변신할 수 있지만, 흔히 반맹에 긴 턱수염을 기른 노인으로 등장한다. 오딘이 반맹이 된 이유는 지혜의 샘물을 마시기 위해 스스로 한쪽 눈을 바쳤기 때문이다. 그는 한쪽 눈을 주는 대가로 라그나로크(세계 종말의 날)를 막기 위한 많은 지식과 마법을 얻었다. 마블의 영화 〈토르: 라그나로크Thor: Ragnarok〉에서도 이와 비슷한 묘사가 등장한다. 작품에서 죽음의 여신 헬라(케이트 블란쳇)가 아스가르드를 침략해 나라가 멸망할 위기에 처한다. 토르(크리스 헴스워스)는 백성을 구할 시간을 벌 작정으로 헬라를 대적하다가 오른쪽 눈을 잃고 죽음의 경계에 이른다. 그곳에서 토르는 아버지 오딘(안소니 홉킨스)의 환영을 보며 자신의 진정한 힘을 깨닫고 '천둥의 신'으로 각성

한다.

우리나라에서 한쪽 눈을 실명하면 법적으로 시각장애에 해당된다. 2019년에 장애등급제가 폐지되어 시각장애는 중증과 경증의 두 종류로만 분류하는데, 단안 실명은 경증에 속한다. 반대편 눈의 시력이 좋다면 어느 정도 일상생활이 가능하기 때문이다. 단안 실명인은 시각장애인 중 유일하게 운전면허를 딸 수 있다. 하지만 한쪽 눈만 보이면 시야가 좁고 거리감 및 입체감이 떨어지기 마련이므로 운전에 상당한 주의 집중이 필요하다. 단안 실명 환자를 진료하면 보통 기록지에 'LAST EYE' 혹은 'The only eye'라고 기록한다. 특히 실명한 반대쪽 눈을 수술하기로 결정할 때는 신중할 수밖에 없다.

완전한 맹인 중 우리에게 가장 친숙한 인물은 심 봉사(심학규)다. 심 봉사는 30세가 되던 해에 맹인이 되어 오랫동안 총각으로 지내다가 곽씨부인을 만나 결혼했다. 하지만 곽씨부인이 심청을 낳은 지 7일 만에 산욕열로 세상을 떠나자 홀로 심청을 키웠다. 심 봉사는 심청이 15세가 되던 해에 몽운사 승려의 공양미 제안을 받아들이고, 이를 들은 심청은 인당수에 몸을 던졌다. 결국 심 봉사는 딸을 잃고 슬퍼하던 중 맹인 잔치에 참석한 자리에서 황후가 된 심청을 재회해 보이지 않던 눈이 보이는 기적이 일어났다. 안과적으로 심 봉사의 실명과 개안에 관한 가장 그럴 듯한 추정은 백내장과 수정체 탈구다. 비교적 젊은 나이에 백내장에 걸리면 수정체를 매달고 있는 섬모체 소대가 약해지는 경우가 많다. 심 봉사는 심청을 만난 기쁨에 놀라 엉덩방아를 크게 찧었을 때 섬모체 소대가 끊어지며 외상에 의해 혼탁했던 수정체(백내장)가 탈구되었다고 보는 것이다. 물론 탈구된 수정체가 망막을 건드려 더 큰 손상을 줄 수 있고, 수정체 단백질이 녹으면서 눈 속에서 심한 염증이 생길 수도 있다. 합병증 없이 백내장이 있는 수정체만 똑 떨어진 심 봉사는 하늘이 도운 사례라고 할 수 있다. 만약 심 봉사가 초고도 근시였다면 수정체가 없어도 어느정도 보였을 가능성도 있다.

토막 상식 해적은 왜 안대를 낄까?

안대는 해적의 상징 중 하나다. 영국의 로버트 루이스 스티븐슨Robert Louis Stevenson(1850~1894)의 소설 『보물섬Treasure Island』에서 처음으로 해적의 이미지를 정립한 이래로, 해적을 낭만적으로 묘사한 영화 〈캐리비안의 해적Pirates of the Caribbean〉과 만화 『원피스ONE PIECE』 등이 이어졌다. 창작물 속의 해적은 반맹, 외팔, 외다리인 경우가 많다. 해적은 약탈을 일삼는 범죄자이고 부상을 입더라도 제대로 치료받지 못했을 가능성이 크기 때문이다. 하지만 시력에 특별한 이상이 없더라도 안대를 쓰는 해적이 많았다고 한다.

우리 눈은 밝은 곳에서 갑자기 어두운 곳으로 가면 눈을 뜨고 있어도 사물을 제대로 식별할 수 없다. 몇 분 정도 지나면 차차 어둠에 적응하는데, 이를 암순응이라고 한다. 어두운 곳에서 망막의 간상세포가 활성화되려면 비타민 A에서 생성된 레티날을 이용해 로돕신을 합성해야 한다. 필연적으로 암순응 과정은 오랜 시간이 걸리며 최대 45분가량 소요된다. 로돕신은 밝은 빛을 보면 레티날과 옵신으로 다시 분해된다. 어두운 곳에서 밝은 불빛을 봤을 때 순간적으로 눈앞이 하얘지는 이유는 로돕신이 순간적으로 많이 분해되기 때문이다.

해적은 밝은 갑판 위와 어두운 갑판 아래를 수시로 드나들어야 하므로 매번 암순응을 기다리기 힘들 수밖에 없다. 특히 전투 중에는 생사가 달려 있기 때문에 한쪽 눈을 안대로 가려 미리 암순응을 해두었다가 갑판 아래로 이동할 때 안대를 벗었을 것으로 추정한다. 오랜 시간 바다 위를 항해하다 보면 비타민 A가 부족해져서 암순응에 더욱 어려움을 겪었을 수도 있다. 이런 이유로 해적은 반맹이 아니더라도 안대를 착용했고, 여러 창작물을 거치며 안대는 해적의 상징이 되었다.

IV

#눈의 한계와 진화

#1 시력의 한계는 과연 어디까지일까?

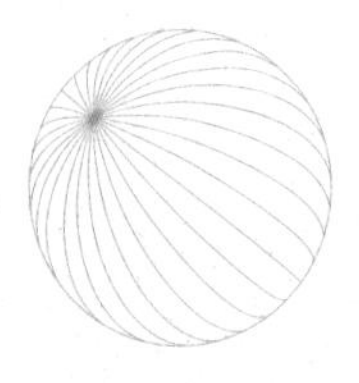

도시의 밤하늘에서도 북두칠성을 볼 수 있다. 하지만 이 북두칠성의 별이 일곱 개가 아니라는 사실을 아는 사람은 많지 않을 것이다. 북두칠성의 여섯 번째 별인 미자르는 알코르와 함께 2개의 별이 쌍성을 이루고 있다. 도시에서는 이 쌍성을 거의 구분할 수 없지만 예전에는 이 별들을 시력을 검사할 때 사용했다고 해서 '시력검사의 별'이라고 불렀다. 고대 로마의 병역 판정 신체검사에서는 북두칠성의 쌍성을 구별해야 합격할 수 있었다고 한다. 현대에 이 쌍성을 구별하는 데 어느 정도의 시력이 필요한지 측정해 보았는데, 시력이 1.0 이상인 사람만 구분할 수 있었고, 시력이 1.0이라도 백내장 때문에 대비감도가 떨어진 노인은 잘 구분하지 못했다고 한다. 망원경이 발명되기 전에는 맨눈으

그림 67 북두칠성의 여섯 번째 별은 미자르Mizar와 알코르Alcor 쌍성이다.

로 별을 관측했다. 이 분야의 일인자는 덴마크의 천문학자 튀코 브라헤Tycho Brahe(1546~1601)다. 튀코 브라헤는 맨눈으로 1,000개 이상의 별을 관측해 '인간 천문대'로 불릴 정도로 시력이 엄청나게 뛰어난 것으로 유명하다.[22] 몽골 유목민의 시력이 굉장히 높다는 이야기는 누구나 한 번쯤 들어 본 적이 있을 것이다. 몽골인의 시력이 4.0이라는 주장부터 7.0에 이르기까지 여러 이야기가 있다.

그렇다면 인간 시력의 한계는 어디일까? 시력이란 눈으로 보고 인식하는 모든 능력을 말한다. 넓은 의미로는 대비감도, 입체시, 동체시, 순간시, 주변시 등을 모두 포함하는 개념이다. 좁은 의미로는 서로 떨어져 있는 두 물체를 서로 구별할 수 있는 능력인 분해능(분리력)을 지칭

22 브라헤는 황당하게 죽은 일화로도 유명한데, 고위 귀족의 만찬에서 체면 때문에 오줌을 참다가 급성 방광염에 걸렸고 11일 뒤에 사망했다.

- 시력≠굴절이상
  : 대상의 존재와 그 형태를 인식하는 능력

- 가시력minimum visivle
- 분리력minimum resolable ≒ 해상력resolution
- 가독력minimum legible = 분리력 + 지적능력 + 심리적 요인 → 시력검사
- 판별력minimum discriminable
- 기울임 시력tilt detection acuity
- 움직임 시력motion detection acuity
- 입체시stereopsis
- 순간시instantaneous vision
- 분해능resolution
- 대비감도contrast sensitivity

그림 68 넓은 의미에서 시력은 대비감도, 입체시, 동체시, 순간시, 주변시 등을 모두 포함하는 개념이다. 좁은 의미로는 분해능을 지칭하는 경우가 많다.

하는 경우가 많다. 우리가 흔히 하는 시력검사는 분해능에 약간의 지적 능력이 더해진 검사라고 할 수 있다.

분해능은 최소분리시각Minimum Angle of Resolution, MAR이라는 단위로 나타낸다. 우리나라에서 사용하는 소수시력은 이 최소분리시각을 역수로 표현한 것이다(1MAR=소수시력 1.0, 5MAR=소수시력 0.2). 구체적으로는

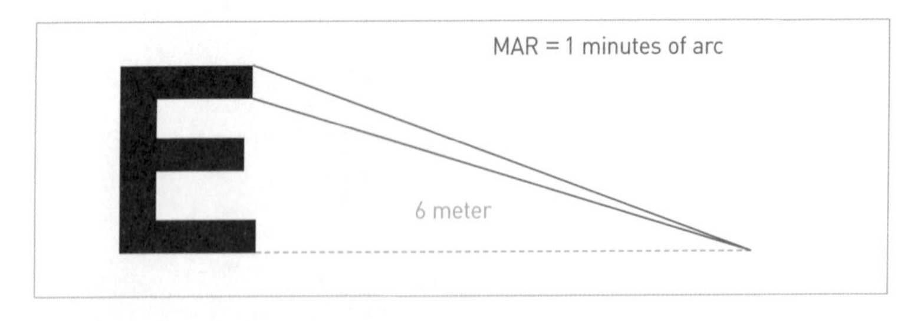

그림 69 우리 눈이 구분할 수 있는 최소 시각을 최소분리시각이라고 한다.

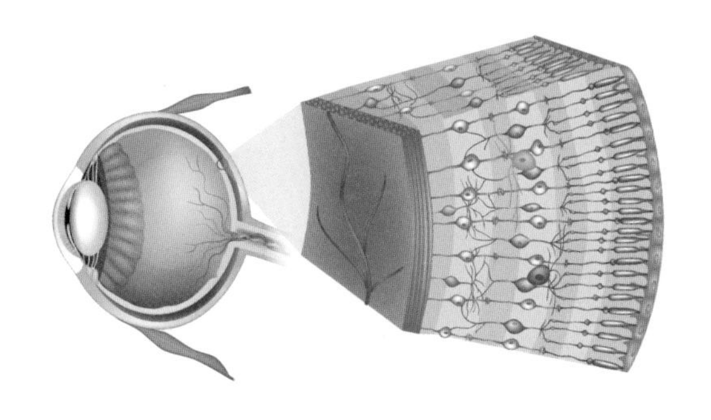

그림 70 망막의 시세포는 빛 신호를 전기 신호로 변환하여 뇌로 전달한다.

ISO 8596으로 규정된 C자 모양의 란돌트 고리의 틈을 5미터 거리에서 알아볼 수 있으면 1.0 시력으로 판정한다. 지름 7.5밀리미터, 폭 1.5밀리미터의 란돌트 고리에는 1.5밀리미터 간격으로 끊어진 틈이 있다.

우리가 보기 위해서는 눈 속에 도달한 빛 신호가 망막의 시세포에서 전기 신호로 바뀌어야 한다. 그리고 전기 신호가 시신경을 타고 뇌의 시각중추를 자극해야 비로소 볼 수 있다. 우리 뇌에 있는 각각의 신경세포는 온오프 동작으로 신호를 전달하기 때문에 '0과 1'로 이루어진 디지털 데이터의 전달 방식과 유사한 측면이 있다. 시각 정보를 전달하는 과정은 시세포가 아날로그 데이터(빛 신호)를 디지털 데이터(전기 신호)로 변환하고, 다시 뇌에서 디지털 데이터를 아날로그 데이터(시각 인지)로 복원하는 것이다. 아날로그와 디지털 데이터를 변환하거나 복원하는 과정에서는 약간의 정보 손실이 발생한다.

아날로그 데이터를 디지털 데이터로 변환(샘플링)할 때 아날로그 데이터의 최고 주파수를 두 배 이상으로 설정해야 디지털 신호에서 아날

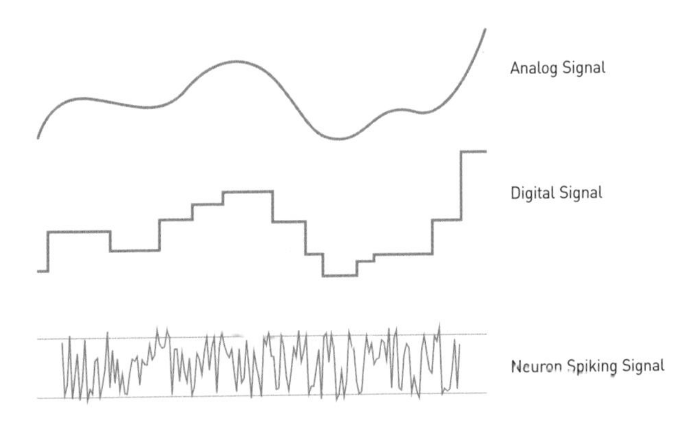

그림 71 아날로그, 디지털, 신경 신호를 비교한 그래프.

로그 신호로 복원될 때 손실이 생기지 않는데, 이것이 나이퀴스트 정리Nyquist theory다. 그렇지 못하다면 에일리어싱aliasing 현상이 발생한다. 샘플링 간격이 원래 신호 간격의 두 배에 미치지 못하면 신호가 겹치는 부분이 발생하고, 이를 다시 아날로그로 복원하면 원본과는 다른 신호

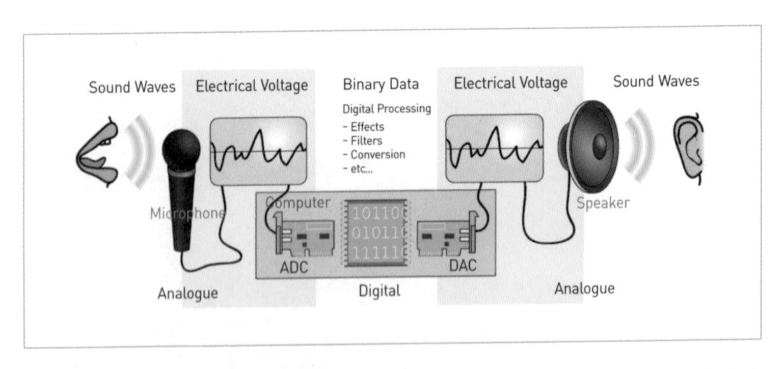

그림 72 아날로그 신호를 디지털로 변환하는 회로ADC와 디지털 신호를 아날로그로 변환하는 회로DAC의 모식도.

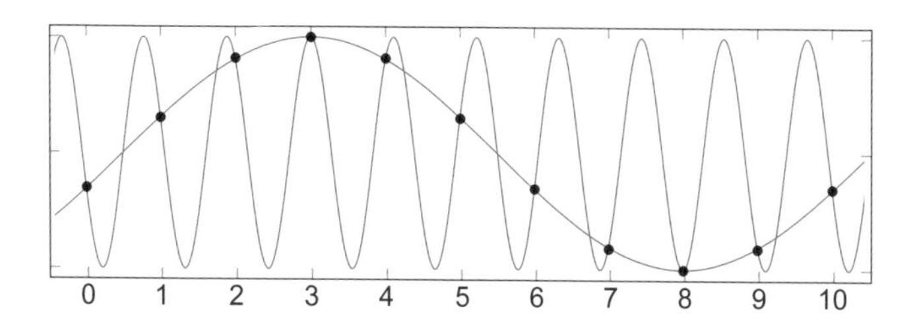

그림 73 에일리어싱 현상을 나타낸 그래프.

로 왜곡된다. 에일리어싱 현상의 친숙한 예로 컴퓨터 게임에서 선이 매끄럽지 않고 계단처럼 보이는 현상을 들 수 있다. 그래서 게임을 좋아하는 사람은 계단 현상을 줄이고 매끄러운 그래픽을 즐기기 위해 안티에일리어싱anti-aliasing 기능을 사용한다.

에일리어싱의 또 다른 예는 무아레moire(물결무늬라는 뜻의 프랑스어) 현상이다. 누구나 촘촘한 모기장을 보았을 때 이상한 물결무늬가 보이는 현상을 경험해 보았을 것이다. 정보통신 이론인 나이퀴스트 정리를 의학에 적용해서 이 현상을 설명하자면, 일정 거리에서 본 모기장의 간격(최소분리시각)이 시세포 크기의 두 배에 미치지 못하기 때문에 뇌에서 빛 신호를 시각 정보로 복원할 때 손실이 일어난 것이다. 다시

그림 74 줄무늬 간격이 우리 눈이 구분할 수 있는 최소 간격보다 좁으면, 실제로 존재하지 않는 줄무늬가 보이는 무아레 현상이 나타난다.

말해 모기장의 그물 간격이 사람이 구별할 수 있는 최소 간격보다 좁기 때문에 뇌에서 왜곡되게 보여서 실제로 존재하지 않는 물결무늬가 보이는 것이다.

각각의 시세포는 디지털 신호처럼 자극의 유무on-off로만 신호를 보낼 수 있기 때문에 떨어져 있는 두 사물을 구분하기 위해서는 최소 세 개의 시세포가 필요하다on-off-on. 그래서 인간 시세포의 크기(2.5마이크로미터)와 나이퀴스트 정리(시세포 크기의 두 배에 해당하는 최소분리시각)를 고려하면 이론적으로 인간의 최대 시력은 3.0 정도라는 계산이 나온다. 하지만 이는 우리 눈이라는 생체 조직이 완벽한 광학 시스템을 갖추었다는 사실을 전제로 하고 있다. 눈을 통과하는 빛이 하나도 퍼지지 않고 시세포 하나의 크기로 망막에 도달한다고 가정하고 있기 때문에 시력 3.0은 이론상의 최대치일 뿐이다.

실제 눈 속 시세포에 도달하는 빛은 각막, 동공, 수정체 등의 여러 매질을 통과하기 때문에 다소 퍼지게 되는데, 이런 현상을 점 확산 함수Point Spread Function, PSF라고 한다. 우리 눈은 두 가지 물체의 점 확산 함수가 겹치지 않아야 두 물체를 구분할 수 있고, 겹치게 되면 이들을 하나로 인식한다. 따라서 시세포 하나의 단위로 사물을 구분한다고 가정한 3.0의 시력은 불가능하다. 실제로 정상인을 대상으로 측정해 보았을 때 최소분리시각은 30초에서 1분 사이이며, 이를 시력으로 환산하면 1.0에서 2.0이 된다. 따라서 의학적으로는 인간의 최대 시력을 2.0이라고 보고 있다.

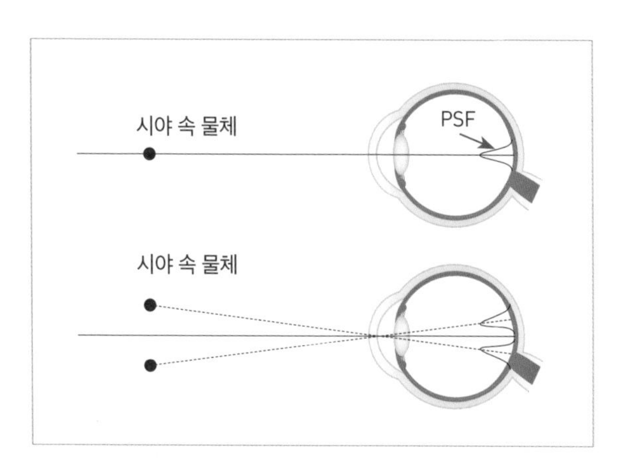

그림 75 한 점에서 시작된 빛은 망막에 도달할 때 점 확산 함수PSF만큼 퍼진다.

현재 사용하는 시력검사표는 1.0 시표 아래에 검은 선이 그어져 있는 것이 대부분이다. 모든 사람이 최대 잠재 시력을 발휘할 수 있는 것은 아니며, 눈과 시각 중추가 모두 건강한 경우 의학적으로 1.0의 시력을 정상으로 보고 있다. 시력검사는 시력표의 종류와 거리, 검사실의 조명, 그날의 컨디션이나 주위 환경 등 변수가 매우 많다. 따라서 시력검사 결과가 나쁘게 나왔다면 너무 놀라지 말고 가까운 안과에서 다시 한 번 검사를 받아보는 것이 좋다.

디스플레이의 화소는 사각형 모양의 점으로, 디지털 이미지를 구성하는 최소 단위다. 하나의 화소에 색과 밝기, 투명도 등의 정보가 담겨 있다. 한 화면에 들어가는 화소 수를 수평과 수직을 곱한 해상도로 표시한다. Full HDHigh Definition는 1,920×1,080(약 200만 개), Quad HD는 2,560×1,440(약 360만 개), 4K Ultra HD는 3,840×2,160(약 830만 개)의 해상도를 뜻한다. 4K에서 K는 1,000을 뜻하는 단위로, 가로 화소 수가 대략 4,000개임을 나타낸다. 유튜브는 세로 화소 수를 기준으로 720pHD, 1,080pFull HD 등으로 표시한다.

PPIPixels Per Inch는 1인치당 화소 수를 뜻하는 용어다. 즉 화소의 '밀도'를 나타낸다. PPI가 높을수록 한 공간에 표현할 수 있는 데이터의 양이 많아져 디지털 이미지를 세밀하게 표현할 수 있다. 예를 들어, 같은 크기의 모니터라고 하면 Full HD(약 200만 개)보다 Quad HD(약 360만 개)의 PPI가 높아 더 정교한 이미지를 보여준다. 그러나 우리가 느끼는 '화질'은 디스플레이를 사용하는 거리에 따라 차이가 있다. 동일한 PPI의 스마트폰과 TV를 비교하면, 가까운 거리에서 사용하는 스마트폰보다 TV의 화질이 더 좋다고 느낀다. 왜냐하면 멀어질수록 인간의 눈으로 화소의 밀도를 인식할 수 없기 때문이다. 애플은 2010년

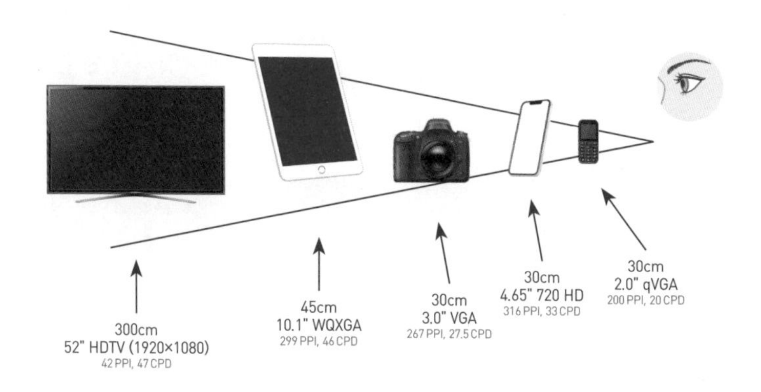

그림 76 거리에 따른 적정 PPI 수치다. 시청 거리가 멀어질수록 필요한 PPI는 낮아진다.

326PPI의 고밀도 디스플레이를 탑재한 아이폰 4를 공개하면서 레티나 디스플레이retina display라는 단어를 처음으로 사용했다. 직역하면 '망막' 디스플레이인데 사람의 망막으로 화소가 보이지 않는 수준이라서 이런 이름을 붙였다고 한다. 몇 PPI 이상을 레티나 디스플레이라고 한다는 명확한 기준이 없기 때문에 기술적인 의미는 없는 용어다. 지금은 이 정도 PPI의 스마트폰은 당연하게 생각하지만 당시에는 모바일 기기에 큰 변화를 가져왔다. 레티나 디스플레이가 마케팅 용어에 불과하다고 싫어하는 사람도 있지만, 애플은 가장 먼저 고밀도 디스플레이를 상용화했을 뿐만 아니라 모든 경쟁사가 따라 할 정도의 트렌드를 만들었다.

시력 1.0은 1분(1/60도)의 화각angle of view을 구별할 수 있는 상태이다. 1도의 화각에 60개의 화소를 구분할 수 있다고 생각할 수 있다. 따라서 시청 거리에 따라 인간이 구분할 수 있는 최대 PPI를 계산할 수 있다.[23] 정상 시력 1.0을 기준으로 하면 시청 거리 25~30센티미터인 스마트폰은 약 300PPI가 넘어가면 인간이 구분할 수 없다. 40~50센티미터 거리에서 보는 태블릿과 노트북은 약 200PPI, 50~80센티미터 거리에서 보는 모니터는 약 150PPI, 1.5미터 거리에서 보는 TV는 58PPI가 된다. 즉 사용하는 거리가 멀수록 PPI가 낮아도 된다. 이 이상의 고밀도 PPI는 인간의 눈으로는 차이를 느끼기 힘들다. 이런 이유로 Full HD까지는 디스플레이의 세대교체가 급속도로 이루어지다가 4K부터는 대중화가 잘 안 되고 있다. 시력이 아주 좋은 사람이라고 하더라도 7인치 미만의 스마트폰은 Full HD~Quad HD, 7~17인치의 태블릿과 노트북은 Quad HD~4K, TV와 PC 모니터는 4~8K 정도가 차이를 느낄 수 있는 마지노선이라고 할 수 있다. 화면은 작지만 시청 거리가 매우 가까운 가상현실 디스플레이, 머리 착용 디스플레이Head Mounted Display, HMD 같은 경우는 조금 더 높은 PPI가 필요할 수도 있다. 8K가 아직까지 실험실에서만 쓰는 장비로 취급받는 이유는 일반 시력을 가진 사람은 4K와 8K의 차이를 느낄 수 없기 때문이다.

---

23 시력×87/시청 거리(미터).

#2 신생아는 어디까지 보일까?

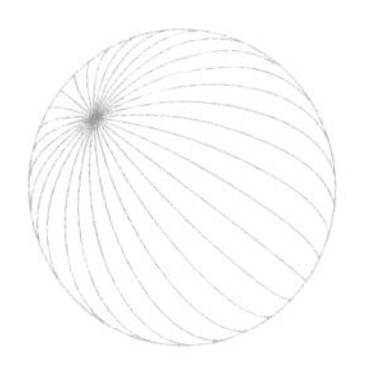

안과 진료를 보면 아이들의 시력검사를 하고 나서 어느 정도가 정상 시력인지 궁금해하는 보호자를 종종 만난다. 이번 글에서는 영유아의 정상 시력 발달 과정에 대해 알아보자. 시력검사는 시력뿐만 아니라 사물(그림이나 숫자)을 인지하고 표현하는 능력까지 포함된 개념이다. 그래서 의사소통이 어려운 갓 태어난 아이의 시력을 정확히 측정하기는 매우 어렵다. 따라서 신생아부터 생후 36개월의 영아까지는 정상 시력 발달 과정과 실제 시력을 비교해 보는 것으로 시력검사를 대신할 수 있다.

갓 태어난 신생아(출생~생후 1개월)는 물체의 존재 정도만 감지할 수 있다. 시력은 태어나자마자 급격히 발달한다. 생후 2~3개월부터 보호

- 신생아: 물체의 존재 정도만 구분
- 2~3개월: 보호자와 눈을 맞추고 움직임을 따라온다.
- 4개월: 조절력, 입체시, 색각 발달. 모빌과 장난감에 반응한다.
- 6개월: 멀리 있는 장난감을 손으로 가리킨다.
- 12개월: 작은 사물을 구분하고 낙서를 할 수 있다.

그림 77 영아의 시력발달 과정이다.

자와 눈을 맞추고 움직임을 따라올 수 있다. 4개월부터 조절력과 입체시, 색각이 발달하기 시작해 모빌과 장난감에 반응하고 손으로 잡으려고 한다. 6개월부터 멀리 있는 물체를 정확히 인지하고 손으로 가리킬 수 있다. 이런 정상 발달 과정이 보이지 않는다면 생후 12개월이 되기 전에 반드시 안과 진료를 받아야 한다.

이 시기의 영아(생후 1개월~12개월)가 병원에 오면 주시 및 추종 검사fix and follow test를 한다. 물체를 바라보고 따라올 수 있는지를 확인하는 검사인데, 이때 생후 2~3개월인 아이에게는 펜라이트를 사용하고 생후 4개월 이후인 아이에게는 장난감이나 스마트폰을 사용한다. 이 검사에서 한쪽 눈의 시력 저하가 의심되면

그림 78 주시 및 추종 검사를 받는 아이의 모습. 아이가 좋아하는 물체에 시선을 맞추는지 또한 물체를 움직였을 때 아이의 시선이 따라오는지를 확인한다.

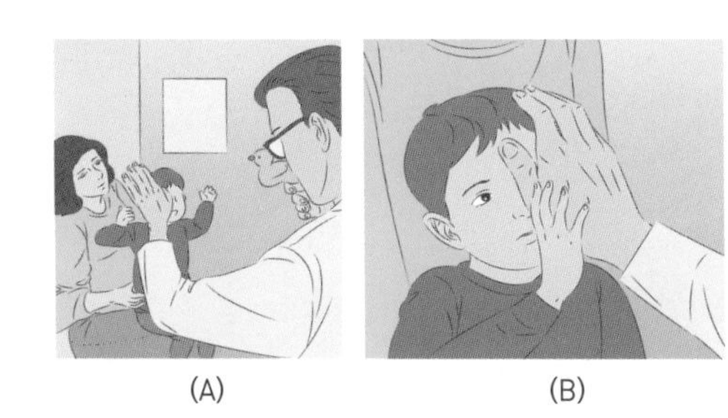
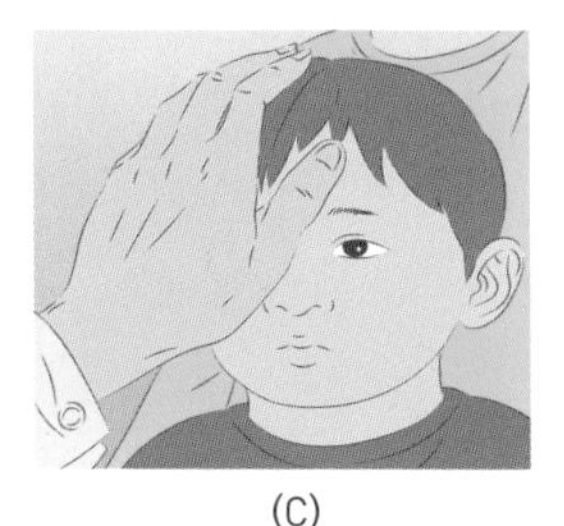

(A) (B) (C)

그림 79 주시 선호도 검사를 받는 아이의 모습.

주시 선호도 검사fixation preference test를 시행한다.

(A) 아기의 주의를 끌 만한 장난감을 보여준 다음

(B) 시력이 높은 눈을 가리면 아기가 짜증내며 손을 치우려고 하지만

(C) 시력이 낮은 눈은 가려도 불쾌함을 느끼지 못하는 모습이다.

물론 무턱대고 아기의 눈을 가리면 싫어할 수도 있기 때문에 경험 많은 의사가 검사하는 것이 좋다. 아기의 컨디션이 좋지 않다면 집에서 보호자가 '까꿍 놀이'를 하며 엄지손가락으로 눈을 살짝 가려보는 방법도 있다.

이런 간접적인 방법이 아니라 객관적인 시력 결과를 꼭 확인해야 할 경우에는 시각유발 전위검사visual evoked potential test(뇌파검사)를 한다. 하지만 많은 시간과 노력(수면 마취) 그리고 장비가 필요하기 때문에 흔히 하는 검사는 아니다. 대학병원에서 선천성 백내장 수술을 앞두고 시력

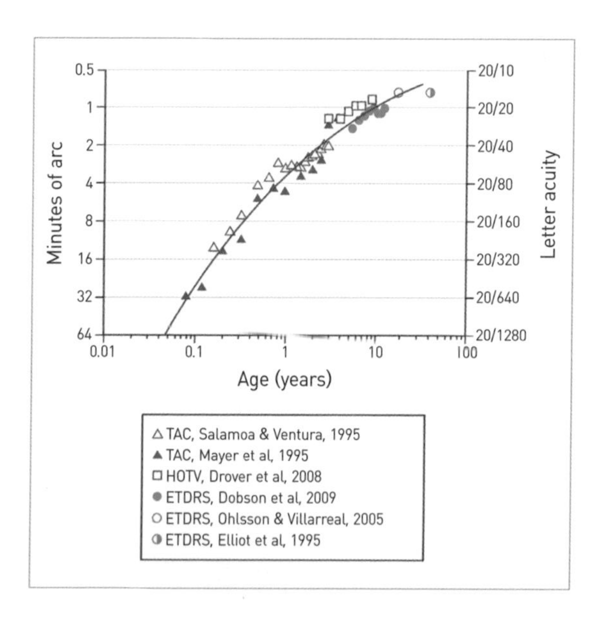

그림 80 여러 연구자가 발표한 영유아의 시력 발달표.

예후를 가늠하는 경우에 이 검사를 시행한다.

많은 연구에서 시력 발달에 가장 중요한 시기를 생후 6개월까지로 본다. 시력은 영아기 동안 계속 발달하여 생후 24개월이 지나면 0.6 정도의 시력을 가지지만 여전히 일반 시력검사로 확인하기는 어렵다. 3세에는 눈의 신체 구조적인 발달이 성인과 비슷한 수준으로 완성되고, 4세에는 인지 능력이 발달하면서 숫자나 그림을 통해 일반 시력검사를 할 수 있다. 시력 발달은 7~8세경에 완료되어 이 시기를 놓치면 어떤 방법을 써도 시력이 교정되지 않는 약시가 될 수 있다. 따라서 4세 이전에는 영유아 건강검진이나 안과검진을 통해 시력을 확인해 약시를 예방해야 한다. 3세부터 안경을 착용할 수 있고, 백내장, 안검하수, 사시 등은 수술이 필요한 경우도 있다.

3세 미만 유아는 시력을 측정하기는 어렵지만 굴절검사와 사시검사는 충분히 받을 수 있다. 최근 많이 보급되고 있는 휴대용 비전 스크리너Vision Screener 장비는 생후 6개월부터 사용할 수 있으며, 보통 보호자가 아이를 안은 상태에서 검사한다. 빛과 소리로 아기의 시선을 유도한 다음 사진을 찍듯이 촬영하면 굴절 상태와 사시 여부, 동공 크기 등을 측정할 수 있다.

정리하자면 생후 12개월 이전에 정상 시력 발달 과정이 보이지 않는다면 안과 진료를 받아야 한다. 선천성 백내장 등을 확인해 시각차단약시visual deprivation amblyopia를 예방해야 한다. 발달 과정에 특별한 이상이 없더라도 4세가 되기 전에 검진을 통해 심한 원시와 난시로 인해 발생하는 굴절부등약시anisometropic amblyopia를 예방해야 한다.

약시 유병률은 2퍼센트 내외(0.5~3.5퍼센트)로 추정된다. 중요한 사실은 이 중에 절반은 5세까지 진단을 받지 못한다는 것이다. 약시라고 진단받은 아이는 태어났을 때부터 세상이 그렇게 보였기 때문에 시력이 나빠도 불편함을 느끼지 못하는 경우가 많다. 약시 치료는 6세 이후에 급격히 효과가 떨어지기 때문에 조기 발견의 중요성은 아무리 강조해도 지나치지 않다.

그림 81 영유아 굴절검사 장비인 비전 스크리너.

토막 상식 1 약시와 시력 발달

약시는 약한 시력이라는 뜻이다. 시력이 나쁜 것도 아니고 약한 것이라니 참 아리송한 용어다. 약시가 되면 눈의 구조적 이상을 교정해도 시력이 좋아지지 않는다. 보통 8세까지 뇌의 시각 피질이 발달하는데, 이 시기에 시각 자극을 충분히 받지 못해 시력이 정상적으로 발달하지 못한 것이다. 약시는 심한 굴절이상, 사시, 선천성 백내장이나 안검하수 등이 원인이 되어 이차적으로 발생한다. 눈의 이상을 뒤늦게 치료해도 뇌의 발달은 시기를 놓치면 치료할 수 없다.

약시는 우리가 흔히 눈이 나빠졌다고 생각하는 근시와는 전혀 다르다. 근시가 진행되면 멀리 있는 사물이 안 보일 뿐이고 근거리에 있는 사물은 잘 보인다. 칠판 글씨는 안 보여도 책이나 스마트폰을 보는 데는 지장이 없다. 하지만 약시는 거리에 상관없이 모두 보이지 않는다. 약시이면 앞에 선 사람의 윤곽은 알아볼 수 있지만 글자나 복잡한 무늬는 눈앞에 바싹 갖다 대도 읽기 어렵다. 하지만 정작 약시 환자는 불편함을 못 느끼는 경우가 많다. 약시 환자들은 한 번도 또렷하게 세상을 본 적이 없기 때문에 선명하다는 것이 어떤 느낌인지 모른다. 특히 어릴수록 자신의 시력을 표현하기 어렵기 때문에 만 3~4세 사이에 반드시 시력검사를 받아야 한다. 적어도 만 5세에 약시 치료를 시작해야 하기 때문에 초등학교 입학 후에 발견한다면 치료하기 어려운 경우가 많다. 참고로 최대 교정시력이 0.6 미만인 약시는 병무청 신체검사에서 4급 판정을 받는다. 병역 판정 전담 의사는 약시를 판정할 때 학창 시절 시력검사 기록을 꼭 확인한다.

약시로 진단받은 환자를 치료할 때는 가장 먼저 약시의 원인을 치료한다. 사시, 백내장, 안검하수라면 수술이 필요하고, 굴절이상(원시, 난시)이면 안경을 처방한다. 이차적으로 약시인 눈에 시각 자극을 더 많이 주기 위해 시력이 좋은 정상 눈을 가리는 가림 치료를 적용한다. 이 방법은 시각 자극이 강한 쪽을 억눌러서 약한 쪽이 제대로 발달하도록 돕는다.

'본다'라는 행위는 최종적으로 눈이 아니라 뇌에서 일어난다. '시각'은 단순히 망막에 빛이 비치는 현상뿐 아니라 뇌가 이에 대한 의미를 판단하고 해석하는 행위까지를 뜻한다. 따라서 약시 치료의 핵심은 눈이 아닌 뇌의 시각중추의 발달을 자극하는 것이다.

뇌로 보는 세상

우리는 두 눈으로 세상을 본다. 두 눈은 각기 다른 각도에서 세상을 보지만 뇌에서는 이 둘을 하나로 인식한다. 그리고 우리 뇌는 두 눈에서 받아들인 시각 정보의 차이를 통해 입체감을 느낀다. 입체시를 가장 생생하게 다룬 책은 단연 수전 배리Susan Barry(1954~)의 『입체시의 기적Fixing My Gaze: A Scientist's Journey into Seeing in Three Dimensions』이다. 이 책은 저자 본인이 어렸을 적 사시로 고생하면서 겪었던 일화와 성인이 되어 입체시를 얻게 된 과정에 대한 책이다.

수전 배리는 48세가 되기 전까지 완전한 평면 세상에서 살았다. 어렸을 적부터 세 번의 사시 수술을 받았지만 여전히 2차원으로 세상을 보았다. 입체시는 결정적인 발달 시기(만 3~4세)를 놓치면 결코 회복될 수 없다는 것이 학계의 정설이었다. 그러나 배리는 성인이 된 후에 얻은 입체시로 모두를 놀라게 했다. 저명한 신경과 의사인 올리버 색스가 수전 배리의 이야기를 다룬 「스테레오 수Stereo Sue」라는 글을 발표한 이후 그녀의 이야기는 많은 주목을 받았다. 이 책에서 수전 배리는 입체적인 3차원 세상이 얼마나 아름다운지 묘사하고 있으며, 입체시를 얻는 훈련 과정을 간결하면서도 과학적으로 설명하고 있다. 신경과학자인 배리는 성인의 뇌가 믿을 수 없을 만큼 가소적인(유연한) 기관이라는 것을

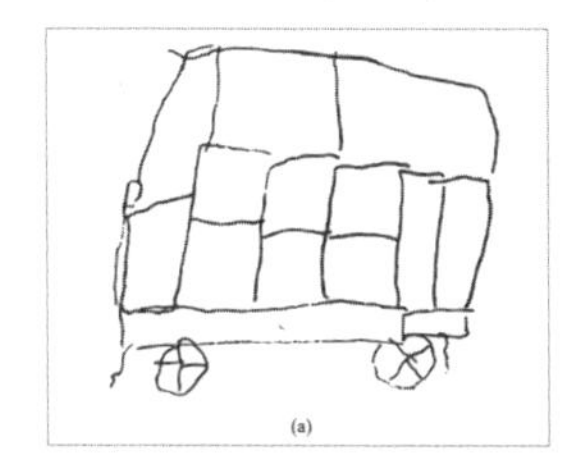

그림 82 각막 이식 수술을 받은 환자가 수술 48시간 후에 그린 버스 그림.

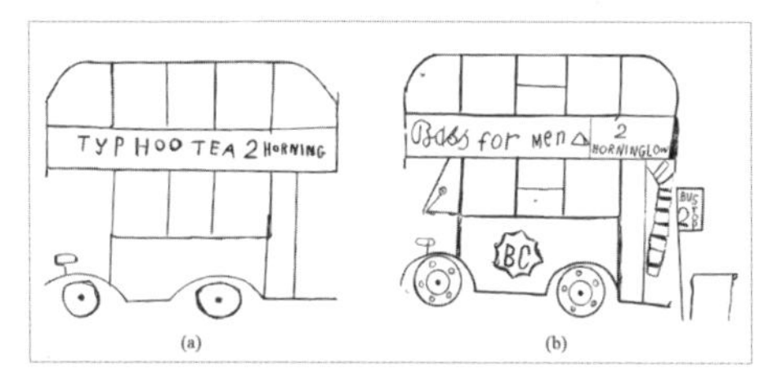

그림 83 각막 이식 수술을 받은 환자가 수술 6개월 후(좌)와 1년 후에 그린 버스 그림(우).

몸소 보여주었다. 이 책은 시각에 이상이 있는 사람들이 생활에서 느끼는 불편(주의력결핍 과잉행동장애, 강박증, 학습장애, 비뚤어진 몸, 한 박자 느린 운동능력, 약한 공간인지능력 등)에 대해 수많은 사례를 들어가며 폭넓게 설명한다. 그녀의 이야기는 시각으로 어려움을 겪는 사람들을 이해하는 데 매우 유용하며, 사시를 가진 환자들에게 희망을 준다.

성인이 된 이후에 시각 자극을 회복하게 되면 뇌는 어떻게 반응할까? [그림 82]와 [그림 83]는 영국의 신경인지심리학자 리처드 랭턴 그레고리Richard Langton Gregory(1923~2010)의 논문 「초기 맹으로부터의 회복 사례Recovery from Early Blindness: A Case Study」에 실린 것이다. 이 논문은 어린 시절에 실명한 시각장애인이 52세에 각막 이식 수술을 받은 후 시력을 회복하는 과정을 자세히 설명했다. 환자는 각막 이식 수술이 성공한 후에도 눈앞의 의사를 전혀 알아보지 못했다. 의사가 말을 걸기 전까지 누군가가 눈앞에 있다는 사실조차 인식하지 못했다. 눈은 시각 자극을 보내기 시작했지만 뇌에서 이 정보를 해석하지 못한 것이다. 이후 재활 훈련을 통해 시력은 점점 향상되었지만 시각 정보를 이해하는 능력이 매우 떨어졌다. 논문에서는 환자가 시각 학습에 어려움을 겪는 이유 중 상당 부분이 촉각에 대한 오랜 의존과, 촉각이 낳은 복잡한 습관에 기인한다고 지적하고 있다. 그동안 환자가 만들어 낸 "촉각 세계touch world"가 새로운 시각 정보 학습을 방해하고 정서적인 혼란emotional crisis을 일으킨다고 서술했나. 논문에 실린 다른 환자는 시력을 회복하고 이전보다 덜 행복하고 불쾌한 감정을 느꼈다고 한다. 새로운 물체를 볼 때마다 늘 불안해져서 심지어 실명 상태로 돌아가고 싶다고 호소했다. 그 환자는 수술 후 호기심을 느끼는 경우가 없었고 다른 사람들과의 교제를 피하고 침울해졌다고 한다.

장기간 실명 상태 후의 시력 회복에 대한 연구는 아직 초기 단계이다. 이런 환자는 눈의 문제가 해결된 후에도 사물의 형태를 인식하는 데 상당히 오랜 시간이 걸린다. 난생 처음 경험하는 감각을 온전히 체득하기 위해서는 상당한 시간과 훈련이 필요하다. 주변 사람들은 이들이 장애를 극복하는 과정에서 발생하는 정서적 혼란을 충분히 이해할 필요가 있다.

라일라 작가의 네이버 웹툰 〈나는 귀머거리다〉에는 선천성 청각장애인인 작가가 인공와우 수술을 받고난 후에 겪은 정서적 혼란에 대해 잘 묘사된 부분이 있다. 장애를 소재로 한 밝은 분위기의 일상 툰이므로 많은 분들에게 추천하고 싶다.

#3 왜 우리는 안경을 쓸까?

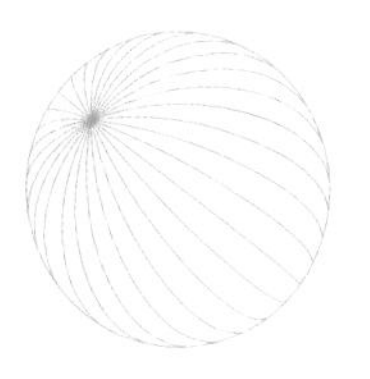

정시는 원거리(무한대 거리)에서 온 평행한 빛이 망막에 정확하게 초점이 맺히는 상태를 말한다. 눈의 굴절력과 안구의 길이(안축장)가 정확히 일치해 원거리가 가장 잘 보이고, 수정체 두께를 조절하면 근거리도 잘 볼 수 있다. 이와 반대로 평행한 빛이 망막에 정확히 초점을 맺지 못하는 상태를 굴절이상이라고 한다. 굴절이상은 눈의 굴절력과 안구 길이가 맞지 않아서 발생한다.

근시는 원거리가 잘 안 보이는 상태다. 근시는 안구가 길기 때문에 망막 위에 초점이 맺혀야 하는 빛이 망막 앞에서 초점이 맺힌다. 근시는 별다른 설명 없이 쉽게 이해할 수 있다. 먼 곳이 잘 보이지 않으니 눈을 찡그리거나 안경을 써야 한다. 근시가 생겨도 가까운 곳은 여전히 잘 보이기 때문에 눈의 피로를 유발하지 않는다. 근시 안경의 도수는 마이너스로 표시하는데, 이는 흔히 '시력이 마이너스다'라고 말하는 이유다. 근시인 사람이 너무 많다 보니 근시를 병이라고 할 수 없는 지경이다. 안과의사들도 보통 근시를 병이라고 생각하지 않는다. 다만 -9디옵터 이상의 초고도근시가 되면 시력을 위협하는 합병증(망막박리, 녹내장)이 발생할 확률이 높기 때문에 아이들의 근시 진행 속도가 1년에 -2디옵터 이상으로 지나치게 빠른 경우는 주의 깊게 봐야 한다.

근시는 원인에 따라 각막과 수정체의 굴절력이 증가해서 생긴 굴절성근시refractive myopia와 눈이 너무 길어져서 생긴 축성근시axial myopia로 나눈다. 이 중 아이들이 자라면서 안구도 자연스럽게 성장해 길어지는 축성근시가 대부분을 차지한다. 축성근시는 초등학교에 입학할 무렵부터 서서히 시작해 2차 성징과 함께 급격히 진행된다. 이때 학업량이 많아지면서 처음으로 안경을 맞추는 경우가 많다. 이후 근시는 꾸준히 진행되면서 안경 도수도 조금씩 올라간다. 보통 6개월 간격으로 검진받기를 권장하고 안경 도수가 부족해지면 학업에 지장을 줄 수 있기 때문에 도수를 올려준다. 안경 도수가 부족하거나 안경을 썼다 벗었다 해도 근시가 더 진행되지는 않는다. 사춘기 이후 성장판이 닫히면서 안구 성장 속도가 둔화된다. 보통 여자는 15세, 남자는 17세 이후부터 근시 진행 속도는 줄어든다. 성장이 끝나면 근시 진행도 멈추기 때문에 18세 이후에는 시력교정술을 할 수 있다.

근시가 저절로 좋아질 수는 없다. 늘어난 안구 길이가 다시 줄어들지는 않기 때문이다. 아직까지 근시를 되돌리거나 진행을 완전히 막는 방법은 없다. 아트로핀(조절마비제) 안약, 역기하렌즈(드림렌즈)를 통해 근시 진행을 억제하는 것이 최선이다. 둘 다 안구 성장을 억제해 근시 진행 속도를 늦추는 방법이다. 근시 진행이 빠른 초등학교 때 치료받는 것이 가장 효과적이고, 중학생 이후에는 그 효용성이 줄어든다.

아트로핀은 자기 전에 한 방울씩 점안하는 안약이다. 드림렌즈보다 근시의 진행을 억제하는 효과가 조금 더 높지만 시력교정 효과가 없기 때문에 안경을 따로 착용해야 한다. 아트로핀의 동공 확장과 조절 마비 효과로 약간의 눈부심과 근거리 시력 저하가 부작용으로 발생할 수 있다. 드림렌즈는 자는 동안 착용하는 하드렌즈의 일종이다. 근시 억제와 더불어 안경을 벗을 수 있다는 장점이 있다. 하지만 하루 7~8시간 동안 착용해야 하기 때문에 수면 시간이 부족한 중고등학생은 충분한 효과를 보지 못할 수도 있다. 근시 진행이 매우 빠른 경우에는 두 가지 치료법을 병행한다. 최근에는 낮에 착용하는 소프트렌즈인 마이사이트MiSight 렌즈 역시 근시의 진행을 억제하는 효과가 있다고 보고되었다. 마이사이트 렌즈는 드림렌즈를 착용하기 어려운 고도근시 환자도 착용할 수 있다는 장점이 있지만 난시는 교정할 수 없다는 한계가 있다. 또한 근시 진행을 억제하는 안경 렌즈(마이오스마트MiYOSMART)가 출시되었지만 아직 임상 데이터는 충분하지 않다.

원시는 가까운 곳이 '덜' 보이는 상태다. 원시는 환자에게 설명하기 참 힘들다. 수정체를 조절하는 능력이 충분한 시기에는 원시가 있어도 가까운 곳이 잘 보이기 때문이다. 약간의 원시는 노안이 오기 전까지 특별한 불편함을 못 느끼고 안경을 쓸 필요도 없다. 이를 잠복원시latent hyperopia라고 한다. 대신 잠복원시가 있으면 낮 시간 동안 섬모체근이 긴장하고 있기 때문에 저녁이 되면 눈이 침침해진다고 자주 호소한다. 나이가 들면서 수정체의 조절력이 점점 줄어들면 잠복원시가 현성원시manifest hyperopia로 바뀐다. 그래서 또래 친구들보다 일찍 돋보기를 쓰게 된다. 이전까지 시력이 좋다고 자부하고 있었는데 남들보다 일찍 돋보기를 쓰게 되어 굉장히 실망하는 경우가 많다. 어린이에게서 심한 원시가 발견되었다면 주의 깊게 관찰해야 한다. 수정체의 조절력이 매우 좋아서 생활에 지장이 없을 수도 있지만, 조절력으로 극복할 수 있는 범위를 넘어서면 약시가 될 수 있다. 근시는 가까운 곳이 잘 보이기 때문에 시력 발달에 큰 지장을 주지 않지만, 심한 원시는 가까운 곳은 물론이고 먼 곳도 흐리게 보이는 상태이기 때문에 안경을 착용해야 약시를 예방할 수 있다.

원시는 각막과 수정체의 굴절력이 부족한 굴절성원시refractive hyperopia와 안구의 길이가 짧은 축성원시axial hyperopia로 나뉜다. 원시는 간혹 저절로 좋아지기도 하는데, 안구가 자연스럽게 성장하면서 축성원시가 줄어드는 것이다. 아직까지 원시를 치료할 방법은 없으며 아트로핀이나 드림렌즈도 원시에는 효과가 없다. 학업량이 많아질수록 가까운 곳을 보는 시간이 늘어나기 때문에 눈의 피로를 느낀다면 안경을 착용하는 편이 좋다.

난시는 눈으로 들어온 빛이 정확히 한 점으로 모이지 못하는 상태를 말한다. 우리말로 난시亂視는 왠지 난잡하고 혼란할 것 같아서 어감이 좋지 않은데, 우리 눈은 완벽한 대칭이 아니기에 약간의 난시가 있는 것은 자연스러운 상태다. 규칙난시regular astigmatism는 두 경선이 90도를 이루어서 안경으로 교정할 수 있는 경우이고, 불규칙난시irregular astigmatism는 두 경선이 90도를 이루지 않아서 안경으로도 교정할 수 없는 경우를 말한다. 직난시astigmatism with the rule, 도난시astigmatism against the rule, 경사난시oblique astigmatism는 모두 규칙난시인데, 더 가파른 경선이 각각 수직, 수평, 사선으로 있을 때를 지칭한다. 안구는 가로가 세로보다 조금 더 긴 타원형으로 누워 있는 계란 모양을 하고 있다. 그래서 대부분의 성인은 세로가 가파른 직난시를 가지고 있다.

신생아 때는 대부분 도난시를 가지고 태어났다가 4세경부터 직난시로 바뀐다. 성인기까지 쭉 직난시를 가지고 살다가 노년이 되면서 다시 도난시로 돌아간다. 정확한 원인은 밝혀지지 않았지만 신생아와 노인의 경우 눈꺼풀의 각막을 누르는 힘이 약하기 때문일 것으로 추정하고 있다. 난시의 증상은 사람마다 매우 다르다. 난시가 있으면 대개 시력이 떨어지지만 의외로 두통이나 어지러움, 눈의 피로를 호소하는 경우는 적다. 오히려 난시 안경을 착용하면 어지러움과 피로를 느끼는 경우도 있어 사람마다 개별적으로 접근해야 한다. 약간의 난시가 시력에 도움이 되는 경우도 있다. 경증 난시는 초점 심도(초점이 맺히는 범위)를 늘려서 넓은 범위를 볼 수 있게 도와준다. 1~2디옵터 이내의 난시는 먼

곳과 가까운 곳을 모두 적절히 볼 수 있어 안경 없이 생활하는 경우도 종종 보게 된다.

노안은 나이가 들면서 생기는 수정체 조절력의 감소로 나타난다. 보통 40대 중반부터 증상이 시작되며, 가까운 사물을 볼 때 점점 피곤함을 느끼게 된다. 노안은 근육이나 신경이 아닌 수정체 단백질의 노화로 인해 발생하기 때문에 누구에게나 비슷하게 진행된다. 원래 가지고 있던 굴절이상에 따라 증상을 느끼는 시점이 다를 뿐이다. 근시인 사람은 노안이 와도 상대적으로 불편함이 덜 하거나 안경을 벗으면 해결된다. 하지만 원시인 사람에게 노안이 오면 이중으로 안 보이기 때문에 돋보기 안경을 쓸 수밖에 없다. 노안은 질병이라기보다는 노화 과정이다. 하지만 사회경제적으로 왕성하게 활동할 시기에 느끼는 늙고 있다는 감각은 적잖은 충격으로 다가온다. 노안에 대해서는 다음 장에서 자세히 다루도록 하겠다.

토막 상식 왜 어떤 안경을 쓰면 어지러울까?

안경을 처음 쓸 때 어지럽다고 느끼는 경우가 종종 있다. 안경이 어지러운 이유는 크게 세 가지다. 첫 번째는 난시 안경에 의한 상의 왜곡이다. 전문 용어로는 경선부등상시meridional aniseikonia라고 한다. 직난시 안경은 사물이 세로로 길쭉하게 보이게 하고, 도난시는 가로로 길쭉하게 보이게 한다. 경사난시는 난시축astigmatic axis 방향으로 사물을 기울어져 보이게 한다. 만약 오른쪽과 왼쪽 눈의 난시축이 다르다면 양쪽 눈으로 들어오는 사물의 기울어진 방향이 다르기 때문에 더욱 어지러움을 느끼게 된다. 어떤 사람들은 안경을 쓰면 시력이 잘 나오는데도 맨눈으로 지내기도 한다. 어지럽고 피곤한 안경을 쓰느니 차라리 흐릿하게 보

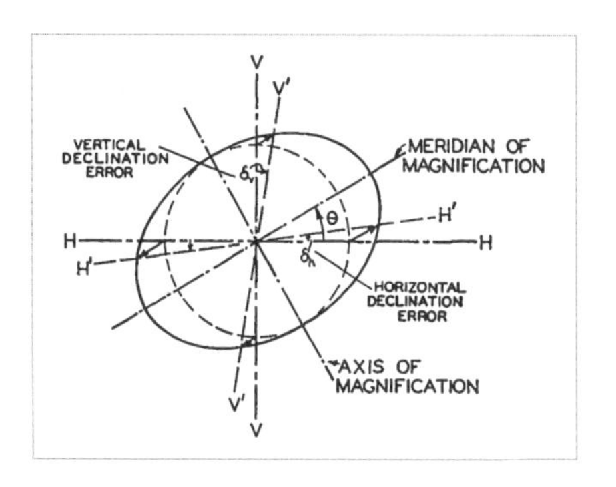

그림 84 안경 렌즈는 상의 크기를 변화시킨다. 난시 렌즈는 빛이 들어오는 경선에 따라 변화율이 달라 상의 모양을 왜곡시킨다.

는 편을 더 선호하는 것이다. 성인의 경우 시력이 나쁘다고 반드시 안경을 써야 하는 것은 아니지만 개인적으로 쓰는 것을 추천한다.[24] 이렇게 시력이 좋지 않은데도 안경을 쓰지 않는 환자들은 라식과 라섹 같은 시력교정술을 받으면 높은 만족감을 표현한다.

그림 85 양쪽 시력이 다르면 안경의 양쪽 도수도 달라진다. 이 때문에 양쪽 눈에 맺히는 상의 크기가 달라져 어지럼증이 발생할 수 있다.

안경이 어지러운 두 번째 이유는 짝짝이 안경에 의한 부등상시(굴절부등)다. 이는 안경에 의해 양쪽 눈으로 들어오는 상에 크기 차이가 생겼을 때 일어나는 현상이다. 심한 부등시anisopia(짝눈)라도 안경을 쓰지 않는다면 어지럽지 않다. 뇌가 시력이 좋은 눈에 맺힌 상은 명확히 인식하지만 시력이 나쁜 눈에 맺힌 불명확한 상은 무시하기 때문이다. 그런데 안경을 써서 두 눈에 맺히는 상이 명확해지면 양쪽 눈이 인지하는 상의 크기에 차이가 난다. 근시를 교정하는 오목렌즈는 망막에 맺히는 상을 작게 만들고, 원시나 노안을 교정하는 볼록렌즈는 망막에 맺히는 상을 크게 만든다. 안경 도수가 아무리 높아도 양쪽 눈의 도수가 비슷하면 그에 따른 상의 크기 변화도 비슷하기에 어지럼증이 생기지 않는

---

24 흐릿한 시력으로 세상을 보면 우리 뇌는 시각 정보 처리에 더 많은 에너지를 사용해야 하기 때문에 집중력과 기억력 같은 기능이 떨어질 수 있다. 백내장 때문에 시력이 나빠지면 치매가 더 빨리 온다는 연구 결과도 있다.

부등상Aniseikonia

- 확대율(%) = {1/(1-dl)} × {1/(1-t×BC/n)

d: 정점간 거리(m) L: 렌즈 돗수(D)
t: 렌즈 두께(m) BC: 렌즈의 전면 도수(D) n: 렌즈의 굴절률

- 부등상을 줄이기 위한 방법

플러스 렌즈	마이너스 렌즈
정점간 거리 줄인다	정점간 거리 줄인다
얇은 렌즈 사용	두꺼운 렌즈 사용
굴절률이 높은 렌즈 사용	굴절률이 낮은 렌즈 사용

그림 86 부등상은 양쪽 눈에 맺히는 상의 크기가 다른 상태다.

다. 하지만 양쪽 눈의 도수가 2디옵터 이상 차이가 나면 불편함을 느낀다. 안경에 의한 상의 크기 변화를 '안경 확대율spectacle magnification'이라고 한다. 상의 확대와 축소는 대략 1디옵터당 1퍼센트 정도인데, 두 눈에 들어오는 상의 크기가 3퍼센트 이상 차이가 나면 상이 맺히지 못하는 장애가 발생한다. 이런 부등시 안경을 쓰면 난시 교정용 안경을 쓸 때처럼 시력은 잘 나오지만 눈이 항상 피곤하고 어지럽다.

따라서 안경을 처방할 때는 이런 부등상aniseikonia을 줄이기 위해 노력해야 한다. 근시 안경의 경우 두꺼운 렌즈를 사용하면 부등상이 줄어들지만 미용상으로 보기에 좋지 않다. 정점 간 거리vertex distance를 줄이는 것도 부등상을 줄일 수 있는 방법이다. 정점 간 거리란 안경 렌즈 뒷면부터 각막 정점까지의 거리다. 예를 들어, 안경을 콧잔등에 내려 쓰

면 정점 간 거리가 길어진다. 따라서 본인 얼굴형에 잘 맞는 안경테를 골라서 렌즈를 눈에 가까이 하면 부등상을 줄일 수 있다. 콘택트렌즈를 착용하면 정점 간거리를 '0'으로 만들 수 있기 때문에 부등상 문제가 해결된다. 가끔 고도근시 안경을 착용하던 사람이 콘택트렌즈를 끼면 "손바닥이 커 보여요"라고 하는데, 사실은 그동안 안경 때문에 정점 간 거리가 길어서 물체가 작게 보였던 것이다. 이렇게 하면 거울 속 안경을 벗은 자신의 얼굴까지 더 커 보인다는 단점도 있다.

안경이 어지러운 마지막 이유는 프리즘 효과 때문이다. 원시를 교정하는 볼록렌즈는 삼각 프리즘 두 개의 기저base를 붙여 놓은 효과가 있어서 빛의 진행 경로를 안쪽으로 꺾는다. 반대로 근시를 교정하는 오목렌즈는 프리즘 두 개의 꼭지apex를 붙여놓은 효과가 있어서 빛의 진행 경로를 바깥쪽으로 꺾는다. 만약 한쪽에는 원시, 다른 한쪽에는 근시 도수의 안경을 처방하면 양쪽 렌즈에서 발생하는 서로 다른 프리즘 효과 때문에 사시가 생긴 것과 비슷한 상태가 된다. 이것이 안경으로 인한 부등사위anisophoria다. 이런 안경을 쓰면 부등상시와 부등사위 효과가 함께 발생해 매우 어지럽다. 성인들은 대부분 적응하기 힘들어하기 때문에 가급적 도수를 완전히 넣되, 안경을 처방하기 전에 어지럽지 않을지 안경을 끼고 충분히 걸어보게 하면서 도수를 조절한다. 반대로 초등학생 이하 어린이들은 적응력이 뛰어나서 양쪽 도수가 달라도 도수를 완전히 넣어서 처방한다.

#4 누구도 피할 수 없는 노안

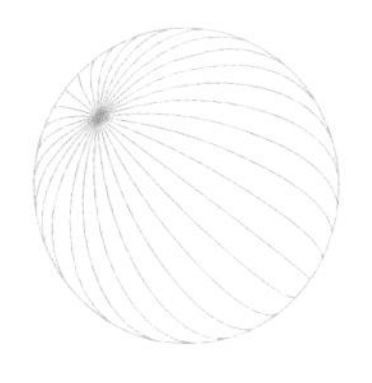

앞서 설명한 것과 같이 우리 눈은 아주 우수한 자동 초점 기능을 지녔다. 산 정상에서 탁 트인 경치를 감상하다가도 순식간에 시선을 옮겨 손목의 시곗바늘을 확인할 수 있는 것이 그 예다. 우리 눈의 자동 초점 기능은 수정체 덕분에 이루어질 수 있다. 수정체는 수정처럼 투명한 단백질 조직이자 빛을 굴절시켜 망막에 초점이 맺히도록 도와서 볼록렌즈 같은 역할을 한다. 이 수정체는 섬모체 소대에 의해 섬모체근에 연결되어 있다. 우리 팔다리가 근육-인대-뼈의 연결로 움직이는 것처럼 섬모체근-섬모체 소대-수정체의 연결이 수정체의 두께를 조절한다. 멀리 볼 때는 섬모체근의 힘이 빠지면서 섬모체 소대가 팽팽해지고 수정체가 얇아진다. 반대로 가까이 볼 때는 섬모체근에 힘이 들어가면서

그림 87 수정체에 연결된 섬모체 소대를 찍은 사진.

섬모체 소대가 느슨해지고 수정체는 두꺼워진다. 우리가 의식하지 않아도 조절 기능을 통해 응시하고자 하는 사물에 순식간에 초점을 맞춰주는 것이다.

하지만 수정체 조절 기능은 40대 중반부터 서서히 떨어진다. 수정체는 65퍼센트의 수분과 35퍼센트의 단백질로 구성되어 있는데, 수정체 단백질은 노화에 따라 서서히 경화sclerosis된다. 말랑한 상태에서 점차 딱딱해지는 것이다. 그리고 수정체는 아주 느린 속도로 성장한다. 발생학적으로 피부, 머리카락, 손톱과 같은 외배엽ectoderm 기원이기 때문에 매년 0.02밀리미터씩 성장해 10대에는 3.5밀리미터 정도인 수정체 지름이 70대에는 5밀리미터 이상이 된다. 이렇게 수정체가 딱딱하고 뚱뚱해지면 섬모체근이 아무리 수축해도 수정체 두께를 조절할 수

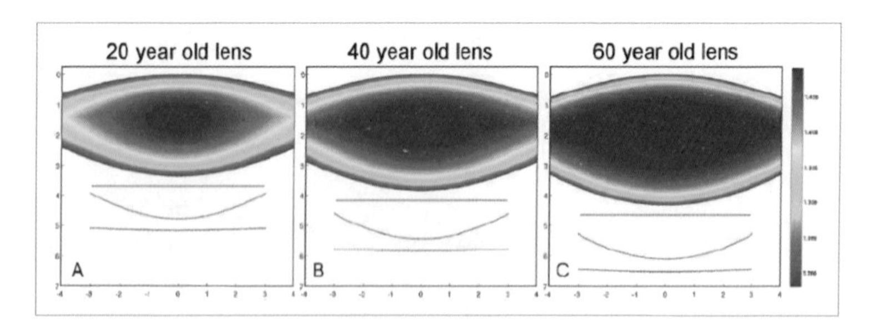

그림 88 수정체는 나이가 들수록 두꺼워지고 딱딱해진다.

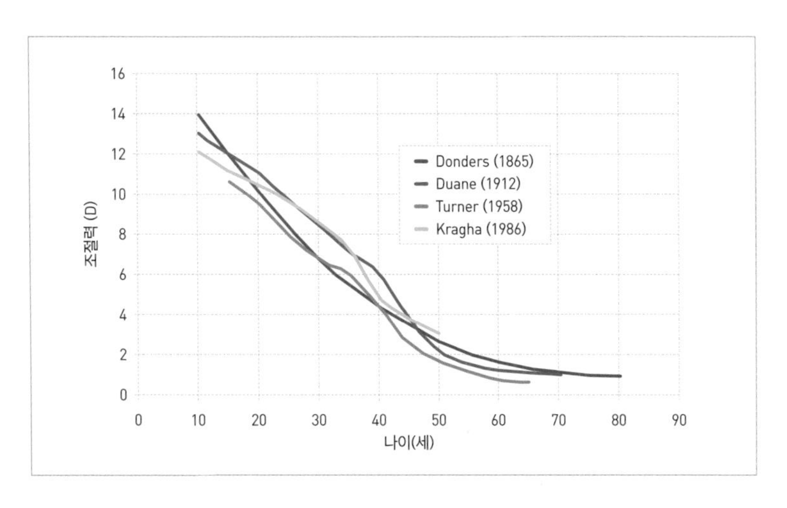

그림 89 나이에 따른 수정체 조절력의 변화를 나타낸 그래프.

없게 된다. 그래서 가까운 곳을 볼 때 눈이 흐려지거나 쉽게 피로해진다. 가끔 섬모체근의 기능이 떨어져서 노안이 발생한다는 설명이 보이는데, 이는 잘못된 정보다. 섬모체근은 나이가 들어도 기능이 거의 떨어지지 않는다. 노안은 순수하게 수정체 자체의 문제이기 때문에 노안을 막는 '눈 운동'이나 '훈련'은 존재하지 않는다.

수정체의 노화는 10대 때부터 시작된다. [그림 89]는 여러 시대의 연구자들이 연령대별 수정체 조절력의 변화를 정리한 것인데, 여기서 흥미로운 사실들을 찾아낼 수 있다. 첫 번째는 조절력 저하는 10대 때부터 이미 시작된다는 점이다. 흔히 생각하는 것처럼 노화는 중년 이후에 갑작스럽게 찾아오는 변화가 아니라 꾸준히 감소하는 연속적인 과정인 것이다. 두 번째는 19세기 중반과 20세기 후반의 조사 결과가 매우 흡사하다는 점이다. 그 사이에 평균 수명과 건강 및 영양 상태가 많이 향상되었음에도 불구하고 수정체의 노화 속도에는 거의 차이가 없다. 마지막으로 100세 시대라는 말이 어색하지 않은 요즘에는 인생의 절반 이상을 노안인 채로 살아가야 한다는 점이다.

노안은 비단 인간에게만 찾아오는 현상은 아니다. 침팬지와 함께 인간과 가장 비슷한 영장류인 동물은 아프리카 콩고에 사는 보노보다. 야생 보노보의 털 고르기 장면을 분석한 결과, 나이를 먹을수록 털 고르기의 작업 거리가 늘어난다는 사실을 알게 되었다. 보노보의 나이에 따른 털 고르기 거리를 그래프로 만들어 보니 인간의 수정체 조절력 저하 그래프와 놀라울 정도로 비슷한 모습을 보였다.

우리가 실제로 노안을 느끼는 시기는 40대 중반 무렵이다. 10대에 14디옵터였던 수정체 조절력은 꾸준히 감소해 40대 중반에 3.5디옵터가 된다. 3.5디옵터를 초점 거리로 환산하면 28센티미터인데, 이는 평균 팔 길이를 가진 사람의 독서 거리다. 조절력이 3.5디옵터 미만으로 떨어지면 책을 읽기 힘들어지면서 노안이 왔다고 느끼게 된다. 이런 노안을 자연스럽게 받아들이는 사람도 있고, 대학병원까지 찾아오는 사람도 있다. 40대 중반은 사회·경제적으로 가장 활발하게 활동하는 시기다. 40대 중반에 자신이 '늙었다'라는 사실을 자연스럽게 받아들일 수 있는 사람이 과연 얼마나 될까? 특히 요즘에는 스마트폰 해상도가 높아지면서 글자가 예전보다 작아졌다. 그래서 노안을 느끼는 시기가 예전보다 더 빨라진 것 같다.

40대 중반이 지났는데도 아직 돋보기가 필요 없다면 노안이 유난히 늦게 오는 것이 아니라 약간의 근시나 난시를 가지고 있을 것이다. -1~2디옵터 이내의 약한 근시는 노안을 상쇄하며 원거리에 있는 물체도 어느 정도 볼 수 있다. 이런 사람들은 야간 운전이 아니라면 안경 없이 생활할 수 있기에 '황금 근시golden myopia'라고 불리기도 한다. 약간의 난시도 노안에 도움이 된다. 1~2디옵터 이내의 근시성 난시는 원거리와 근거리를 적당히 볼 수 있게 만들어 준다.

반대로 원시가 있으면 노안을 더 빨리 느끼게 된다. 원시는 항상 조절력을 사용해 사물을 보는 상태이기 때문에 수정체 조절력이 똑같이 떨어져도 시력 저하를 더 빨리 느낀다. 노안이 생긴 원시 환자들은 생전 처음 느끼는 시력 저하에 심리적인 충격을 받는다. 평생 눈이 좋다고 자부하며 살아왔는데 친구들보다 일찍 돋보기를 쓰게 되었다는 사실에 좌절하는 경우를 자주 본다. 꼭 노안이 아니더라도 원인을 알 수 없는 눈의 피로를 호소하는데, 이를 조절성 안정피로accommodative asthenopia라고 한다. 항상 조절력을 사용한다는 것은 섬모체근이 계속 긴장 상태에 있다는 뜻이다. 그래서 조절력을 덜어주는 돋보기를 쓰면 눈의 피로가 줄어든다. 초기 노안 환자를 진료할 때는 언제부터 돋보기를 쓸 것인지에 대해서도 상담한다.

노안은 시기만 다를 뿐 누구에게나 찾아온다. 노안의 초기 증상은 다양하게 나타난다. '근거리에서 원거리로 초점을 맞추는 데 시간이 한참 걸린다', '책을 읽을 때 글이 흐리게 보이거나 눈이 쉽게 피로해진다',

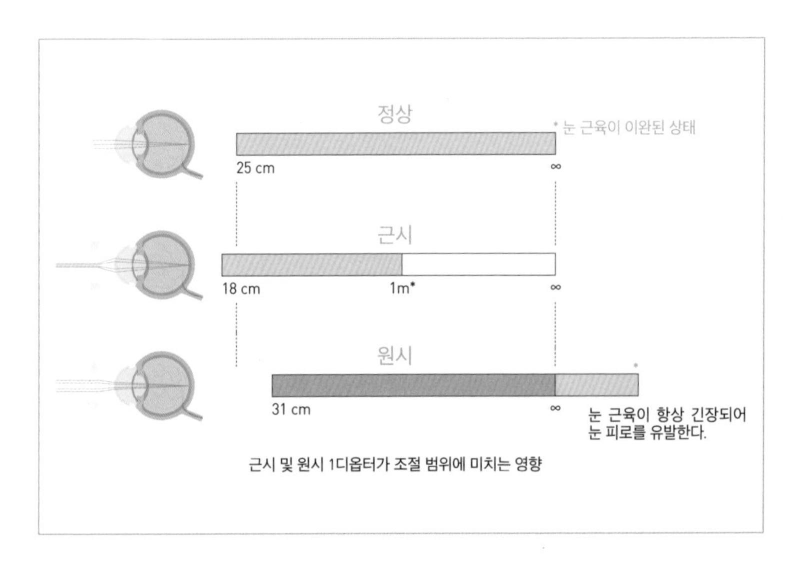

그림 90 근거리 25센티미터까지 초점을 맞출 수 있는 정시안과 똑같은 조절력을 가졌다고 가정하면 1디옵터의 근시안은 18센티미터, 1디옵터의 원시안은 31센티미터까지 초점을 맞출 수 있다. 근시안은 1미터가 넘는 원거리는 잘 안보이고, 원시안은 원거리를 보기 위해 항상 조절력을 사용해야 한다.

'업무를 볼 때 집중하기 어렵고 졸리다', '모니터를 멀찍이 두고 보는 것이 편하다', '저녁이 되면 자주 머리가 무겁다' 등이 초기 노안 환자들이 호소하는 증상이다. 전 세계 인구는 점점 고령화되고 있으며, 특히 선진국일수록 그 속도가 빠르다. 누구에게나 반드시 노안이 생기며 전자 기기 사용이 늘면서 화면을 가까이 보아야 할 일도 많아지고 있다. 그러다보니 최근에는 돋보기 없이 노안을 극복하고자 하는 사람들이 점점 늘고 있다. 현재 시행 중인 다양한 노안 교정 방법에 대해서는 뒤에서 다루어 보겠다.

#5 눈의 탄생과 진화

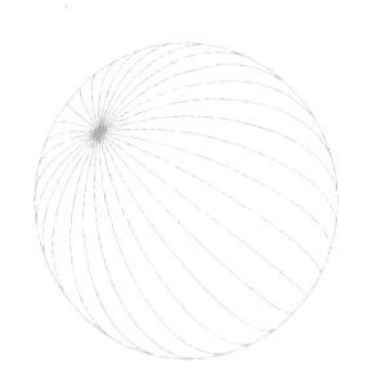

인간이라면 누구에게나 맹점이 있다. 맹점은 망막에서 시각 신경을 이루는 신경섬유가 다발로 모여 안구를 빠져나가는 구멍이다. 빛을 감지하는 시세포는 망막의 가장 안쪽에 위치하고 있다. 빛을 감지한 시세포가 만든 전기 신호는 신경섬유를 타고 망막 위쪽으로 올라온다. 망막 표면까지 올라온 신경섬유는 한데 모여 시신경이라는 두꺼운 다발을 만들고, 망막의 2밀리미터 정도 되는 큰 구멍인 맹점을 뚫고 빠져나간다. 맹점에는 시세포가 없기 때문에 이곳에 상이 맺힌 사물은 볼 수가 없다. 또한 신경섬유가 망막을 위쪽으로 당기는 셈이라서 가벼운 충격에도 쉽게 망막이 떨어지는 망막박리retinal detachment가 발생한다. 망막박리는 영구적인 시력 손상을 일으킬 수 있기 때문에 안과에서 응급 수술이 필요하다.

질긴 안구 가죽(공막)의 비좁은 틈으로 수많은 신경섬유가 통과하다 보니 망막은 조금만 압력을 받아도 손상된다. 이것이 바로 소리 없는 실명이라고 하는 녹내장glaucoma이다. 녹내장은 평생 안압을 관리해야 하는 고약한 질병이다. 망막 혈관은 시신경을 통해 눈 속으로 들어와 망막 위에 위치한다. 망막 혈관에 조금이라도 출혈이 생기면 망막 위에 커다란 그림자를 만들어 심각한 시각장애가 생긴다. 조금이라도 깨끗한 빛을 받아보겠다고 혈관까지 포기한 각막을 생각하면, 망막 위에 떡하니 올려져 있는 혈관 배치는 실로 어처구니없다. 게다가 시세포가 가장 많이 밀집되어 있는 황반 부위에는 정작 혈관이 없다. 황반은 확산 현상을 통해 주변에서 산소와 영양분을 공급받아서 이 문제를 해결한다.

이렇듯 인간의 눈은 굉장히 불완전하다. 알면 알수록 기묘한 구조이고, 잘못된 설계로 인한 손해가 막심해 보인다. 시신경이 망막 안쪽에 존재해서 망막이 시신경으로 가는 길을 막고 있는 셈이다. 이를 역망막inverted retina이라고 한다. 만약 누군가 이런 구조로 카메라를 설계했다고 하면 믿을 수 있을까? 카메라의 필름에 해당하는 CCD 센서 위쪽으로 배선을 올리고 굳이 센서에 구멍을 뚫어서 다시 아래쪽으로 선을 뺀 것이다.

인간의 눈은 왜 이렇게 불합리한 구조로 만들어졌을까? 그 이유는 최초의 눈이 피부밑에 있던, 빛에 민감한 세포에서 발생해 진화했기 때문이다. 40억 년 전 초기 생명체가 살았던 바다를 생각해 보자. 단세포 생물이 바다에 둥둥 떠다니고 있었을 것이다. 눈을 가진 생물이 없었기 때문에 아무것도 보이지 않는 게 당연한 세상이었다. 어느 순간 DNA 복제 과정에서 미세한 오류가 일어나 빛을 흡수하는 단백질 분자를 가지게 된 생물이 생겼다. 이 돌연변이 생물은 빛을 감지하고 밤낮을 구분하게 되었다. 눈의 진화에서 첫 번째 단계인 안점eye spot이 생긴 것이다. 이는 단세포 생물이나 일부 무척추동물에게 있는 가장 간단한 시각기관이다. 사물을 본다기보다는 어둡고 밝은 정도만 느낄 수 있는 원시적인 눈이다.

두 번째 단계로 시세포가 피부 안쪽으로 오목하게 들어가는 과정pigment cup eyes이 일어난다(달팽이). 이 단계가 되면 빛의 방향을 알 수 있다. 사물을 분간하기에는 부족하지만 어느 쪽에서 빛이 들어오는지 방향을 알 수 있게 된다. 밝은 곳을 찾아갈 수 있고 천적의 그림자를 알아보는 능력은 생존 경쟁에서 어마어마한 강점이 되었을 것이다. 세 번째 단계는 핀홀 눈이다(전복). 움푹 들어간 시세포 앞쪽은 피부가 거의 다 덮어 버리고 바늘구멍(핀홀)과 같은 아주 작은 구멍만 남는다. 드디어 바늘구멍으로 들어온 빛이 상을 맺게 되어 사물의 형체를 인지할 수 있는 수준이 된다. 구멍이 크면 빛이 많이 들어올 수 있지만 초점을 맺을 수가 없어 선명도가 떨어진다. 우리가 눈을 찌푸리면 조금 더 선명하게 볼 수 있는 것처럼 핀홀 눈이 되면 시야가 조금 더 선명해지는 효과가 나타난다. 네 번째 단계에서는 바늘구멍이 완전히 닫히고 투명한 피부가 그 위를 덮는다(눈알고둥). 그리고 눈 속의 빈 공간을 체액으로

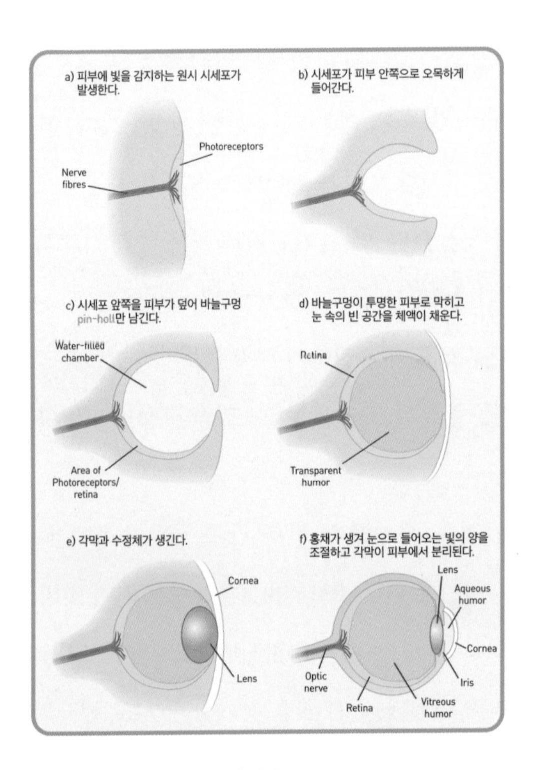

그림 91 여섯 단계의 눈의 진화.

채운다. 이렇게 되면 공기의 흐름에 따라 상이 흔들리는 현상이 사라져 사물의 형체를 일정하게 볼 수 있다. 하지만 아직 사물이 얼마나 떨어져 있는지는 가늠할 수 없다. 다섯 번째 단계에서는 눈을 덮고 있던 피부가 각막으로 분화하고 눈 속에는 수정체가 생긴다(대서양고둥). 수정체는 눈으로 들어온 빛을 더 모아줄 뿐만 아니라 원거리와 근거리를 볼 때 두께를 조절하면서 초점 거리를 조정한다. 이에 따라 물체까지의 거리도 대강이나마 알 수 있게 된다. 마지막 단계에서는 수정체와 각막

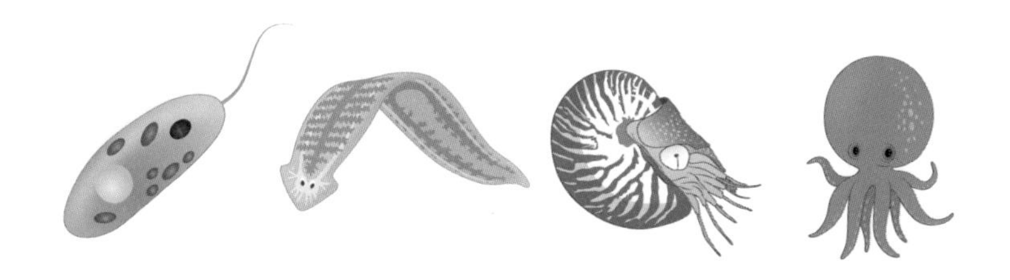

그림 92 눈이 진화할수록 빛이 들어오는 방향을 정확하게 가늠할 수 있다.

사이에 홍채가 생기고, 홍채는 빛의 세기에 따라 눈 속으로 들어오는 빛의 양을 조절하는 조리개 역할을 하게 된다. 홍채가 있으면 주변 밝기가 변해도 시력을 일정하게 유지할 수 있게 도와준다. 이제 본격적으로 세상을 볼 수 있게 된 것이다.

눈의 발생은 진화의 역사에서 매우 중요하다. 아무리 지구가 태양광이 넘치는 세상이라고 해도 빛을 감지하는 기관이 없다면 생물에게 큰 의미가 없다. 눈이 있어야 빛을 볼 수 있고 비로소 '불이 켜지게' 되는 것이다. 태양은 지구가 탄생할 때부터 존재했지만 수많은 생명체를 진화시킨 원동력은 빛을 감지하는 '눈'이었다. 이것이 앤드루 파커Andrew Parker(1967~)의 '빛 스위치 이론Light Switch Theory'이다. 약 40억 년 전, 최초의 생물이 발생한 이후 30억 년 동안 생물의 진화는 매우 지난했다. 지구의 전체 역사를 1년으로 압축하면, 3월 말경에 최초의 생물이 발생했지만 11월 말까지 큰 변화가 없는 날이 지루하게 이어지고 있었다.

5억 5,000만 년 전 지구의 바다는 뇌가 없는 활유어amphioxus가 지배하고 있었다. 활유어의 삶은 매우 단순했다. 바닷속을 헤엄치다가 작은 생물이 입으로 들어오면 먹기만 하면 되었다. 빛을 희미하게 감지하는 세포만 몇 개 있을 뿐이었다. 하지만 지구가 캄브리아기로 접어들면서 5억 4,300만 년 전에서 5억 3,800만 년 전까지의 500만 년, 지구의 역사로 보면 하룻밤에 불과한 시간 동안 수많은 생물이 폭발적으로 진화했다. 이 현상을 '캄브리아기 대폭발Cambrian explosion'이라 부른다. 단순한 구조의 다세포 유기체였던 생물은 오늘날과 비슷한 수준으로 복잡하고 다양해졌다. 캄브리아기 이전 세 개의 문門, phylum[25]에 불과했던 생물이 38개의 문으로 늘어났고, 그 후로 5억 년이 지난 지금까지 38개 문이 그대로 유지되고 있다.

이렇게 폭발적인 진화가 일어난 계기는 바로 사냥이다. 눈이라는 감각기관이 발달한 돌연변이가 등장하더니, 이 돌연변이 생물이 다른 생물을 감지하고 능동적으로 잡아먹기 시작한 것이다. 사냥이 본격화되자 지구는 위험한 곳으로 변했다. 먹는 쪽이든 먹히는 쪽이든 조금 더 정교한 감각기관을 가진 쪽이 살아남았고, 이에 따라 자연선택이 진행되었다. 감각계의 발달은 운동신경의 발달로 이어졌다. 사냥하거나 도망치는 움직임이 점점 정교해졌고, 이를 제어하기 위한 뇌가 발달했다. 먹고 먹히는 캄브리아기의 삶이 진화를 촉발한 것이다. 바로 눈의 탄생이 생물 다양성을 만들어 낸 원동력인 것이다.

사실 다세포 생물의 안점이 우리의 정교한 눈으로 진화했다는 것은

25 생물 분류 단위의 하나. 계-문-강-목-과-족-속-종

직관적으로 받아들이기 힘들다. 이에 대해 성공회 신부 윌리엄 페일리William Paley(1743~1805)는 『자연신학Natural Theology』이라는 책에서 사람의 눈을 시계에 비유했다. 예를 들어, 황야를 거닐다가 돌멩이 하나와 시계 하나를 발견했을 때 돌멩이는 단순한 자연의 일부로 간주할 수 있다. 하지만 누구나 그 시계는 자연의 일부가 아니라 지능을 가진 그 누군가가 만든 것임을 짐작할 수 있다. 페일리는 시계와 마찬가지로 인간의 눈과 같이 복잡한 기관은 우연한 자연의 산물이 아니라 어떤 존재에 의해 의도적으로 설계되었다고 주장했다.

진화론의 아버지 찰스 다윈Charles Darwin(1809~1882)이 신학자 윌리엄 페일리의 팬이었다는 사실은 약간 의아하게 들릴 수 있다. 찰스 다윈은 에든버러대학교 의학과를 중퇴한 후, 1827년에 아버지의 뜻에 따라 케임브리지대학교 신학과에 들어갔다. 그때 그는 70년 전 윌리엄 페일리가 크라이스트 처치 칼리지에서 머물렀던 방에 배정되었다. 신학과에서는 페일리의 자연신학을 가르쳤기 때문에 다윈은 자연신학에 깊은 감명을 받았다고 한다. 다윈은 윌리엄 페일리의 자연신학이 유클리드 기하학만큼 그에게 많은 기쁨을 주었다고 고백했다. 하지만 결국 다윈은 1859년에 『종의 기원On the Origin of Species』에서 윌리엄 페일리의 질문에 대해 과학적인 해답을 제시했다.

"논란의 여지조차 없겠지만, 만약 기나긴 시간이 흐르는 동안 생활 환경이 다양하게 변화하는 가운데 생물의 조직 일부에서 어쨌든 변화가 일어났다고 해보자. 이 역시 논란의 여지가 없다는 것이 확실하지만, 만약 종이 기하급수적으로 증가하는 매우 강력한 힘으로 인해 어떤 시기, 계절 또는 어느 해에 심한 생존 투쟁을 겪었다고 해보자. 그리고 개체 상호간, 개체와 환경간에 존재하는 극도로 복잡한 관계가 개체의 구조, 체질, 습성을 극도로 다양하게 만들어 개체들에게 이득을 주는 경우를 생각해 보자. 이 모든 상황을 고려할 때, 인간에게 유용한 변이가 여러 차례 발생했던 것과 마찬가지의 방식으로 개체 자신의 생존에 도움이 될 만한 변이가 단 한 번도 나타나지 않았다고 한다면, 그것이야말로 참으로 이상한 일이라고 할 수 있다. 만일 어떤 개체들에게 유용한 변이들이 실제로 발생한다면, 그로 인해 그 개체들은 생존 투쟁에서 살아남을 좋은 기회를 가질 것이 분명하다. 또한 대물림의 강력한 원리를 통해 그것들은 유사한 특징을 가진 자손들을 생산할 것이다. 나는 이런 보존의 원리를 간략히 자연 선택이라고 불렀다."

다윈은 윌리엄 페일리가 "어떻게 이렇게 복잡한 세상이 존재할 수 있는가?"라고 질문했던 문제에 대해 "초자연적이고 위대한 마음과 존재가 설계한 것이 아니라 목적도 마음도 없는 저열한 존재들이 생존을 위해 경쟁하고 협동하다 보니 현재 우리가 보는 세상이 탄생한 것이다"라고 답변했다. 당시의 종교관을 고려했을 때 다윈의 생각은 굉장히 위험한 생각이었음이 틀림없다. 우리의 존재에 '목적'이 없다고 하면 얼마나 삭막하고 허무한가? 생명은 단지 살아남아서 유전자를 후손에게 전달하기 위해 존재할 뿐이다.

리처드 도킨스Richard Dawkins(1941~) 역시 『눈먼 시계공The Blind Watch-

그림 93 윌리엄 페일리의 자연 신학과 찰스 다윈의 진화론.

maker』에서 페일리의 주장에 반대 의견을 제시했다.[26] 이 책의 제목은 페일리의 시계공 비유에 대한 일종의 패러디로, 도킨스의 위트와 유머 감각을 느낄 수 있다. 도킨스는 "생명을 설계하고 창조한 시계공이 있다면 그것은 바로 자연선택이며, 이 자연선택은 계획이나 의도 따위는 가지지 않는 눈먼 시계공"이라며 반박했다. 이런 주장을 펼치다 보니 도킨스의 본업은 생물학자이지만 대중에게는 무신론자로 더 유명하다.

그런데 다윈 역시 『종의 기원』에서 "내가 고백하건대, 초점과 빛의

26 리처드 도킨스는 대표적인 전투적 무신론자militant atheist로 평가받는 인물이다. '전투적'이란 일반적인 무신론자처럼 종교에 관심을 두지 않는 것이 아니라 논쟁과 강의를 통해 적극적으로 무신론을 설파하는 것을 말한다.

양을 조절할 수 있으며 구면수차와 색수차를 보정할 수 있는, 모방이 불가능한 발명품인 눈이 자연선택에 의해 형성되었을 것이라는 것은 말이 안 되는 것 같다"라고 서술한 바 있다. 이 부분은 창조론자들에게 다윈마저 진화론을 부정했다고 인용되고 있는 부분이다. 하지만 눈은 화석이 거의 존재하지 않기에 다윈이 살던 시대까지 축적된 지식만으로는 눈의 진화를 설명하기가 어려웠을 것이다. 최근에는 많은 연구가 누적되면서 눈의 형성 과정을 진화로 충분히 설명할 수 있다.

1994년에 닐슨Dan-Eric Nilsson(1954~)과 펠저Susanne Pelger는 오목눈pit eye에서 한방눈single chambered eye으로의 진화에 대한 수학적 모델을 발표했다. 두 사람은 생물학자가 아니라 컴퓨터 과학자다. 이 두 사람은 원시 눈을 모방해 세 겹의 가상 피부를 가지고 모의실험을 실시했다. 맨 아래층은 착색한 세포층이고, 그 위는 빛을 느끼는 세포층, 그 위는 반투명한 세포층으로 보호막을 씌운 형태였다. 모든 세포는 크기와 두께에 영향을 미치는 작은 돌연변이를 겪었다. 한 차례의 돌연변이가 일어나면 수학 계산 모델은 가까운 물체가 그 판 위에 만들어 내는 상의 공간 해상도를 계산했다. 만일 한 차례의 돌연변이로 해상도가 개선되었다면 그 돌연변이는 다음 차례의 출발점이 되었다.

실제 진화에서도 그렇듯이 돌연변이에는 어떤 '설계'나 '의도'는 없었다. 이 모의실험에서 샌드위치 같았던 세 겹의 세포층은 복잡한 눈으로 진화하는 만족스러운 결과를 낳았다. 세 겹의 판은 움푹 들어간 다음 컵처럼 깊어졌고, 반투명한 세포층이 컵 안을 채울 정도로 두꺼워지고 볼록해지면서 각막을 만들어 냈다. 투명한 충전물 안에는 굴절률이 더 높은 둥근 렌즈가 정확히 생겨났다. 아무런 의도 없이 일어난 돌연변이가 물고기의 눈과 같은 광학적 특성을 가진 눈으로 진화에 성공한 것이다. 이런 눈이 형성되기까지 시간이 얼마나 걸리는지를 추정하기 위해 실험 조건을 엄격하게 설정했다. 한 세대에는 한 부분에서만 돌연변이가 일어나게 제한했고 2,000세대마다 조직의 너비와 길이, 굴절률 등이 1퍼센트씩 변한다고 가정했다. 그럼에도 납작한 피부가 물고기 수준의 눈으로 진화하기까지는 고작 40만 세대밖에 걸리지 않았다. 대부분의 원시 생물은 한 세대가 1년 미만이다. 한 세대를 1년이라고 가정해도 40만 년이면 충분하다는 뜻이다. 이는 인간에게는 상상하기 힘든 긴 시간이지만 지구의 역사를 생각하면 찰나에 불과한 시간이다. 최초의 눈이 5억 4,300만 년 전에 발생했으니 우리 눈이 아무리 복잡하다고 한들 시간이 부족했을 것 같지는 않다. 다른 자연 현상과 달리 진화를 이해하려면 거대한 시간 개념이 필요하다. 겨우 수십 년만 경험하는 인간이 수백만 년에서 수억 년에 달하는 지질학적 시간을 직관적으로 이해하기란 쉬운 일이 아니다.

인간의 눈이 완벽하지 않은 이유는 이런 진화의 역사가 있기 때문이다. 진화에는 역사적 또는 계통적 제약historical and phylogenetic constraint이 있다. 조상으로부터 물려받은 눈이 마음에 들지 않는다고 해서 하루아침에 바꿀 수는 없다. 벨기에의 고생물학자 루이 돌로Louis Dollo(1857~1931)는 모든 생물은 선조가 진화해 온 토대 위에서 진화하므로 선조의 흔적을 고스란히 가지고 있을 수밖에 없다고 지적하면서 진화의 결과는 되돌릴 수 없다고 주장했다. 이를 '진화 불가역의 법칙Dollo's law of irreversibility'이라고 한다. 1965년에 노벨 생리의학상을 수상한 프랑스의 유전학자 프랑수아 자코브François Jacob(1920~2013)는 『가능과 실제The Possible and the Actual』에서 이 같은 자연선택의 모습을 '진화적 땜질evolutionary tinkering'이라고 표현했다. 조상에게 물려받은 불완전한 신체를 어떻게든 고쳐보려고 나름대로 애써왔다고 보았다.

재미있는 사실은 인간보다 더 합리적인 구조의 눈을 가진 동물이 있다는 것이다. 오징어나 문어 같은 두족류다. 인간의 눈과 오징어의 눈은 전혀 다른 방식으로 진화했음에도 불구하고 비슷한 구조와 기능을 가지게 되었다. 오징어의 눈은 인간의 눈보다 더 우수한 설계를 보이고, 인간과 반대로 외번망막everted retina을 가지고 있다.[27] 빛을 감지하는 시세포와 신경섬유, 시신경이 차례대로 연결되어 있어 맹점이 존재하지 않는다. 망막박리나 녹내장도 인간보다 적을지도 모른다. 오징어의 눈은 설계의 관점에서 봤을 때 보다 합리적이고 효율적인 구조다. 현대에 들어오면서 자연신학자들은 창조론의 다른 이름인 '지적 설계intelligent design'라는 새로운 주장을 들고나왔다.[28] 그들은 환원 불가

27 하지만 두족류의 눈은 색을 감지하는 능력이 없다. 두족류의 시세포는 감간분체로 간상세포나 원추세포가 아니다. 또한 시각 색소의 수가 적고 종류도 한 개밖에 없어 색을 감지할 수 없다.

28 '신'이라고 하지 않고 '지적 설계자'라고 표현하는 이유는 미국에서 특정 종교의 교리에 입각한 가설을 강요하는 것이 헌법에 위배되기 때문이다.

능한 복잡성, 즉 인간의 눈은 점진적으로 누적되는 진화로는 설명할 수 없을 정도로 복잡하고 정교하기 때문에 누군가(지적 설계자)가 의도적으로 설계했을 거라 주장한다. 오징어의 눈은 이 지적 설계를 반박하는 데 자주 쓰인다. 만약 절대적인 지적 설계자가 있다면 오징어처럼 합리적인 구조의 눈도 충분히 만들 수 있는데 왜 인간의 눈을 불합리한 구조로 설계했을까 하는 것이다.

생물 교과서에는 진화를 설명하기 위해 단세포 동물에서 시작해 다세포 동물-파충류-포유류-인간으로 이어지는 그림을 보여준다. 이런 직선적 계통도로 보면 생태계를 묶는 방식이 지극히 단순해진다. 그리고 모든 생물이 단순한 형태에서 정교한 형태로 방향성을 가지고 진화한다는 오해를 낳기도 한다. 그러나 진화는 높은 단계로 올라가는 사다리가 아니라 수많은 계통이 뻗어나가는 나뭇가지와 같다. 방향성이 아니라 다양성을 봐야 한다. 대부분의 사람은 돌연변이를 오류 또는 결함이라고 생각한다. 하지만 만약 유전자가 100퍼센트 완벽하게 복제되었다면 지구상의 생명은 일찌감치 사라졌을 것이다. 다양한 형질을 바탕으로 변화하는 자연환경에서 살아남는 것이 목적이기 때문에 진화의 결과는 예측할 수 없다.

진화는 '진보'가 아니다. 진화는 생명체를 완벽하게 만들어 주지 않으며 나은 미래를 위해 기획하고 준비하는 과정도 아니다. 오늘 밤에도 어딘가의 안과 병원에서는 응급 망막박리 수술을 하고 있을 것이다. 우리는 조상으로부터 물려받은 눈을 가지고 최선을 다해 살아갈 뿐이다.

토막 상식 왜 인간의 눈에서만 흰자가 보일까?

특이하게 모든 동물 중 인간만이 비정상적으로 좌우로 찢어진 눈구멍과 상대적으로 넓은 공막(흰사위)를 가지고 있다. 대부분의 동물은 공막이 외부로 잘 드러나지 않으며, 공막에 색이 있어서 눈 전체가 비슷한 색으로 보이기도 한다. 동물들의 공막이 뚜렷하지 않은 이유는 사냥 때문이라고 추정한다. 이런 눈을 보면 정확히 어디를 응시하며 어떤 감정을 느끼는지 알아차리기 힘들다. 사냥당하는 입장에서는 그만큼 대응하기 쉽지 않은 것이다.

그럼 왜 인간은 큰 눈구멍과 또렷한 공막을 가지게 되었을까? 인류가 이런 눈동자를 가지게 된 이유는 사회적 협력을 위해 진화한 것이라는 설이 있다. 다른 영장류와 달리 인간은 사냥할 때 '시선'을 주고받으며 협력하는 전략을 택했던 것이다. 공막의 영역이 넓으면 타인의 눈길을 쉽게 사로잡을 수 있고 타인의 시선도 쉽게 읽을 수 있다. 또한 상대방이 어느 곳의 사냥감을 노리는지 알 수 있고, 감정에 따라 변하는 눈동자를 보고 상대의 마음을 읽을 수도 있다. 즉 인간에게 눈은 서로를 연결하는 소통 창구인 셈이다. 우리가 어떤 사람과 악수하거나 대화할 때 눈을 마주치지 않으면 상대가 나에게 집중하지 않는다고 느끼는 데는 이런 진화적 배경이 있다.

V

#안과 치료의 역사와 미래

#1 안과 발전을 선도한 레이저

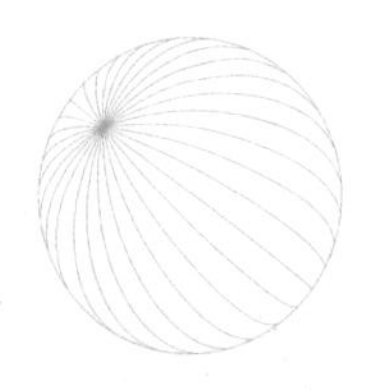

안과의 발전은 레이저의 발전 덕분이라고 해도 과언이 아니다. 특히 눈은 우리 몸에서 유일하게 빛이 투과하는 장기라서 피부처럼 외부로 노출되어 있지 않은 망막까지 치료할 수 있다.

유네스코UNESCO에서는 매년 5월 16일을 '세계 빛의 날'로 제정해 기념하고 있다. 최초의 레이저(루비 레이저) 발생 실험에 성공한 미국의 물리학자 시어도어 메이먼Theodore H. Maiman(1927~2007)은 1960년 5월 16일을 '레이저 시대'의 개막이라고 보고, 이를 기념하는 것이다. 이후 많은 과학자가 어떤 매질을 사용할 것인지, 어떻게 유도방출stimulated emission을 이룰 것인지 등을 연구하면서 레이저 분야가 눈부시게 발전했다.

이제는 많은 사람이 일반 명사처럼 쓰고 있는 레이저LASER는 사실 약자다. 복사 유도방출에 의한 광증폭Light Amplification by Stimulated Emission of Radiation의 앞 글자를 땄기 때문에 대문자로 써야 한다. 하지만 영어권에서도 일반 명사화되어 'laser'라고 소문자로 표기하는 경우가 많다. 레이저의 특징은 단색성, 간섭성, 지향성이다. 여러 색이 섞여 있고 사방으로 퍼져서 멀리 보낼 수 없는 일반 빛과 달리, 레이저는 단일 파장의 일사불란한 빛을 사방으로 퍼트리지 않고 멀리 보낼 수 있다. 레이저는 현대 산업에서 없어서는 안 되는 존재가 되었다. 일상에서 가장 쉽게 레이저를 접하는 곳은 병원일 것이다.

레이저의 원리를 간단히 알아보자. 안정된 상태의 원자가 에너지를 받으면 전자가 들뜬 상태로 변한다. 전자의 이 들뜬 상태는 굉장히 불안정해서 이내 빛을 방출하면서 안정적이었던 원래 상태로 돌아간다. 이를 자연방출spontaneous emission이라고 한다. 자연방출 때문에 생

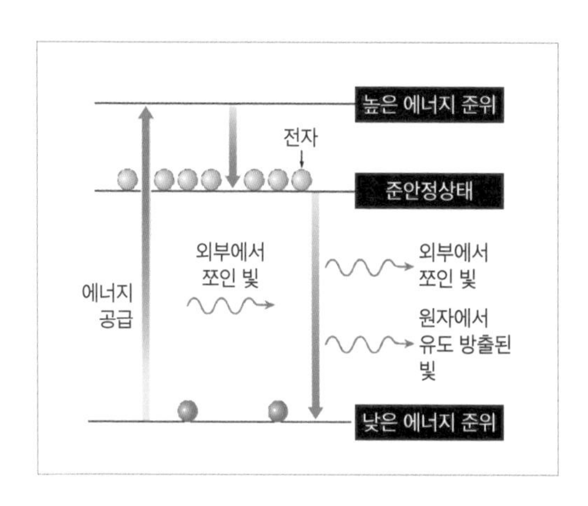

그림 94 유도방출의 원리.

긴 빛은 위상과 파장이 서로 달라서 사방으로 퍼진다. 하지만 들뜬 상태에 있을 때 자신이 방출하는 것과 같은 파장의 빛과 충돌하면 파장과 위상, 진행 방향이 동일한 빛을 방출하는 유도방출induced emission이 일어난다. 레이저는 이 유도방출에서 나오는 빛을 더욱 강하게 만들기 위해 반사 거울과 공진기를 이용한 발전 과정을 거친다. 빛이 반사 거울 사이를 몇백 번 왕복하면서 빛이 가지런히 정렬되면 레이저 빔laser beam이 만들어진다.

레이저의 재료 물질(매질)에 따라 가스 레이저, 고체 레이저, 반도체 레이저 등으로 분류할 수 있다. 매질마다 방출하는 파장이 다르기 때문에 매질에 따라 레이저의 색과 에너지가 결정된다. 그리고 레이저가 조사되는 시간에 따라 오랫동안 조사되면 빔, 짧게 조사되면 펄스pulse라고 지칭한다.

1) 엑시머 레이저

인류에게 가장 많은 혜택을 준 레이저는 시력교정술에 사용하는 엑시머 레이저excimer LASER다. 엑시머도 'excited dimer'의 약자이지만 일반 명사처럼 사용된다. 엑시머 레이저를 방출하는 가스 매질로는 F_2(157나노미터), Xe(170나노미터), ArF(193나노미터), KrCl(222나노미터), KrF(248나노미터), XeCl(308나노미터), XeF(351나노미터) 등이 있으며, 모두 자외선 영역의 파장을 방출한다. 파장이 193나노미터보다 짧으면 광학 전달 장치optical delivery system를 만들기 어렵고, 200나노미터 이상은 조직에서 열을 많이 발생시켜 각막 수술에 적합하지 않다. 248나노미터는 DNA 합성에 돌연변이를 일으키고, 308나노미터는 각막 투과력이 커서 안구 조직의 손상이나 백내장을 일으킬 수 있다. 그래서 가장 효과적이고 안전한 193나노미터 파장의 아르곤 플로라이드ArF를 주로 사용한다.

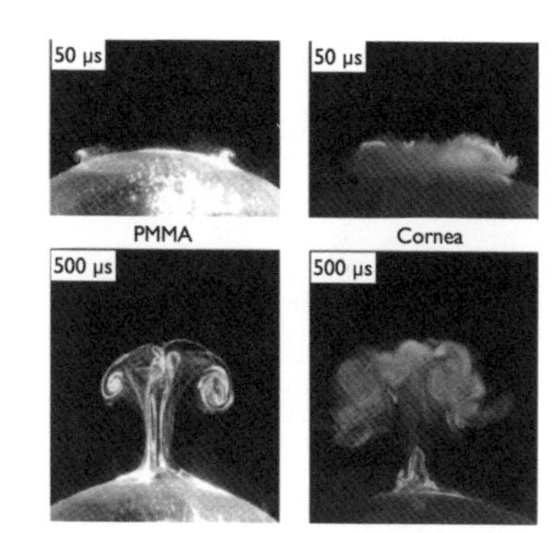

그림 95 엑시머 레이저 조사 후 폴리PMMA와 각막Cornea에 발생하는 증기 기둥의 모습. µs=마이크로초(1/100만초).

아르곤 플로라이드 가스는 UV-C에 해당하는 자외선 파장을 방출하므로 우리 눈으로 볼 수 없다. 엑시머 레이저가 조직에 도달하면 자외선 광자는 물질의 분자 결합을 직접 파괴해 다양한 중합체polymer를 마이크로미터 단위 이하로 정확하게 조각한다. 각막 조직은 분자 결합이 파괴되어 증기 기둥plume이 되어 날아간다. 열이 발생하지 않는 광화학 반응이기 때문에 조직을 태워서 변형시키는 것이 아니라 정교하게 깎는 효과를 낸다.[29]

29 빛이 조직에 흡수되면 광열photothermal, 광파괴photodisruption, 광화학의 세 가지 반응이 일어난다. 광파괴 작용은 파장이 긴 적외선에서 주로 나타나고, 광화학 작용은 파장이 짧은 자외선에서 나타난다. 광화학 작용은 광반사photoradiation와 광박리photoablation의 두 가지 특성이 있다.

1970년대 러시아의 물리학자 니콜라이 바소프Nikolay Basov(1922~2001)[30] 등이 엑시머 레이저를 처음 발명한 이래 1980년대부터 현대적인 시력 교정술이 시작되었다고 볼 수 있다. 그 전까지 각막은 투명하며 가시광선을 거의 흡수하지 않고 통과시키기 때문에 레이저 치료를 적용하기에 적절한 부위로 여겨지지 않았다. 하지만 엑시머 레이저의 광박리 효과가 각막 표면에 국한되는 것이 밝혀지고, 레이저 펄스당 연마되는 깊이와 에너지의 대수logarithm 사이에 선형 관계가 있다는 사실이 밝혀진 뒤로, 각막을 원하는 만큼 절삭해 굴절이상을 교정하는 데 사용하고 있다. 또한 피부과에서는 백반, 원형탈모 등의 치료에 사용하고 있다.

2) 아르곤 레이저

안과에서 사용하는 또 다른 기체 레이저로는 아르곤 레이저[31]가 있다. 용도에 따라 다양한 파장(351~1,092나노미터)으로 작동시킬 수 있지만 주로 파란색과 초록색(488~514나노미터)의 가시광선 영역에서 사용한다. 광열 효과로 조직을 태워서 응고시키는 것이 아르곤 레이저 사용의 주목적이다. 당뇨성 망막병증이나 망막열공retinal break 발생 시 망막

---

30 바소프는 레이저와 메이저MASER 발명을 이끌어 낸 양자전자공학quantum electronics의 발전에 기여한 공로로 알렉산드르 프로호로프Alexander Prokhorov(1916~2002), 찰스 하드 타운스Charles Hard Townes(1915~2015)와 함께 1964년 노벨 물리학상을 수상했다.

31 아르곤은 최초로 발견된 비활성 기체다. 그리스어의 'argos(게으름)'에서 이름이 유래했는데, 다른 물질과 반응성이 거의 없기 때문에 이런 이름이 붙었다. 그래서 반응성이 매우 큰 물질을 보관할 때 아르곤을 사용하기도 한다. 우리 주변에서 네온사인, 형광등과 같은 조명 충전재로 아르곤을 사용한다.

조직을 응고시키거나 녹내장을 치료하기 위해 홍채 절개술이나 성형술을 할 때도 사용한다. 홍채 조직을 광응고 시키면 화상을 입은 피부가 수축하는 것처럼 모양이 변한다. 레이저의 태우는 능력은 태우고자 하는 대상의 색상에 따라 달라지며, 열 흡수가 빠른 검은색일수록 태우기가 쉽다. 진한 갈색 홍채를 가진 동양인에게 레이저를 적용하면 적은 에너지로도 효과적인 응고반burn이 만들어지지만, 밝은 홍채를 가진 백인에게는 레이저 에너지를 높여서 시행해야 한다.

3) CO_2 레이저

기체 레이저 중 의료용으로 가장 많이 쓰는 것은 CO_2 레이저다. 기본 파장은 우리 눈에 보이지 않는 1만 600나노미터의 원적외선이며, 안과보다는 피부과에서 많이 사용한다. 열에너지를 전달해 조직의 수분이 기화되면서 깎이는 원리를 이용한다. 레이저 에너지가 조직이 아닌 조직에 포함된 수분에 흡수되기 때문에 병변의 색상과 상관없이 치료할 수 있다. 조직을 효과적으로 자르거나 도려내면서도 출혈이 발생하지 않고 치료 후 통증이나 부종이 심하지 않다는 장점이 있다. 하지만 시술 중 조직이 타는 냄새가 심하게 나고, 시술 후 자외선 차단 등의 관리를 소홀히 했을 때 색소 침착의 부작용이 발생할 수 있다. 이런 단점을 줄이기 위해 최근에는 연속 조사가 아니라 매우 짧은 시간 동안 레이저를 조사하는 슈퍼 펄스형이나 울트라 펄스형 장비를 많이 사용하고 있다.

4) YAG 레이저

고체 레이저 중 의료용으로 널리 쓰이는 것은 YAG(야그) 레이저다. YAG는 'Yttrium Aluminum Garnet'의 약자인데, 이트륨과 알루미늄이 구성 성분이며, 보석 가넷과 비슷한 결정구조를 가진다. 이 YAG 결정에 네오디뮴Nd이나 어븀Er, 이터븀Yb 등 다양한 희토류 원소를 첨가해 강력한 고체 레이저를 만들 수 있다. 파장은 1,064나노미터의 적외선 대역이라서 눈에는 보이지 않지만 비교적 가시광선과 가까워서 근적외선이라고 한다.

안과에서는 5~20나노초ns(1/10^{-9}초)의 매우 짧은 시간 안에 큰 출력을 내는 큐스위치pulsed Q-switch 모드를 통해 네오디뮴 야그Nd:YAG 레이저의 광파괴 효과를 이용한다. 백내장 수술 후 수정체낭에 혼탁이 다시 발생한 후발성 백내장after cataract을 치료하거나 급성 폐쇄각 녹내장acute angle closure glaucoma에서 주변부 홍채 절개술을 시행할 때 사용하는데, 시술 시 둘 다 눈 속 조직을 '때려서 파괴한다'라는 느낌이 든다. 시야에 날파리 같은 검은 점이 보이는 비문증도 경우에 따라 네오디뮴 야그 레이저로 치료할 수 있다. 비문증의 원인이 되는 유리체 속 부유물을 잘게 부수거나 유리체의 주변부로 밀어낸다. 모든 비문증을 다 치료할 수 있는 것은 아니고, 시야 중심에 큰 부유물이 있는 경우에만 효과를 볼 수 있다. 네오디뮴 야그 레이저를 피부과에서는 기미나 문신 등의 색소를 제거하는 데 사용하고, 비뇨기과에서는 전립선 조직을 절단하기 위해 사용한다.

YAG 레이저는 두꺼운 철판을 자를 정도로 효율이 좋고 강력한 출력을 내기 때문에 용접기나 레이저 가공 등의 산업용뿐만 아니라 레이저 쇼, 레이저 무기 등 다방면에 이용된다. 이터븀을 이용한 이터븀 야그Yb:YAG 레이저는 미군이 군함이나 비행기에 실어서 미사일이나 드론 등을 격추하는 군사 용도로 실용화를 추진 중이다.

우리가 문구점에서 쉽게 구할 수 있는 레이저 포인터도 YAG 레이저다. 기본 파장은 1,064나노미터의 적외선 영역이지만 공진기를 사용해 파장을 절반으로 줄여 532나노미터의 초록색 레이저가 나온다(주파수 배가 시야검사frequency doubling technology). 초록색은 적은 밝기로도 우리 눈에 가장 잘 보이기 때문에 레이저 쇼에서 가장 많이 쓰인다.[32] 레이저 포인터는 짧은 시간 방출하는 펄스가 아니라 연속해서 방출하는 지속파continuous wave로, 오래 쬐고 있으면 레이저에 맞은 신체 조직의 온도가 올라간다. 그래서 레이저 포인터의 빛을 장시간 눈에 맞으면 망막의 단백질을 응고시켜 시력을 손상시킬 우려가 있다. 문구점에서 구입할 수 있는 레이저 포인터로 망막이 손상된 사례가 보고된 바 있으며, 예상외로 대단히 먼 거리까지 빛이 도달하므로 조심히 사용해야 한다.

32 이에 따라 레이저 포인터의 색상에 따른 밝기는 초록색을 100퍼센트로 보았을 때 해당 색상이 몇 퍼센트의 밝기로 보이는지를 계산한다.

5) 펨토초 레이저

같은 양의 에너지를 매우 짧은 시간 내에 방출하면 강한 출력을 얻을 수 있다. 펄스의 지속 시간이 열에너지가 매질로 전달되는 시간보다 짧아지면 열손상 없이 조직을 가공할 수 있다. 펄스의 폭이 극단적으로 짧은 레이저를 아예 '펄스 레이저'라고 부르기도 한다. SF 영화나 게임에서 펄스 레이저 무기는 기관총처럼 짧은 레이저를 쏘는 것으로 묘사된다.

펨토초fs는 1/1,000조 초를 말한다. 10^{-15}를 뜻하는 단위명이 펨토femto이기 때문에 이런 이름이 붙었다. 세상에서 가장 빠른 빛조차도 1펨토초 동안 고작 0.3마이크로미터를 움직일 뿐이니 우리가 상상하기 힘들 정도로 짧은 시간이다. 펨토초 레이저는 10~50펨토초 동안만 켜졌다 꺼지는 펄스를 발생하는 레이저다.[33] 펨토초를 적용하는 소재에 열을 발생시키지 않고 깨끗하고 정밀하게 가공하기 때문에 산업에서 활용 분야가 점점 늘어나고 있다. 펨토초 레이저는 적외선 영역의 파장(1,053나노미터)을 사용하기 때문에 자외선을 사용하는 엑시머 레이저와 달리 각막을 투과한다.

안과에서는 2000년대 후반부터 '스마일Small Incision Lenticule Extraction, SMILE 라식'에 펨토초 레이저를 사용했다. 기존의 라식, 라섹에서 사용

33 펨토초 레이저를 개발한 업적으로 2018년에 세 명의 과학자가 노벨 물리학상을 공동 수상했다. 아서 애슈킨Arther Ashkin(1922~2020), 제라르 무루Gerard Mourou(1944~), 도나 스트리클런드Donna Strickland(1959~).

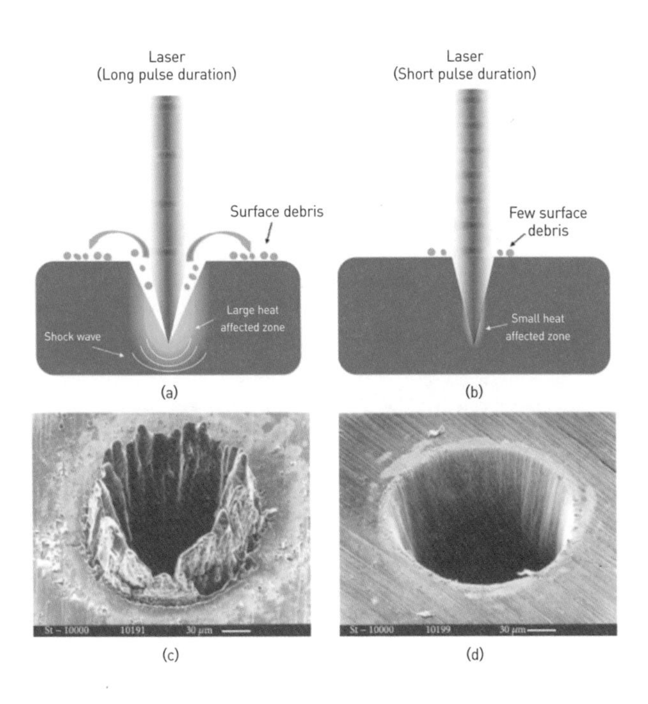

그림 96 펨토초 레이저를 이용한 나노 스케일 정밀 가공 후의 사진.

하는 엑시머 레이저는 교정하고자 하는 도수만큼 각막을 절삭해야 하기 때문에 레이저 조사 시간이 교정량에 비례해 길어졌다. 하지만 스마일 라식은 각막 속에 원하는 두께의 렌티큘lenticule(각막 실질 조각)을 뽑아내는 형식으로 시력을 교정한다. 교정량에 상관없이 레이저 조사 시간이 똑같기 때문에 고도근시 환자의 경우 수술 시간 및 시력 회복 기간을 단축시킬 수 있다

2010년대 후반부터는 백내장 수술에도 펨토초 레이저를 사용했다. 이전까지 펨토초 레이저의 조사 깊이는 1,200마이크로미터까지가 한

계였기 때문에 각막보다 깊이 있는 수정체에 사용할 수 없었다. 하지만 7,500마이크로미터까지 조사할 수 있는 펨토초 레이저가 개발되면서 백내장 수술에 적용되었다. 사람 손으로 수행하던 각막 절개, 수정체낭 원형 절개, 수정체 핵 조각내기 등을 펨토초 레이저가 대신해 주면서 고난도 백내장 수술에 도움을 주고 있다. 안과에서는 '레이저 백내장 수술'이라고 하는데, 정식 명칭은 펨토초 레이저 보조 백내장 수술Femtosecond Laser Assisted Cataract Surgery, FLACS이다.

안과와 레이저는 떼려야 뗄 수 없는 사이이다. 2018년에 노벨 물리학상을 공동 수상한 도나 스트리클런드 교수는 한국을 방문해서 "기초과학을 공부하는 학자로서 실험적으로 개발한 레이저 기술이 이렇게 우리 생활에 밀접한 안과 영역에까지 쓰이게 된 것이 자랑스럽다"라고 이야기한 적이 있다. 안과의 발전이 레이저 기술 개발에 영감을 주기도 하고, 새로운 레이저의 개발이 안과의 발전에 기여하기도 한다. 의료인으로서 이런 최신 과학 기술의 성과를 누릴 수 있다는 점은 큰 즐거움이다. SF 영화에서나 보던 기술이 점점 실현되고, 이 기술을 직접 사용해 환자를 치료한다는 점에서 안과의사로서 재미를 느낀다.

#2 시력교정술(라섹, 라식, 스마일) 발전사

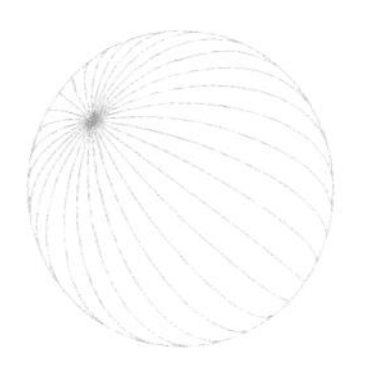

세계 최초로 시력교정술을 시행한 의사는 스페인의 호세 바라케르José Barraquer(1916~1998)다. 그는 1949년에 자신이 고안한 수동 미세각막절개도microkeratome를 이용해 각막 절편을 만들었다. 이 절편을 작업실에서 얼린 후 안쪽을 손으로 깎아 도수를 교정하고 다시 각막에 붙였다. 지금 생각해도 참으로 창의적인 방법이다. 훗날 이 방법은 절편을 떼어내거나 얼리지 않고 경첩을 만들어서 그 자리에서 깎아내는 수술인 라식으로 발전되었다. 그의 이런 선구자적 기여를 기려 국제굴절수술학회에서는 매년 '바라케르 강연 및 시상식The Barraquer Lecture and Award'을 마련해 그의 이름이 붙은 상을 수여하고 있다.

엑시머 레이저의 등장

1983년에 스티븐 트로켈Stephen Trokel(1934~)은 엑시머 레이저를 사용하면 유기 분자 결합을 절단해 열손상 없이 각막 조직을 마이크로미터 단위로 연마할 수 있다는 내용의 논문을 발표했다. 자외선 파장의 엑시머 레이저를 사용해 주변부의 손상 없이 연마하는 수술은 굴절 교정 레이저 각막절제술Photorefractive Keratectomy, PRK로 불리게 되었다. 현대적인 시력교정술의 태동이었다.

진정한 의미의 시력교정술, 즉 순수하게 안경을 벗기 위한 목적으로 근시 외의 다른 안과 질환이 없는 사람을 대상으로 한 수술은 1988년에 미국의 마거리트 맥도널드Marguerite B. McDonald(1941~)가 최초로 시행했다. 이 수술의 결과는 1989년에 발표되었는데, 23세 여자 환자를 대상으로 -4.75디옵터의 근시를 교정했고, 3개월 후에는 안경 없이 1.0의 시력이 나왔다. 최신 의료 기술을 빠르게 도입하는 우리나라에서도 1988년부터 PRK 수술이 시작되었다. 당시에는 PRK라는 수술명보다

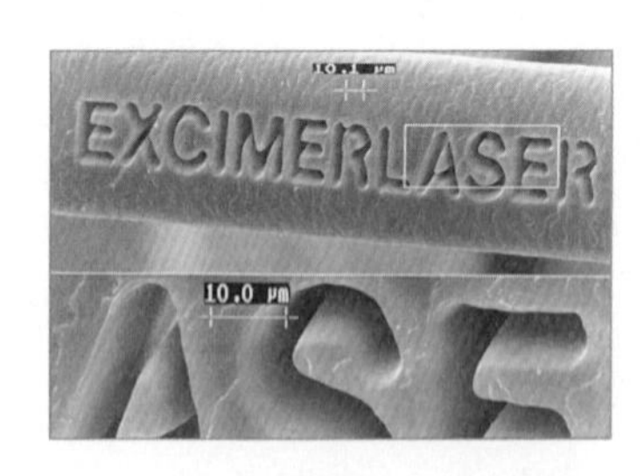

그림 97 엑시머 레이저를 이용해 머리카락에 'EXCIMER LASER'라고 썼다.

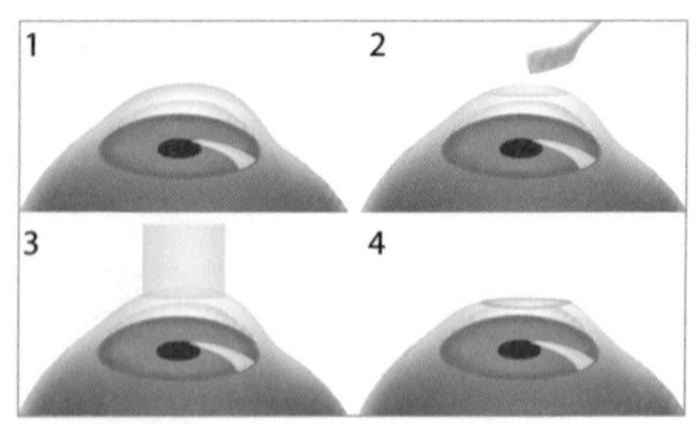

그림 98 굴절 교정 레이저 각막절제술의 과정.

는 '엑시머 레이저'라는 이름으로 홍보되었다.

하지만 PRK 수술을 받으면 통증이 매우 심했다. 당시에는 진통제를 처방하는 처치 외에는 통증을 조절할 방법이 없었다. 또한 각막 실질에서 회복 반응이 일어나면서 각막 혼탁이 생기는 경우가 많았다. 각막 혼탁을 줄이기 위해 스테로이드 안약을 점안했는데 일부 환자에게 안압이 상승하는 부작용이 생기기도 했다. 이처럼 환자와 의사 모두에게 수술 후 관리가 힘들었고, 완전히 회복하는 데 2~3개월의 기간이 필요한 수술이었다.

통증 없는 라식의 시대

1990년대 유럽에서는 라식이라는 수술법이 정립되었다. 1950년대 바라케르가 개발한 '제자리 각막절삭성형술in situ keratomileusis'에 엑시머 레이저를 접목해 '라식LAser in SItu Keratomileusis, LASIK'이라는 이름이 붙었다. PRK와는 달리 면도날 같은 미세 각막 절개도로 각막에서 절편을 만든 다음, 엑시머 레이저로 각막 절편의 속살을 연마하고, 이를 제자리에 다시 덮어주는 방식이다. 수술이 끝나면 겉으로 드러난 상처가 없기 때문에 통증이 거의 없으며, 시력 회복도 굉장히 빠른 편이다. 의사의 숙련도에 따라 약간의 편차는 있지만, 대부분의 환자가 수술 다음날부터 시력이 좋아졌다고 느

그림 99 라식 수술의 과정.

낀다. 흔히 "다음 날 아침에 눈을 뜨자마자 너무 잘 보였어요"라고 말한다. 그만큼 통증이 적고 회복 기간이 짧아서 환자의 부담이 줄었고, 라식은 순식간에 시력교정술의 대세가 되었다.

하루 만에 시력을 교정할 수 있는 '간단한' 수술이라는 인식이 퍼지면서 라식은 1990년대 후반까지 황금기를 맞이했다. 며칠 동안 햇빛도 못 보면서 극심한 통증을 견뎌야만 했던 PRK에 비해 다음 날부터 아프지도 않고 잘 보인다는 장점은 너무나 극적이었다. 하지만 라식에서 절편을 만드는 과정에서 크고 작은 합병증이 계속 발생했다. 절편을 다시 붙이는 과정에서 온전히 원래 모양대로 펴지지 않아 '주름'이 생기거나 절편 안쪽으로 상피세포가 자라 들어가는 '상피 내생' 같은 합병증이 발생했다. 이런 합병증은 숙련된 의사가 진행하면 발생 빈도를 크게 줄일 수 있으며, 발생하더라도 후유증을 남기지 않는다.

그러나 안구건조증은 의사의 숙련도와 상관없이 발생한다. 라식 후 발생하는 안구건조증은 PRK에 비해 정도가 심하고, 회복하는 데 오랜 시간이 걸린다. 각막 속에는 신경이 있는데, 라식 절편을 만드는 과정에서 이 신경이 잘린다. 감각 신경이 절단되면 각막 표면이 둔감해지고, 이는 기초 눈물 분비량을 감소시킨다. 각막 신경이 완전히 회복되기까지는 1년 이상이 걸린다고 알려져 있다. 장기적인 안구건조증을 유발할 수 있다는 점은 라식의 가장 큰 단점이다.

라식 수술의 가장 심각한 합병증은 각막확장증corneal ectasia이고, 0.04~0.2퍼센트의 확률로 매우 드물게 발생한다. 각막확장증은 각

그림 100 (좌)정상, (우)원추각막. 원추각막은 각막이 비정상적으로 얇아지면서 돌출되어 부정난시가 발생하는 진행성 질환이다.

막이 정상 안압을 버티지 못하고 '꼬깔콘'처럼 앞으로 뾰족하게 부풀어 오르는 현상이다. 각막이 원추 모양으로 튀어나와서 원추각막keratocous이라고도 한다. 이 두 진단명은 결과적으로 같은 현상을 지칭하는데, 그 원인이 라식 같이 인위적인 경우에는 각막확장증, 자연적으로 발생한 경우에는 원추각막이라고 한다. 간혹 라식을 받고 매우 오랜 시간이 지난 후에 각막확장증이 발생하는 경우도 있기 때문에 원래 원추각막이 생길 운명을 가속화한 것인지, 없던 병을 새로 만든 것인지는 구분하기 어렵다. 명심해야 할 점은 시력교정술은 질병을 치료하는 수술이 아니라는 것이다. 안경이나 콘택트렌즈처럼 수술 없이 시력을 교정하는 방법이 있다. 특히 생명과 직결된 질병을 치료하기 위해서라면 부작용을 감수하고 수술을 받아야 하지만, 단순히 안경을 벗기 위해 각막확장증의 위험을 감수할 필요는 없다. 미국 FDA에서는 각막확장증을 예방하기 위해 250마이크로미터 두께의 잔여 각막을 남길 것을 권장한다. 우리나라의 많은 안과의사는 각막을 300마이크로미터 이상

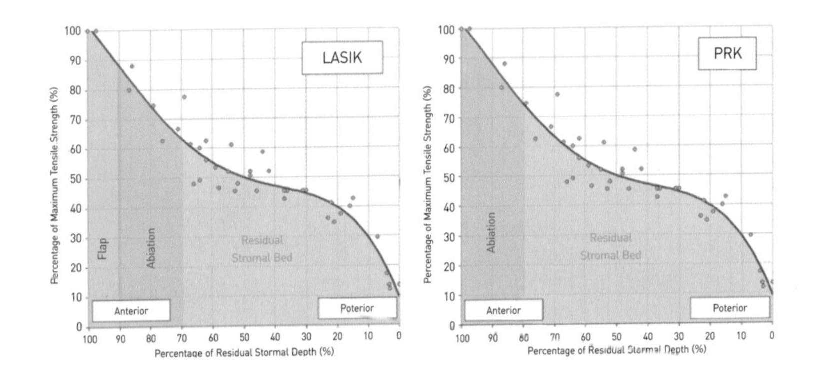

그림 101 라식과 PRK 시력교정술 후 각막의 인장 강도를 비교한 그래프.

남기기 때문에 각막확장증의 발생을 우려하지 않는다.

왜 라식을 받으면 PRK보다 각막확장증이 많이 생기는 것일까? 한 번 만들었던 라식 절편을 다시 덮더라도 각막의 인장 강도에 도움이 되지 않기 때문이다. 같은 도수를 교정하더라도 인장 강도 측면에서 라식 절편 두께만큼 각막이 더 얇아지는 셈이다. 게다가 각막은 중심부가 더 튼튼하고 주변부는 상대적으로 약하다. 가장 튼튼한 상부 각막을 절편으로 잘라버리니 같은 도수를 깎더라도 라식을 했을 때 각막확장증이 더 많이 생길 수밖에 없는 것이다.

표면으로 돌아가자, 라섹의 시대

라식 때문에 발생하는 각막확장증에 충격을 받은 안과의사들은 다시 표면을 깎는 방향으로 돌아갔다. 바로 1990년대 후반부터 시작된 라섹LASer Epithelial Keratomileusis, LASEK이다. 라섹은 알코올로 각막 상피를 벗겨낸 다음 엑시머 레이저로 각막 실질을 깎고, 벗겨낸 각막 상피를 그 위에 다시 덮는 방법이다. 절편을 만들지 않기 때문에 절편과 관련된 합병증인 안구건조증과 각막확장증 같은 부작용을 피할 수 있게 되었다. 상피는 5~6겹의 세포로 구성된 막으로 알코올을 사용하여 벗길 수 있다. 절편은 콜라겐 섬유로 구성된 실질이 상피와 함께 포함된다. 그런데 라섹으로 다시 덮은 상피는 라식 절편만큼 통증을 줄여주지 못했고, 각막 실질에 생착하지 못한 채 벗겨지기 일쑤였다. 결국 다시 PRK와 비슷한 수준의 통증이 수반되었다.

그림 102 라섹을 할 때는 알코올을 주입해 각막 상피를 벗긴다.

하지만 20년 동안 PRK로 인한 통증과 회복 기간을 줄이는 발전이 있었다. 수술 전 미리 진통제를 투여하는 선행진통preemptive analgesia 요법, 영양분과 성장 인자를 직접 공급해 각막 상피의 회복을 촉진하는 혈청 안약, 각막 혼탁을 획기적으로 줄인 미토마이신Mitomycin C, MMC 등이다. 안과에서 무통, PRPPlatelet Rich Plasma(일명 혈청 안약), 2day(이틀 만에 회복), M 라섹(미토마이신 치료를 병행하는 수술법)이라고 부르는 것들이다. 그리고 환자의 각막 모양에 맞춰서 각막을 절삭하는 '커스텀' 라섹과 각막 상피까지 레이저로 벗기는 '올레이저' 라섹의 시대가 되었다. 레이저로 각막의 표면을 절삭한다는 근본적인 개념은 같지만, PRK와 비교해 세부적으로 눈부신 발전이 있었던 것이다. 일부 안과의사들은 더 이상 라섹이라는 표현이 어울리지 않는다고 생각해 '진보된 표면 절삭술Advanced Surface Ablation, ASA'이라는 표현을 사용하기도 했다.

펨토초 레이저의 등장

2000년대 펨토초 레이저가 안과에 도입되면서 시력교정술은 다시 한번 전환점을 맞이했다. 미세각막절개도로 절편을 만들던 라식이 펨토초 레이저로 절편을 만드는 '레이저 라식'으로 진화한 것이다. 절편을 만드는 도구가 칼에서 레이저로 바뀌면서 절편 관련 합병증이 많이 줄어들었다. 레이저는 미세각막절개도에 비해 수술 중 일어날 수 있는 변수가 적고, 초보 의사의 숙련 기간을 많이 단축시켰다. 절편 두께를 일정하고 예쁜 모양으로 만들 수 있다는 부가적인 장점도 있다. 하지만 2012년에 발표된 메타 분석 논문에서는 기존 라식과 레이저 라식은 최종 시력, 안정성, 효율성 모두에서 차이가 나지 않는다고 결론을 내렸다. 어떤 방법으로 절편을 만들든 라식은 라식이라는 뜻이다. 게다가 레이저 라식을 위해서는 절편만을 만들기 위한 용도로 펨토초 레이저 장비가 한 대 더 필요하기 때문에 안과 입장에서는 비용 부담이 큰 수술이었다.

그림 103 미국 알콘 사의 레이저 라식 장비.

3세대 시력교정술, 스마일의 시작

펨토초 레이저 기술이 발전하면서 처음부터 끝까지 펨토초 레이저로만 시력교정술을 하려는 시도가 있었다. 그 결과 2008년 독일 자이스Zeiss사에서 비주맥스VisuMax 레이저를 출시했다. 스마일Small Incision Lenticule Extraction, SMILE 수술의 시대가 열린 것이다. 스마일 수술은 작은 절개창small incision으로 잘라낸 각막 실질 조각lenticule을 뽑아내는extraction 수술이다. '스마일'은 자이스 사에서 붙인 명칭이고, 학술적으로 '굴절 교정 렌티큘 추출술Refractive Lenticule Extraction, RLE'이라는 표현을 쓰기도 한다. 우리나라에는 2011년에 도입되었고 2016년에 미국 FDA 승인을 받았다.

스마일 수술에서는 더 이상 엑시머 레이저로 각막 조직을 깎지 않고 펨토초 레이저로 교정하고 싶은 도수만큼 각막을 자른 다음, 기구(주걱과 포셉)를 사용해서 뽑아낸다. 각막 표면에는 기구가 들어가는 2밀리미터 정도의 작은 절개창만 남기 때문에 통증이 거의 없고 시력 회복도 비교적 빠르다는 장점을 가지고 있다. 스마일은 라식과 비슷한 장점을 가지면서도 더 이상 수술 후 절편 관련 합병증이 발생하지 않았다. 안구건조증 또한 라식에 비해 줄어들었다. 그렇다고 단점이 전혀 없는 것은 아니다. 초창기에는 펨토초 레이저 에너지가 최적화되지 않아 수술 후 시력이 회복되는 기간이 상대적으로 오래 걸렸다. 또 다른 단점은 수술을 할 수 있는 대상이 좁다는 것이다. 펨토초 레이저로 원시는 교정할 수 없으며 근시와 난시도 엑시머 레이저에 비해 교정 가능 범위가 좁다.

우리나라는 최신 장비 도입이 매우 빠르며 근시 환자가 많아 시력교정술 수준이 매우 뛰어나다. 2024년 현재에는 레이저 조사 시간과 난시 교정 정확도가 개선된 차세대 펨토초 레이저 장비들이 출시되었다.

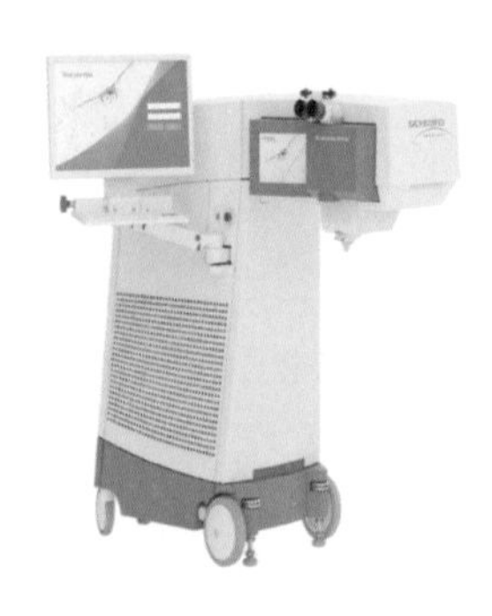

그림 104 슈빈트 사의 아토스.

독일 슈빈트SCHWIND 사의 아토스ATOS, 스위스 지머Ziemer 사의 Z8, 독일 자이스 사의 비주맥스 8000, 존슨앤드존슨Johnson & Johnson Surgical Vision 사의 엘리타ELITA 등의 장비가 시중에 나왔다. 이런 최신 장비들을 적용한 수술의 결과를 비교하는 것 또한 의료인으로서 나의 큰 즐거움 중 하나다.

#3 노안교정술, 단안경부터 다초점 백내장 수술까지

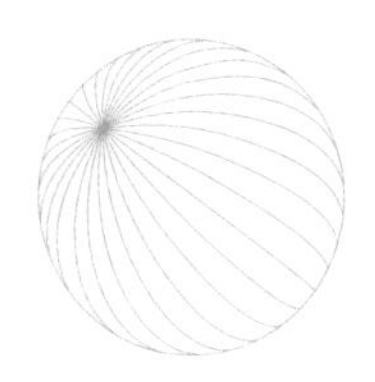

노안은 어떻게 교정할 수 있을까? 지금까지 수많은 노안교정술이 등장했지만 시장에서 선택받지 못하고 조용히 사라졌다. 여기서는 원리에 따라 노안교정술을 분류하고 종류별 장단점에 대해 정리해 보겠다.

먼저 가장 전통적인 단안시monovision 방법이 있다. 소위 '짝눈'을 만들어서 한쪽 눈은 멀리 보기를 포기하고 가까이만 잘 보이게 만드는 것이다. 우리 두 눈에는 우세안dominant eye과 비우세안non-dominant eye이라는 개념이 있는데, 시각 정보를 받아들일 때 주로 의존하는 눈을 우세안이라고 한다. 오른손잡이, 왼손잡이와 비슷하다. 우세안은 먼 거리를 더 잘 보이게 그대로 두고, 비우세안은 가까운 거리를 더 잘 보이도록 의도적으로 짝눈을 만들어 노안을 극복하는 방법이 단안시다.

단안시를 만드는 가장 간편한 방법은 단안경monocle이다. 영국에서 개발된 한쪽 눈에만 끼는 독특한 안경이다. 오늘날 실생활에서 사용하는 사람은 극히 드물고 근대 유럽을 배경으로 한 영화에서 귀족이나 집사 캐릭터가 착용하는 경우가 많다. 이 단안경은 시력교정보다는 패션에 중점을 둔 물건이라고 할 수 있다. 단안경이 효과적인 노안 교정 방법이 될 수 없는 이유는 양쪽 눈에 맺히는 상의 크기가 다른 부등상시 때문이다. 안경은 눈으로 들어오는 상의 크기를 변화시키는데, 양쪽 눈에 맺히는 상의 크기의 차이가 일정 범위를 벗어나면 상당한 피로감과 어지러움을 유발한다. 단안경이 실질적인 돋보기 역할을 위해서는 2디옵터 정도의 볼록렌즈가 필요한데, 이 정도 차이가 나면 부등상시가 발생하기 때문에 오히려 단안경을 끼지 않는 편이 도움이 된다.

그림 105 단안경을 낀 미국의 코미디언 샘 버나드(Sam Bernard, 1863~1927).

각막 수술로 단안시를 만들면 이와 같은 부등상시의 부작용을 피해갈 수 있다. 수술로 각막을 보다 볼록하게 만들어 돋보기 같은 효과를 만들어 주는 방법으로는 전도성 각막성형술conductive keratoplasty과 방사상 각막절제술radial keratotomy이 있었다. 하지만 두 수술 모두 교정 효과를 예측하기 어렵고, 시간이 지나면 각막 모양이 변형되어 효과가 사라졌다. 이를 극복하기 위해 2000년대에는 각막 속에 각막 절편을 삽입하

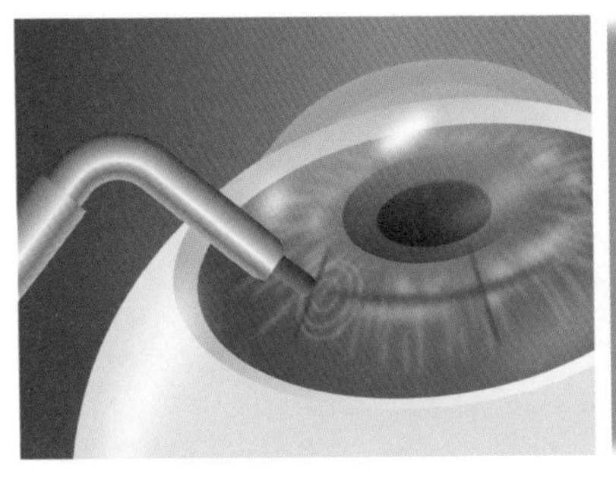
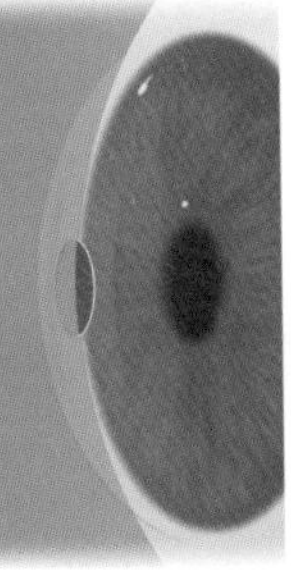

그림 106 (좌)전도성 각막성형술로 각막을 볼록하게 만든다. (우)레인드롭 인레이를 각막 속에 삽입하여 볼록하게 만든다.

는 인레이 이식inlay graft을 개발해 잠시 사용했다. 레인드롭Raindrop, 프레스비아Presbia, 캄라Kamra 인레이가 대표적인데, 모두 라식처럼 각막 절편을 만든 다음에 각막 속에 삽입하는 방식이었다. 이런 인레이는 교정 효과를 비교적 정확하게 예측할 수 있었기 때문에 상당히 많은 사람이 수술을 받았다. 하지만 각막 속에 넣은 인레이가 이물 반응을 일으켜 각막 혼탁 같은 부작용이 종종 발생했다. 특히 레인드롭 인레이는 2018년에 FDA에서 1급 리콜이 발령되었다. 그러면 미사용된 제품은 반환해야 하고, 이미 레인드롭 인레이로 이식 수술을 받은 환자들은 정기적으로 안과 진료를 받아야 한다.

사실 짝눈을 만드는 단안시는 양안시를 포기한다는 태생적인 한계가 있다. 두 눈의 시력이 달라지면 입체감과 거리감이 감소할 수밖에 없다. 노안이 많이 진행되면 중간 거리 시력이 떨어지는 불편함도 감수해야 한다. 따라서 단안시 방법은 진정한 노안교정술이 될 수 없으며,

적용 부위	단안시	양안시
안경 & 렌즈	모노비전 안경 & 렌즈	돋보기 안경 다초점 안경 & 렌즈
각막	모노비전 라식 전도성 각막성형술 방사상 각막절개술 각막 인레이(임플란트)	다초점 라식
수성체	모노비전 백내장 수술	다초점 인공수정체 조절성 인공수정체
공막		공막 확장 밴드

그림 107 노안 교정술 분류표. 흐릿한 글자로 쓰인 교정법은 현재 사용되지 않는 방법이다.

양안시를 유지하면서 노안을 극복하는 방법을 개발해야만 한다.

양안시를 유지하면서 노안을 교정하는 방법의 핵심은 초점 심도depth of focus를 늘리는 것이다. 초점 심도는 광학에서 초점이 맞는다고 인식되는 범위를 말한다. 얼마나 넓은 범위에 초점이 맞는지에 따라 초점 심도가 '얕다' 혹은 '깊다'라고 표현한다. 초점 심도가 얕을수록 초점이 맞는 범위가 좁아지고 초점이 맞지 않는 부분은 흐릿하게 되어 아웃포커스 효과[34]를 사용할 수 있다. 반대로 심도가 깊을수록 초점이 맞는 범위가 넓어져서 풍경 사진을 찍기 좋아진다. 카메라의 조리개를 조여서 초점 심도를 늘릴 수 있다.

34 아웃포커스란 사진 기법 용어로, 초점 심도를 얕게 해 초점이 맞는 피사체를 제외한 배경을 흐리게 하는 기법을 말한다. 초점이 맞춰진 피사체만 강조하는 효과가 있기에 인물 사진에서 널리 활용된다.

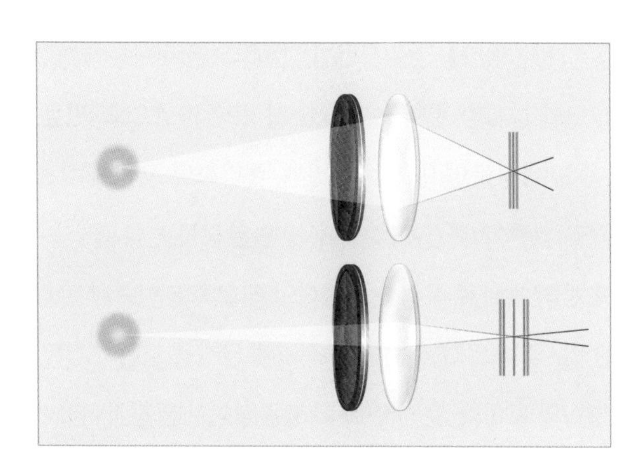

그림 108 조리개를 조이면 초점이 맞는 범위(초점 심도)가 늘어난다.

우리 눈에서 조리개 역할을 하는 부위는 홍채다. 홍채는 주변 환경의 밝기에 따라 고리 모양의 근육으로 동공 크기를 자동으로 조절한다. 초점 심도는 동공 크기에 반비례한다. 따라서 자연적으로도 밝은 곳에서는 동공이 작아지면서 초점 심도가 증가한다. 초기 노안이 와도 조명을 밝게 하면 돋보기 없이 책을 읽을 수 있는 이유는 이런 원리 때문이다. 반대로 어두운 곳에서는 동공이 커져서 초점 심도가 감소한다. 대체로 조명이 어두운 분위기 좋은 레스토랑에서 메뉴판 글씨를 읽기 어려운 이유는 동공이 커져서 초점 심도가 감소했기 때문이다. 우리가 잘 안 보일 때 눈을 찌푸리게 되는 이유도 초점 심도를 늘리려는 자연스러운 행동이다. 동공 크기를 우리 뜻대로 조절할 수는 없기에 눈꺼풀을 최대한 가늘게 떠서 빛이 들어오는 구멍의 크기를 줄이는 것이다. 현재 동공을 줄이는 안약(축동제)으로 노안을 치료하려는 임상실험이 이루어지고 있으며, 향후 몇 년 안에 시판될 것으로 전망된다.

초점 심도를 늘리는 원리를 이용한 첫 번째 방법으로 '핀홀 안경'이 있다. 핀홀은 '바늘구멍'이라는 뜻인데, 플라스틱 고글에 작은 구멍이 여러 개 뚫려 있는 모양을 하고 있다. 핀홀 안경이 시력교정, 시력 회복, 노안 치료 등의 효과로 특허를 받았다고 광고하고 있으나 안경을 착용했을 때만 일시적으로 초점 심도가 증가해 글자를 읽는 데 약간의 도움을 받는 방식일 뿐이다. 눈의 진화 과정을 살펴보면 전복이나 앵무조개가 핀홀 눈을 가지고 있는데, 굳이 비싼 돈을 주고 진화를 역행할 필요는 없을 것 같다.

초점 심도를 늘리는 두 번째 방법은 다초점 인공수정체다. 라식과 라섹을 통해 다초점 효과를 낼 수 있게 각막을 깎거나 백내장 수술을 할 때 다초점 인공수정체를 삽입하는 방법이 있다. 그런데 라식과 라섹으로 노안을 교정하는 방법은 그다지 효과적이지 않다. 각막 실질을 다초점 모양으로 깎는다고 해도 각막 표면에 있는 상피세포가 재생하면서 각막 표면을 매끄럽게 보완하고, 시간이 지나면서 다초점 모양으로 깎은 각막 모양이 원래 상태로 복구되기 때문이다. 따라서 현재 가장 많이 사용하는 방법은 다초점 인공수정체를 삽입하는 백내장 수술이다.

다초점 인공수정체를 이용한 백내장 수술을 흔히 '노안 백내장' 수술이라고 한다. 수술 과정은 일반 백내장 수술과 크게 다르지 않다. 삽입하는 인공수정체가 단초점이면 일반 백내장 수술이고, 다초점이면 노안 백내장 수술이다. 일반 백내장 수술은 건강보험이 적용되어 비용

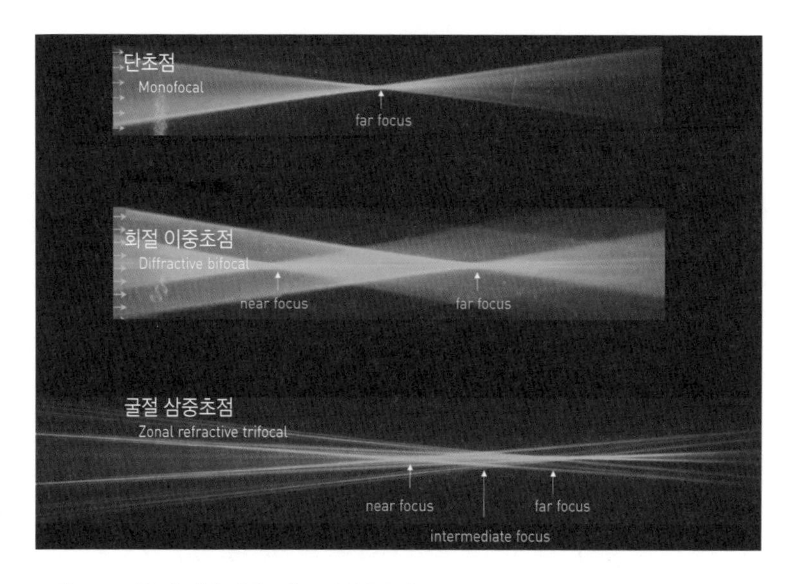

그림 109 단초점, 회절 이중초점, 굴절 삼중초점.

이 20~30만 원 정도이지만 노안 백내장 수술은 다초점 인공수정체가 비급여라서 건강보험이 적용되지 않기에 가격대가 다양하다. 인공수정체는 외상으로 인한 탈구 등 특별한 경우가 아니라면 평생 사용한다. 백내장 수술을 받아야 할 시기가 되었다면 다초점 인공수정체를 사용하는 것도 고려해 볼 만하다. 안경이나 돋보기를 불편해하고 일상생활에서 모든 거리를 '적당히' 보고 싶어 하는 환자에게 다초점 인공수정체를 삽입하면 비교적 만족도가 높다. 하지만 다초점 인공수정체는 단초점 인공수정체에 비해 선명도가 떨어지고, 야간 빛 번짐이 생기는 부작용이 있다. 따라서 안경에 대한 거부감이 크지 않은 사람이나 독서를 많이 하거나 금속을 가공하는 등의 정밀 작업에 종사하는 사람에게는 다초점 인공수정체를 추천하지 않는다. 야간에 많이 운전하는 사람은 빛 번짐 부작용에 대해 충분히 고려해야 한다.

우리의 평균 수명과 근거리 작업은 점점 늘어났지만 노안이 시작되는 나이는 전혀 변하지 않았다. 생활 수준이 높아질수록 노안교정술에 대한 수요는 증가하며, 앞으로 노안교정술 분야는 꾸준히 발전할 것 같다. 개인적으로는 '노안'이라는 단어도 시대의 흐름에 따라 달라질 필요가 있지 않을까 생각한다. 정치적 올바름political correctness에 따라 많은 질병의 명칭이 바뀐 것처럼,[35] 40대 중반에 시작되는 '노안'을 보다 자연스럽고 듣기 좋은 말로 바꿔 보는 것은 어떨까? 좋은 말을 찾아낸다면 대한안과학회에 제보해 주기를 바란다.

---

35 간질이 뇌전증으로, 정신분열증이 조현병으로, 봉사, 소경, 장님이 시각장애인으로 바뀌었다.

#4 다초점 인공수정체의 원리와 한계

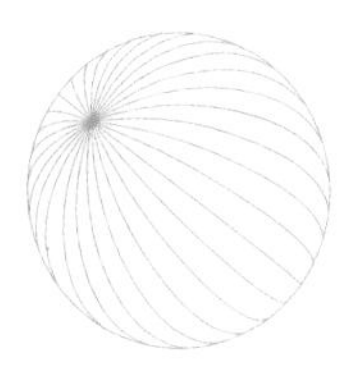

백내장 수술은 우리나라 사람들이 가장 많이 받는 수술이다. 2022년 기준 59만 건으로 2위인 치핵 수술의 17만 건보다 42만 건이나 많다. 항문은 하나이고 눈은 두 개인 탓도 있겠지만, 평균 수명이 늘어나면서 백내장은 모든 사람에게 발생하는 문제가 되었기 때문이다. 내가 의과대학에 다니던 20년 전만 하더라도 일상생활이 불편할 정도로 시력이 떨어져야만 백내장 수술을 받았다. 하지만 수술 기술이 비약적으로 발전하면서 합병증이 발생할 확률이 크게 줄었다. 앞으로 '초고령사회'에 진입하면 백내장 수술 건수는 더욱 늘어날 것으로 예상된다.

최근에는 백내장 수술을 받는 연령도 빨라지고 있다. 시력은 삶의 질을 좌우하는 매우 중요한 요소이기 때문에 최근에는 어느 정도 시력이 떨어지면 백내장 수술을 고려하는 추세다. 그리고 다초점 인공수정체를 이용한 백내장 수술도 점점 대중화되고 있다. 다초점 인공수정체를 사용하면 백내장 수술을 받을 때 노안도 같이 교정되기 때문에 돋보기를 벗고 싶어 하는 중년층에서 이 수술을 고려하는 요인이 되고 있다. 조기 백내장 수술의 증가는 전 세계적인 현상이다. 미국안과학회의 소식지인 《아이넷Eyenet》에도 정시 노안 환자에서 심중초점 인공수정체를 사용한 굴절렌즈 교환술에 대한 논문이 2021년에 발표되었다. 여기서 '백내장 환자' 대신 '정시 노안 환자'라고 지칭한 것은 수술 대상자들이 백내장이나 근시와 난시 같은 굴절이상이 없었음을 말한다. '백내장 수술'이라고 하지 않고 '굴절렌즈 교환술'이라고 한 점 역시 백내장 치료 목적이 아닌 오로지 노안 교정만을 목적으로 수술했음을 뜻한다.

전 세계 광학 기업들이 새로운 다초점 인공수정체를 개발하는 데 많은 노력을 기울이고 있다. 앞으로 다초점 인공수정체가 더욱 대중화되면 백내장 수술을 받을 때 다초점 인공수정체를 한 번쯤 고려하게 될 것이다. 이런 분들을 위해 다초점 인공수정체의 역사와 원리, 장단점에 대해 알아보겠다.

다초점 렌즈의 기초 원리는 프랑스의 물리학자 오귀스탱 장 프레넬Augustin Jean Fresnel(1788~1827)에 의해 정립되었다. 프레넬은 빛의 속성에 깊은 관심이 있어서 수차나 회절 등의 광학 현상에 대해 많은 연구를 했는데, 손재주가 아주 좋아서 실용적인 기구들을 직접 만들어 '시민 엔지니어'라는 별명을 가지고 있었다고 한다. 그는 동심원이 같은

그림 110 프레넬렌즈의 원리와 등대용 프레넬렌즈.

수십 개의 렌즈(프리즘)를 연결해 사방으로 퍼지는 빛을 한 곳을 향해 직진시키는 프레넬렌즈를 직접 제작해 등대에 적용했다. 등대는 배가 야간에 운행할 때 길잡이 역할을 하는 중요한 건축물이다. GPS가 등장한 현대에도 등대는 반드시 필요하며, 등대의 빛을 육안으로 식별할 수 있는 가장 먼 거리를 뜻하는 광달거리를 측정하는 것은 매우 중요하다. 프레넬렌즈가 등장하기 이전의 등대는 아무리 밝은 표시등(램프)을 사용하더라도 사방으로 퍼지는 빛의 특성상 거리가 멀어질수록 밝기가 크게 줄어들었다. 프레넬렌즈는 빛을 한 방향으로 모아 광달거리를 압도적으로 늘린 획기적인 발명품이었다.

프레넬렌즈는 빛의 회절 현상을 이용해 사방으로 퍼지는 빛을 일직선으로 모아주었다. 프레넬렌즈의 회절 현상을 반대로 이용하면 일직선으로 들어오는 빛을 한 점으로 모아주는 것도 가능하다. 이런 회절렌즈를 평면렌즈에 더하면 초점이 두 개인 렌즈를 만들 수 있다. 멀리 잘

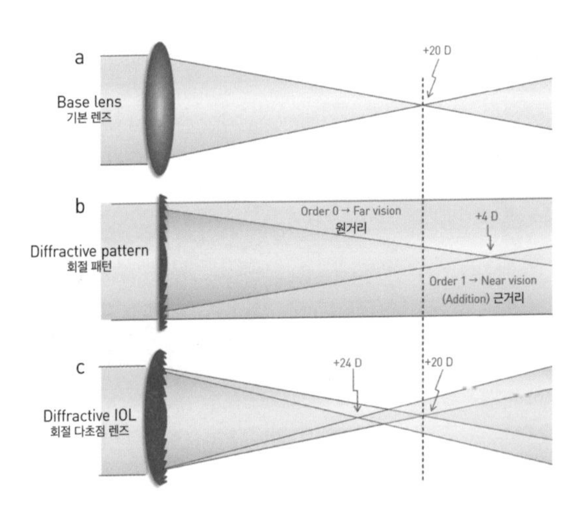

그림 111 회절 다초점 렌즈의 기본 원리를 나타낸 그림이다. 기본 렌즈에 회절 패턴을 합치면 두 개의 초점을 가진 렌즈가 된다.

보이는 기본 렌즈에 근거리가 잘 보이는 회절 패턴을 결합해 이중초점 렌즈가 되는 것이다. 회절 패턴의 모양을 조절하면 다양한 이중초점을 만들 수 있다. 회절 패턴을 좁고 촘촘하게 하면 빛이 더 많이 꺾여서 가까이가 더 잘 보이게 되고, 회절 패턴을 넓고 듬성듬성하게 하면 빛이 덜 꺾여서 중간 거리가 잘 보이게 된다. 패턴의 높이를 높이면 근거리로 가는 빛의 양이 많아지고, 패턴의 높이를 낮추면 원거리로 가는 빛의 양이 많아진다.

세계 최초의 다초점 인공수정체는 1997년 미국 AMOAbbott Medical Optics 사에서 출시한 어레이Array렌즈이지만 상업적으로 성공하지는 못했다. 2005년 미국 알콘Alcon사의 레스토ReSTOR렌즈부터 다초점 인공수

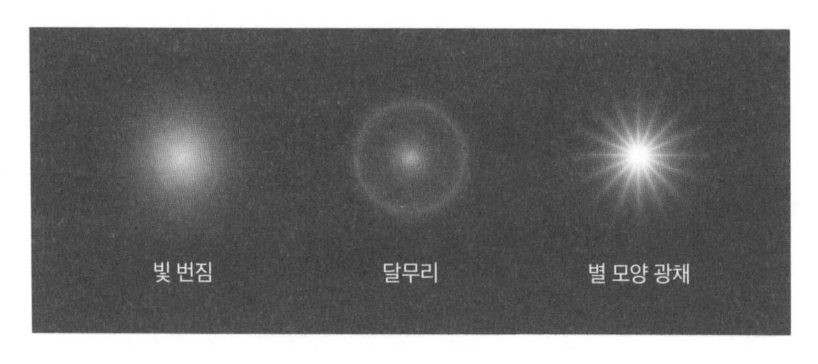

그림 112 빛 번짐의 세 가지 유형인 빛 번짐, 달무리, 별 모양 광채의 형태. 다초점 인공수정체의 근거리 도수가 높을수록 빛 번짐이 심해진다.

정체의 시대가 본격적으로 시작되었다고 볼 수 있는데, 레스토렌즈는 +4디옵터의 높은 근거리 도수를 가진 이중초점 인공수정체였다.

이런 이중초점 인공수정체에는 몇 가지 한계점이 존재한다. 첫 번째는 야간 빛 번짐이다. 우리 눈으로 들어온 빛은 두부 자르듯이 깔끔하게 이등분되지 않는다. 회절 패턴을 통과한 빛의 일부는 초점을 완전히 맺지 못하고 여러 방향으로 산란한다. 이런 빛은 야간에 빛 번짐으로 나타나 시각적 불편함을 야기한다. 빛 번짐은 사방에서 빛이 들어오는 낮에는 크게 문제 되지 않지만 주변이 어두워지는 야간에 더욱 도드라지게 느껴진다. 특히 야간 운전 시 가로등, 신호등, 맞은편 차량의 전조등이 번져 보이면서 운전을 방해하는 요소로 작용한다.

아직까지 야간 빛 번짐은 회절형 다초점 인공수정체의 숙명이다. 빛 번짐을 빛 번짐glare, 달무리halo, 별 모양 광채starburst의 세 가지 유형으로 나눌 수 있는데, 실제로는 이 세 가지의 빛 번짐이 섞여서 나타난다.

다초점 인공수정체의 근거리 도수가 높을수록 달무리가 더욱 커지고, 근거리로 빛을 많이 보낼수록 달무리는 점점 더 선명해진다. 따라서 빛 번짐의 불편함을 줄이기 위해 대부분의 개발사에서 근거리 도수를 점차 줄이기 시작해 현재는 +3디옵터 내외의 근거리 도수가 주류를 이루고 있다.

다초점 인공수정체의 두 번째 단점은 대비감도의 저하다. 대비감도는 사물의 색과 밝기 차이를 구별하는 능력이며, 대비감도가 낮아지면 환자들이 '흐릿하다', '뿌옇다'라고 표현한다. 초점이 맞아서 글자를 읽을 수 있지만 각각의 초점이 만드는 빛 에너지가 줄어들어 선명도가 떨어진 상태다. 초창기에 발명된 이중초점 인공수정체는 빛 효율이 그다지 좋지 않았다. 인공수정체를 통과하는 빛의 41퍼센트는 원거리 초점을 만들고, 41퍼센트는 근거리 초점을 만든다. 나머지 18퍼센트는 초점을 맺지 못하고 소실되었는데(빛 효율 82퍼센트), 이는 그만큼의 선명도를 잃는다는 뜻이다. 빛의 일부는 소실되어 버리고 나머지 빛마저도 두 개로 나눠서 봐야 하기 때문에 단초점 렌즈에 비해 대비감도가 떨어질 수밖에 없다. 좋게 말하면 원거리와 근거리가 모두 보이는 것이고, 나쁘게 말하면 어느 곳 하나 선명하게 보이지 않는 것이다.

대비감도가 떨어지면 특히 어두운 곳에서 문제가 된다. 분위기 좋은 레스토랑을 상상해 보자. 조명이라고는 듬성듬성 있는 간접등뿐이고, 테이블에는 촛불이 있다. 분명 분위기는 좋겠지만 대비감도가 떨어진 눈으로 메뉴판을 보려면 어렵다. 내가 환자에게 들었던 가장 안타까운

그림 113 오른쪽 알파벳도 읽을 수는 있지만 흐릿하고 막이 낀 것처럼 보인다.

이야기는 자기 전에 손자에게 동화책을 읽어주는 것이 힘들다는 말이었다. 흰 종이에 검은색 글씨가 인쇄된 일반 책과 달리 동화책은 그림이 있는 배경에 알록달록한 색으로 글씨가 인쇄된 경우가 많다. 게다가 아이를 재우기 위해 어두운 방에서 동화책을 읽어야 하니 알록달록한 배경 속 글자를 읽기 힘들었던 것이다. 이렇게 대비감도가 저하된 상태는 시력검사로는 측정할 수 없다. '시력판'은 흰 바탕에 검은색 글씨로 되어 있어 대비감도가 떨어져도 잘 읽을 수 있기 때문이다.

다초점 인공수정체의 세 번째 단점은 상이 겹쳐 보이는 현상이다. 우리 눈에 두 개의 초점이 생기면 첫 번째 초점으로 가까운 곳을 볼 때도 먼 곳을 볼 때 쓰는 두 번째 초점이 흐릿한 채로 겹쳐 보인다. 멀리 볼 때는 두 번째 초점으로 보지만, 흐릿하게 보이는 첫 번째 초점 때문에 한 겹 더 있는 것처럼 보인다. 환자는 대개 '막이 끼어 있는 것 같다'라고 표현하는 경우가 많다. 이 증상은 젊고 건강한 사람에게서 나타난다. 초점이 안 맞는 흐릿한 빛까지 뇌의 시각중추에서 감지해 생기는 불편함이다.

정리하자면 다초점 인공수정체는 멀리와 가까이를 '골고루' 볼 수 있지만 단초점 인공수정체만큼 선명하게 보이지 않는다. 따라서 다초점 인공수정체는 안경을 불편해하고 안경이 없는 일상생활을 중요하게 생각하는 사람에게 적합하다. 하지만 운전할 때처럼 선명한 시력이 요구되거나 정밀한 삭입을 해야 하는 금속 세공에 종사하는 사람에게는 다초점 인공수정체를 이용한 백내장 수술을 권하기 어렵다. 환자들은 수술 전에 이런 변화가 생길 수 있다는 사실을 충분히 이해하는 것이 중요하다. 안과의사 쪽에서는 설명만 하기보다 사진 자료를 제공하는 것도 좋은 방법이다.

이와 관련해 아주 흥미로운 논문이 있어서 소개하고자 한다. 우리나라의 황호식 교수가 「다초점 인공수정체를 삽입한 환자들은 과연 어떻게 보일까?How does the world appear to patients with multifocal intraocular lenses?」라는 제목으로 2020년에 발표한 논문이다. 황 교수는 모바일 모델 아이model eye에 여러 종류의 인공수정체를 삽입해 야외에서 촬영을 진행했다. 실험실이나 시력검사표를 찍은 것이 아니라 실제 풍경이 어떻게 보이는지를 촬영한 것이다. 사진 속의 A는 단초점 인공수정체다. 당연히 스마트폰 글자를 읽을 수 없지만 거리의 풍경은 깨끗하게 보인다. B는 다초점 인공수정체다. 거리의 풍경은 단초점 인공수정체와 큰 차이가 나지 않으면서도 스마트폰 글자가 조금 보인다. C는 다른 다초점 인공수정체인데, 거리의 풍경이 확실히 뿌옇게 보이지만 스마트폰의

그림 114 실제 인공수정체로 보는 풍경과 스마트폰 속 글자다. A는 단초점 인공수정체, B는 다초점 인공수정체이며, C는 B와 다른 다초점 인공수정체다.

작은 글자까지 충분히 읽을 수 있다. 물론 실제 사람 눈으로 보는 것과는 다르겠지만, 다초점 인공수정체를 간접적으로 체험해 볼 수 있는 훌륭한 연구라고 생각한다. 다초점 인공수정체의 이런 태생적인 한계 때문에 2000년대 후반까지만 해도 다초점 백내장 수술은 안과의사가 수술을 잘하는 것보다 환자를 잘 선택하는 것이 중요했다. 예민하고 꼼꼼한 성격의 환자보다는 느긋하고 무던한 환자가 다초점 인공수정체에 잘 적응하기 때문일 것이다.

이런 태생적 한계에도 불구하고 다초점 인공수정체가 대중화된 계기는 삼중초점 인공수정체가 등장하면서부터다. 이중초점 안경과 누진 다초점 안경이 엄연히 다르듯이, 삼중초점부터 진정한 다초점이라고 말할 수 있다. 세계 최초의 삼중초점 인공수정체는 2010년 출시된 벨기에 PhysIOL 사의 파인비전Fine Vision이다. 다초점 인공수정체의 회절 패턴을 통과할 때 빛 에너지는 대략 원거리 40퍼센트(Order 0: 회절 0회), 근거리 40퍼센트(Order 1: 회절 1회)의 비율로 나뉘어진다. 그리고 약 4퍼센트의 빛 에너지는 근거리 도수의 두 배에 해당하는 도수로 꺾여서 소실(Order 2: 회절 2회)되는데, 이 4퍼센트의 빛을 버리지 않고 세 번째 초점을 만드는 데 이용한 것이 삼중초점 인공수정체다. 삼중초점 인공수정체에는 +1.75디옵터의 중간 거리용 회절 패턴을 추가했다. 이 +1.75디옵터의 회절 패턴을 통과한 빛 중 4퍼센트는 +3.5디옵터로 꺾이는데, 이 빛을 근거리용 +3.5디옵터의 회절 패턴에서 꺾인 빛과 합쳐 빛 효율을 높인 것이다. 2018년에 미국 알콘 사의 팬옵틱스Panoptix는 네 개의 회절 패턴으로 빛 손실을 더욱 줄여서 88퍼센트의 높은 빛 효율을 달성했다. 하지만 실제로 기능하는 초점은 세 개이기 때문에 어디까지나 '삼중초점' 인공수정체다. 우리 눈으로 들어오는 빛의 양은 한정되어 있기 때문에 유용한 시력을 유지하면서 초점을 나누려면 세 개가 한계이지 않을까 싶다.

다초점 인공수정체의 이런 한계점을 극복할 수 없을까? 수술 후 눈 상태에 큰 문제가 없다면 대개 시간이 지나면 좋아질 것이라고 설명한다. '차차 적응한다', '익숙해진다'라고 표현하기도 한다. 의사가 이런 말을 할 수 있는 이유는 우리 뇌에서 감각적응sensory (neural) adaptation(신경적응)이 일어나기 때문이다. 감각적응은 우리가 일상에서도 종종 겪는 일이다. 우리는 카페의 문을 열고 들어간 순간에 커피 향을 느낀다. 하지만 5분 남짓한 시간만 지나도 커피 향이 처음만큼 느껴지지 않는다. 바로 이것이 후각의 감각적응이다. 공기 속 커피 향 분자의 개수는 달라지지 않았는데 우리의 감각기관과 그 정보를 처리하는 뇌가 커피 향에 '적응'해서 이내 그 자극을 느낄 수 없게 된다. 이런 감각적응은 의식적으로 통제할 수 없다. 이미 커피 향에 적응된 상태라면 의식적으로 커피 향을 다시 맡으려고 해도 맡을 수가 없는 것이다.

다초점 인공수정체의 불편함도 감각적응이 이루어지면서 차차 줄어든다. 물리적으로 빛 번짐이 사라지는 것은 아니지만 한번 적응되고 나면 자각할 수 없는 상태가 된다. 다초점 인공수정체 수술을 받는 환자가 감각적응에 필요한 기간은 사람에 따라 매우 다르다. 짧으면 2~3주지만 보통은 3~6개월가량이 필요하다. 일부 환자들은 지속적으로 불편함을 호소하기도 한다. 감각적응을 방해하는 심리적인 인자가 몇 가지 있는데, 의심(다른 사람은 괜찮다고 하던데 왜 나만 그래요?), 비난(이런 부작용이 있으면 수술 전에 이야기를 해줬어야죠!), 부정(듣긴 했지만 이 정도일 줄은 몰랐죠!), 절망(그러면 평생 이렇게 살아야 한다는 말이에요?) 같은 것이 있다.

감각적응은 자신의 의지로 이루어지지 않는다. 하지만 감각적응을 하는 데에는 몇 가지 요령이 있다. 모든 글자는 선으로 이루어져 있기 때문에 글자를 읽을 때는 선에만 집중하는 것이 좋다. 밤에 보이는 빛 번짐은 의도적으로 무시하는 것도 방법이다. 야간에 운전할 때 적응 기간을 넉넉히 잡고 가급적 광원을 직접 보지 않으면서 운전하는 훈련이 필요하다. 물론 수술 후에 적응 훈련을 하는 것보다 수술 전에 이런 불편함을 충분히 이해하는 것이 더 중요하다. 돋보기 안경을 벗는 것과 이런 불편함을 교환했다고 생각하는 마음가짐도 필요하다. 감각적응에 관한 의사의 설명을 믿고 치료를 잘 따르는 자세도 필요하다.

결국 수술에서 가장 중요한 것은 환자의 만족이다. 환자가 느끼는 수술 후 만족도가 높으면 감각적응도 원만히 이루어질 수 있다. 안과의사는 환자의 시력으로 수술 결과를 판단하기 마련이지만, 의외로 시력과 수술 후 만족도는 관련이 적다. 백내장 수술 후 주관적인 만족도와 가장 관련이 깊은 요소는 대비감도다. 다초점 백내장 수술 후에 근거리와 원거리 모두 1.0의 시력이 나오는데 환자는 만족하지 못하는 상황이 종종 발생한다. 이런 경우 대비감도 향상에 초점을 맞춰야 한다. 대비감도를 떨어트릴 수 있는 안구건조증, 후발성 백내장, 비문증 등을 적극적으로 치료하고, 독서할 때 조명을 밝게 하거나 핸드폰 글씨를 크게 키워서 보는 것이 도움이 된다.

또 수술 후의 결과가 똑같더라도 환자의 만족도는 수술 전 기대치에 반비례할 수 있다. 수술 전 환자의 기대치를 '현실화'하는 일은 의사의 몫이다. 호주의 안과의사 페이저Chet K Pager에 따르면, 수술 전부터 환자가 과도하게 기대할수록 불만족을 경험할 확률이 높으므로 수술 후 만족도를 높이려면 수술 결과보다 환자의 기대 수준을 조절하는 것이 더 효과적이라고 한다. 이는 고가의 다초점 백내장 수술을 할 때 더욱 중요하다. 안과에서 백내장 수술을 '노안 수술'이라고 마케팅을 하다 보니 환자는 다시 젊어지는 수술이라고 생각하고 기대로 부푼 채 병원을 방문한다. 이런 경우 빛 번짐이나 대비감도 저하 같은 수술의 한계점을 간과하기 쉽다. 특히 수술 후 시력이 안 좋을 것으로 예상되는 경우에는 사전에 충분히 설명해서 기대치를 낮춰야 한다. 이 같은 요인이 없더라도 사전 설명은 수술에 대한 두려움과 합병증에 대한 불안감을 줄여 수술 후 만족도를 높일 수 있다. 나 역시 수술만 잘하는 것보다는 진료 시간을 넉넉히 확보해 환자와 충분히 대화하는 것이 중요하다고 생각한다.

#5 AI 시대의 인공수정체 도수 계산

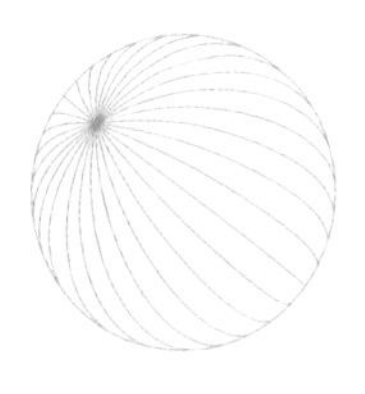

우리 눈은 망막에서 빛을 한 점으로 모아주기 위한 광학 장치다. 눈으로 들어온 빛은 각막과 수정체에서 한 번씩 꺾여서 초점을 만들고, 이 초점이 망막에 정확히 맺혀야 좋은 시력을 얻을 수 있다. 초점이 망막보다 앞에 맺히면 근시, 뒤에 맺히면 원시라고 하고, 초점이 한 점으로 모이지 않으면 난시라고 한다.

백내장 때문에 혼탁해진 수정체를 제거하면 이를 대신할 인공수정체를 눈 속에 삽입해야 한다. 이 인공수정체의 도수를 정확히 맞추면 백내장만 치료하는 것이 아니라 원래 있던 굴절이상(근시, 원시, 난시)까지 함께 해결할 수 있다. 최근에는 백내장 수술의 목표가 백내장 치료와 동시에 굴절이상과 난시, 노안까지 교정해 안경을 벗는 것이 되었

1981 SRK Formula

$$P = A - 0.9K - 2.5L$$

P = 인공수정체 도수
A = 인공수정체 상수
K = 평균 각막 굴절력
L = 안축장

그림 115 인공수정체 도수를 계산하는 최초의 SRK 공식.

다. 그렇다면 수술 전에 어떻게 인공수정체 도수를 정확히 계산할 수 있을까?

단순화하면 안축장에 필요한 도수에서 각막 도수를 빼서 인공수정체 도수를 구할 수 있다. [그림 115]의 공식은 인공수정체 도수를 계산하기 위해 1981년에 최초로 만들어진 SRK 공식Sanders, Retzlaff, Kraft(공동 개발)이다. 인공수정체 제조사에서 제공한 상수A, 환자의 각막 굴절력K, 안축장L의 세 가지 정보만 있으면 인공수정체 도수를 계산할 수 있다.

1세대 SRK 공식은 평균적인 길이의 눈에서는 비교적 잘 맞았지만 안축장이 아주 짧거나(22밀리미터 미만) 길면(24.5밀리미터 초과) 오차가 크게 발생했다. 그래서 1989년에 발표된 2세대 SRK II 공식을 통해 인공수정체 상수A를 안축장L에 따라 세분화해 정확도를 향상시켰다. 안축장이 24.5밀리미터를 초과하는 경우 상수A에서 0.5밀리미터를 빼고, 22밀리미터 미만인 경우 단계별로 1~3밀리미터를 더해서 오차를 줄이려고 했다.

1989 SRK II Formula

$$P = A_1 - 0.9K - 2.5L$$

A상수: 눈 길이에 따라 세분화

안축장 24.5mm 이상: A1 = (A - 0.5)
안축장 22~24.5mm: A1 = (A)
안축장 21~22mm: A1 = (A + 1)
안축장 20~21mm: A1 = (A + 2)
안축장 20mm 미만: A1 = (A + 3)

그림 116 기존 SRK 공식에서 정확도를 높인 2세대 SRK II 공식.

그럼에도 여전히 오차는 존재했다. 그 이유는 각막 도수와 눈 길이가 똑같더라도 사람마다 눈의 해부학 구조가 조금씩 다르기 때문이다. 특히 수술 후 수정체낭의 빈 공간에서 인공수정체가 자리 잡는 위치가 사람마다 달랐다. 그뿐만 아니라 인공수정체의 재질이나 디자인, 의사의 수술 스타일 등에 따라서도 인공수정체의 최종 위치가 조금씩 달라지게 된다.

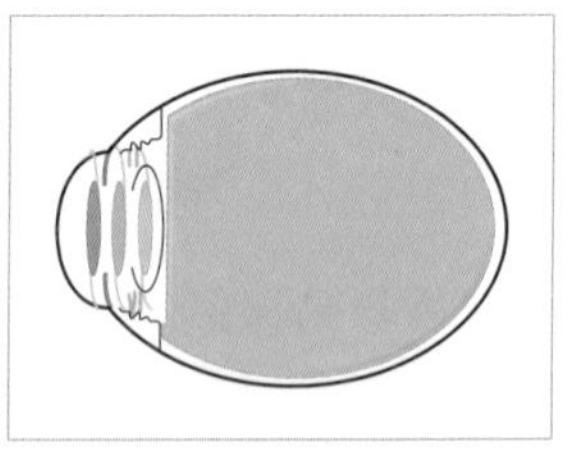

그림 117 눈 구조가 같더라도 인공수정체가 자리 잡는 위치는 사람에 따라 다를 수 있다.

이를 해결하기 위해 1990년에 유효 인공수정체 위치Effective Lens Position, ELP까지 고려한 3세대 SRK/T 공식이 발표됐다. 여기서 T는 'theoretical'의 약자다. 인공수정체의 위치를 수학적 모델을 통해 '이론

1세대	2세대	3세대	4세대
SRK Binkhorst	SRK II	SRK/T Hoffer Q Holladay	Holladay2 Haigis Olsen
각막 도수, 안축장 사용	A 상수 최적화	인공수정체 위치 예측	다양한 측정치 추가

그림 118 인공수정체의 위치를 알아내기 위해 여러 공식이 발전되었다.

상'으로 계산했다는 의미다. SRK/T 공식은 지금도 많은 안과의사가 사용하고 있다.

하지만 아무리 이론적으로 뛰어난 공식을 만들어도 두 가지 정보(각막 도수, 안축장)만으로는 정확도에 한계가 있었다. 좋은 맞춤 셔츠를 만들기 위해서는 키와 몸무게뿐만 아니라 목, 어깨, 가슴둘레 등의 정보가 필요한 것과 비슷하다. 4세대 공식부터는 전방 깊이, 수정체 두께, 환자 나이 등의 정보를 추가하기 시작했다. 4세대 공식의 이름에는 대부분 개발자의 이름을 붙였다. Holladay2 공식은 무려 일곱 가지 측정치를 입력하도록 되어 있다. 3세대와 4세대 공식에는 이론적으로 인공수정체의 위치를 예측하는 방식과 실제 수술 결과치를 통계적으로 분석한 회귀 분석regression analysis 방식이 섞여 있다.

이렇게 많은 공식이 발전되어 왔지만 아직까지 모든 눈을 아우르는 만능 공식은 없다. 수술 전 어떤 공식에 우선순위를 두어서 인공수정체가 자리 잡을 위치를 계산할지는 여전히 안과의사의 판단에 달려 있다. 안과의사는 환자의 눈 상태, 인공수정체의 종류와 도수, 본인의 수술

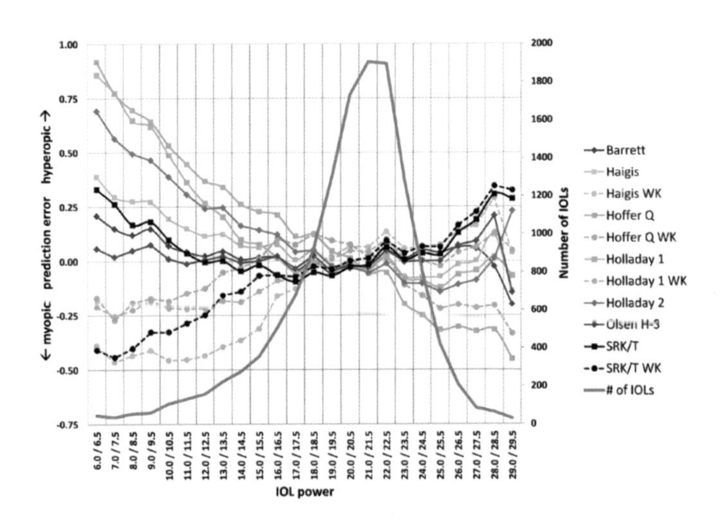

그림 119 인공수정체 도수 계산 공식은 변수가 양극단으로 갈수록 오차가 커진다.

경험 등에 따라 3세대와 4세대 공식을 모두 참고해 인공수정체 도수를 선택한다.

어쩌면 하나의 완벽한 공식을 만드는 것은 인간의 힘으로는 해낼 수 없을지도 모른다. 그래서 2016년에 발표된 Hill-RBF 계산기는 인공지능Artificial Intelligence, AI을 활용했다. 인간이 만든 공식이 아니기에 계산기라고 부른다. 전 세계의 뛰어난 안과의사에게서 많은 양의 백내장 수술 정보(빅데이터)를 수집하고, 인공지능이 정보를 스스로 분석(딥러닝)해 만든 방법이다. 현재 3.0 버전이 홈페이지를 통해 제공되고 있다. 바둑의 알파고처럼 인공지능이 사람보다 더 정확하게 인공수정체 도수를 계산해 주는 시대가 도래했다.

인공수정체 다음으로 안과에서 인공지능이 활용되는 분야는 안저검사 판독이다. 우리나라 40대 이상 직장인이라면 종합건강검진 프로그램으로 한 번쯤 안저검사를 받아본 경험이 있을 것이다. 안저검사는 카메라로 망막을 촬영해 녹내장과 황반변성과 같은 주요 안과 질환과 고혈압, 당뇨와 같은 심혈관질환을 진단하는 데 도움을 준다. 우리 몸에서 혈관을 직접 관찰할 수 있는 곳은 망막이 유일하다. 엑스레이, MRI와 같은 영상의학 검사들은 혈관에 조영제를 주사해서 생기는 그림자를 보는 방식이다. 안저검사를 통해 혈관의 모습을 직접 확인하면 심혈관 질환을 관리하는 데 많은 도움이 된다.

방사선 사진을 영상의학과에서 판독하는 것처럼 안저검사 결과를 안과에서 판독한다. 대학병원에서는 안저검사 결과를 주로 전임의가 판독하는데, 이는 바쁜 전임의에게 가장 성가신 업무 중 하나다. 나는 전공의 때 질병관리청 국민건강영양조사에 파견되어 지역 주민들을 대상으로 안과검진을 했고, 전임의 때는 이렇게 모인 검진 결과를 판독한다. 안저 사진 판독 자체는 힘든 업무가 아니다. 하지만 방대한 외부 데이터를 로딩해야 하거나 판독 프로그램의 사용자 인터페이스UI가 불편한 경우에는 결과를 입력하는 단순 작업이 괴로웠다. 한 건의 '정상' 판독을 위해 마우스를 수십 번씩 클릭해야 한다면 사람은 지칠 수밖에 없다.

이런 안과의사들의 고충을 덜어주기 위한 것일까. 2016년 구글을 시작으로 여러 기업에서 안저검사 결과 판독 인공지능을 발표했다. 현재

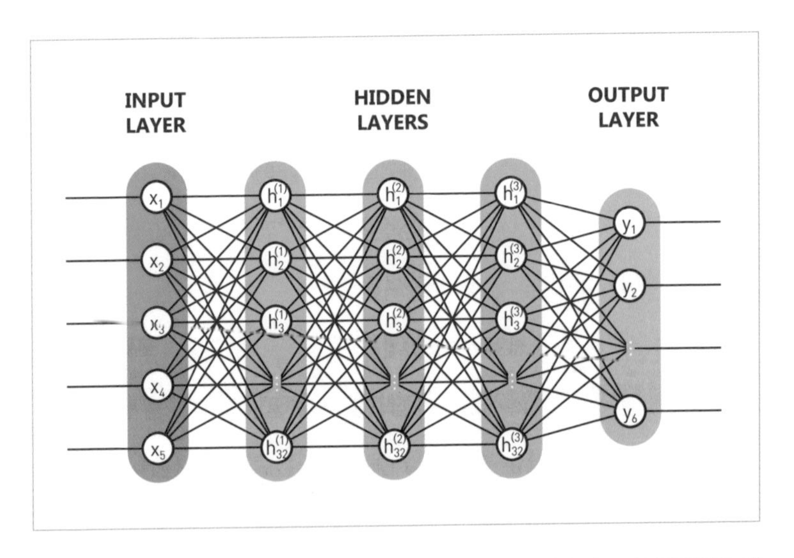

그림 120 수술 전후 결과가 많을수록 빅데이터가 형성되어 결과 예측이 보다 정확해진다. 이때 딥러닝 과정이 어떻게 이루어지는지는 인간이 알 수 없다.

인공지능이 판독하는 결과의 정확도는 대부분 안과의사에 비해 크게 떨어지지 않는 것으로 보인다. 내 경험에 비추어 보면 안과의사보다 지치지 않는 인공지능이 효율적일 것 같다. 안저검사 결과 판독 인공지능은 기술적으로는 이미 성숙 단계로 보이지만 상용화되기까지는 아직 시간이 더 필요하다. 의료 윤리와 책임, 사회적 인식, 정책 등이 복잡하게 얽혀 있기 때문이다. 혹자는 인공지능이 의사를 대체해 일자리가 줄어들지 않을까 걱정한다. 하지만 안저검사 결과 판독에 인공지능이 도입되면 비용이 절감되어 보다 많은 대상자들이 검사를 받을 수 있을 것이다. 환자는 실명을 예방할 수 있는 기회를 얻고 안과의사는 더 많은 환자들을 치료할 수 있기에 모든 구성원에게 이득이 돌아간다.

2011년에 전 세계의 주목을 받았던 IBM의 인공지능 왓슨은 언어를 해석하는 데 부족함이 있었다. 환자가 표현하는 증상이나 의사들의 의무 기록을 정확하게 해석하지 못했고, 결국에는 임상에서 활용되지 못했다. 인공수정체 도수 계산과 안저검사 결과 판독에서는 언어를 해석할 필요가 없다. 부디 인공지능이 무사히 정착되어 다양한 안과 분야에 널리 사용되기를 기대한다.

#6 인공 눈의 현주소

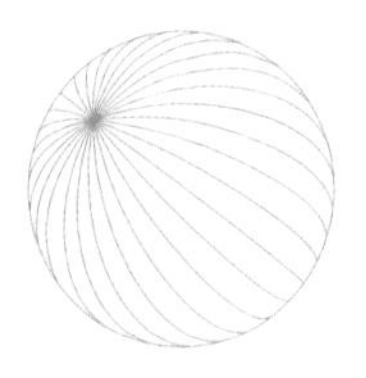

우리나라에서 오랫동안 인기를 누려온 게임 스타크래프트Starcraft에는 고스트ghost라는 유닛이 있다. 이 유닛에게는 시야를 넓히는 인공 눈 이식ocular implants 업그레이드가 있는데, 최대 사거리로 핵을 투하하는 기술을 사용하기 위해서는 이 업그레이드가 반드시 필요하다. 고스트는 군사 용어로 '따라잡을 수 없는 자'라는 뜻으로 쓰인다고 하는데, 인간의 한계를 뛰어넘기 위해 몸을 개조한 사이보그 유닛에게 잘 어울리는 이름이다.[36]

36 SF에서 뇌를 제외한 신체에 기계 장치를 이식한 결합체는 사이보그라고 하고, 사람을 닮았지만 뇌까지 기계로 만든 것은 안드로이드라고 한다. 형사 가제트와 로보캅은 사이보그, 아톰과 터미네이터는 안드로이드다.

인공장기는 인간의 장기를 대신하기 위해 개발되었다. 인간의 장기는 수요에 비해 공급(기증자)이 턱없이 부족하고, 수여자의 면역체계가 거부 반응을 일으킬 수 있다. 인공장기가 실용화되면 두 가지 문제를 모두 해결할 수 있으므로 우리의 건강을 획기적으로 증진시켜 줄 것이다. 참고로 장기organ와 조직tissue은 서로 다르다. 장기는 심장, 폐, 위처럼 여러 조직이 모여 고유한 기능을 담당하는 것이고, 조직은 근육, 신경처럼 같은 기능을 하는 세포가 모인 것이다. 우리 눈의 경우 각막, 공막, 망막 같은 조직이 모여 시각을 담당하는 장기를 이루고 있다.

현재 상용화된 인공장기에는 무엇이 있을까? 백내장 수술에 사용하는 인공수정체는 가장 훌륭한 인공장기라고 생각한다. 백내장이 생기면 수정체의 투명도가 떨어지면서 시력장애가 발생하는데, 인공수정체는 수정체의 투명도를 완벽하게 회복시킬 수 있다. 굴절이상(근시, 원시, 난시)을 가진 사람은 인공수정체를 통해 굴절이상까지 교정할 수 있다. 게다가 수명이 반영구라서 오래 가고 자외선을 차단하는 기능까지 있다. 인공수정체는 백내장 환자에게 거의 완벽한 인공장기다. 다만 조절력이 없다는 것이 단점인데, 최근에는 다초점 인공수정체로 조절력도 어느 정도 보완할 수 있다. 치과와 정형외과에서 사용하는 인공치아(틀니, 임플란트)와 인공관절은 수명에 제한은 있지만(10년 내외) 기능 면에서는 제법 높은 완성도를 보인다. 청각장애인을 위한 인공와우(달팽이관) 수술은 정상인과 똑같은 소리를 들려주지는 못하더라도 훈련을 통해 청각장애인이 일상적으로 대화할 수 있게 돕는다.

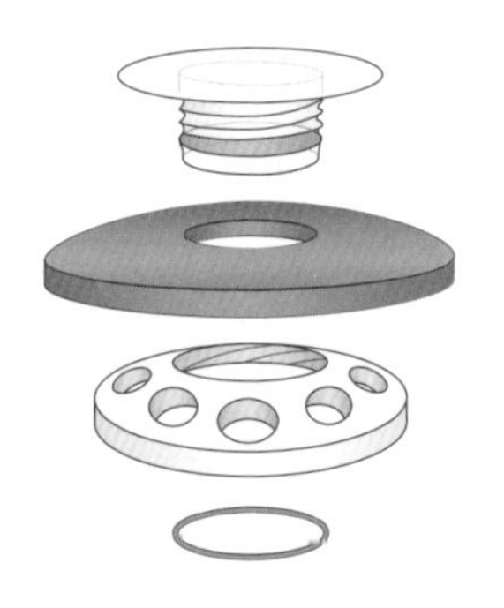

그림 121 보스턴 인공각막의 구성.

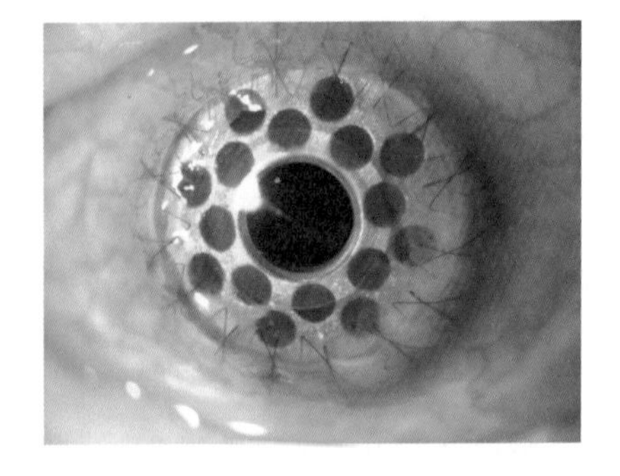

그림 122 보스턴 인공각막을 이식한 모습.

이외에는 아직 상용화된 인공장기를 찾기가 어렵다. 인공심폐기 에크모Extracorporeal Membrane Oxygenation, ECMO(체외막산소공급)는 중환자실에서만 사용할 수 있고 가용 기간도 한정적이다. 혈액 투석실을 인공 신장실이라고 하는데, 이 역시 2~3일마다 병원에 가서 장시간 투석을 받아야 하기 때문에 진정한 인공장기라고 하기에는 부족하다.

그렇다면 눈은 어떨까? 외상이나 심한 염증 때문에 각막 혼탁이 생기면 현재로서는 각막 이식만이 유일한 치료법이다. 가족간에도 이루어지는 간이나 신장 이식과 달리 각막은 사후에만 기증할 수 있다. 따라서 환자들은 기약 없이 국내 각막 기증자를 기다리거나 각막을 수입해서 이식 수술을 받는다. 성공적으로 각막 이식 수술을 받아도 이식 각막의 평균 수명은 10년 정도에 불과하다. 이런 이유로 젊은 나이의 환자라면 살면서 여러 번의 각막 이식 수술을 받아야 한다. 인공각막이 상용화되면 많은 환자가 '눈을 뜨게' 될 것이다.

현재 가장 널리 쓰이는 인공각막은 보스턴 인공각막이다. 2021년에 삼성서울병원에서 환자 여섯 명을 대상으로 해당 수술을 시행한 결과, 인공각막의 2년 생존율(심각한 거부 반응 없이 시력이 유지되는 비율)은 90퍼센트, 7년 생존율은 약 67퍼센트를 보였다. 보스턴 인공각막은 기증 각막과 함께 사용된다. 기증받은 각막의 중심부에 3밀리미터의 구멍을 만들고 아크릴 재질의 광학부를 끼워서 복합체를 만든다. 이렇게 하면 기증 각막에 거부 반응이 생기더라도 인공각막이 있는 중심부 3밀리미터의 투명성은 유지할 수 있다. 보스턴 인공각막은 완전한 인공각막과 기증 각막의 중간 단계라고 볼 수 있다. 거부 반응에 대한 부담이 적고 면역억제제를 사용하지 않아도 된다는 점은 매우 큰 장점이다. 여러 차례 각막 이식에 실패한 환자에게는 희망적인 소식이다. 2023년 국내에서 개발된 인공각막 임상실험이 서울아산병원에서 진행되었다. 티이바이오스TE Bios에서 개발한 C-clear 인공각막은 소프트 콘택트렌즈 재질인 HEMAHydroxyl-ethyl Methacrylate와 아크릴의 합성 소재로 중심부에 투명한 5밀리미터 크기의 광학부를 가지고 있다. 보스턴 인공각막처럼 사람이 기증한 각막이 필요하지 않기 때문에 상용화된다면 각막 기증이 부족한 우리나라에 더 적합할 것으로 보인다.

인공망막 기술은 얼마만큼 발전했을까? 빛만 잘 통과하고 굴절시키면 되는 비교적 단순한 기능을 가진 각막에 비해 망막의 기능은 훨씬 복잡하다. 망막은 빛으로 된 시각 정보를 전기 신호로 바꾸는 시세포로 이루어진 막이다. 눈 속의 신경 조직인 망막은 다른 사람에게 이식받을

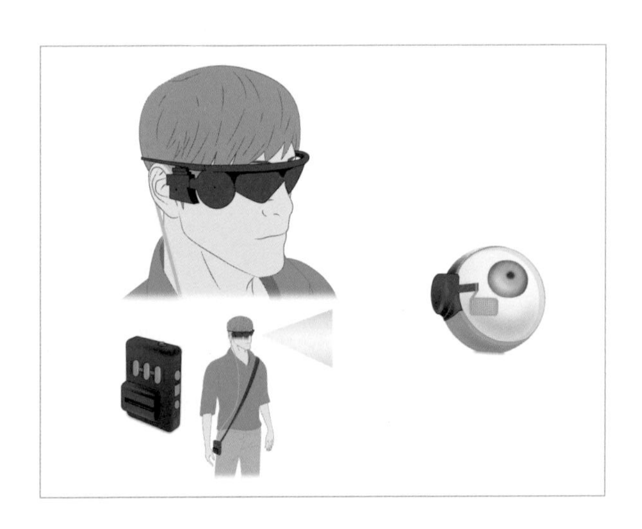

그림 123 인공망막의 작동 원리.

수도 없기 때문에 현재까지 망막 문제로 실명한 환자를 회복시킬 방법은 없다.

망막변성retinal degeneration은 시세포의 변성으로 빛을 전기 신호로 바꾸지 못하는 질병이다. 시세포 이후의 경로에는 문제가 없기 때문에 시신경으로 올바른 전기 신호만 전달해 준다면 볼 수 있다. 인공망막은 이 점에서 착안하여 빛 신호를 전기 신호로 변환해 시신경에 전달한다. 인공망막은 외부 카메라, 비디오 처리 장치, 송신기, 안구에 이식하는 수신기와 전극으로 구성되어 있다. 외부 카메라로 수집된 영상을 컴퓨터가 전기 신호로 바꾼다. 이 신호는 외부 안테나를 통해 망막에 이식된 초소형 전자 패드로 전달된다. 전자 패드는 영상 정보를 다시 전기 신호로 전환하고 시신경(정확히는 신경절 세포)을 자극해 시각 정보를 전송한다. 인공망막은 이런 원리로 사물의 윤곽을 구분할 정도의 시력을 제공할 수 있다.

실명에 이르는 망막질환은 매우 다양하지만 인공망막을 적용할 수 있는 질환은 아직까지 망막색소변성증retinitis pigmentosa이 유일하다. 망막색소변성증은 대략 4,000명 중 한 명에게 발병하는 유전병으로, 성인이 된 후 시세포와 망막색소상피에 변성이 생겨 점진적으로 실명하는 질환이다. 가요 그룹 틴틴파이브의 이동우 씨가 앓고 있어 많은 사람에게 알려졌다.

인공망막의 역사는 비교적 짧다. 2002년 미국 서던캘리포니아대학교 로스키 안연구소USC Roski Eye Institute에서 최초의 인공망막 수술이 이루어졌다. 전자 패드의 전극이 16개에 불과한 시제품이었지만, 망막색소변성증으로 실명 상태였던 환자는 사물의 움직임을 식별할 수 있을 정도로 시력을 회복했다. 이후 10년이 넘는 연구 끝에 미국 세컨드사이트Second Sight사에서 60개의 전극을 가진 아르구스 2Argus II[37]를 개발해 2013년에 FDA 승인을 받았다. 우리나라에서는 2017년에 식품의약품안전처 허가를 받고 서울아산병원에서 첫 수술이 시행되었다. 당시 아르구스 2를 이식받은 환자의 시력이 0.04까지 회복되면서 많은 화제가 되었다. 이 정도 시력은 가구와 같은 큰 사물의 윤곽을 파악할 수 있는

37 아르구스Argus는 그리스 로마 신화에 등장하는 거인 아르고스Ἄργος Πανόπτης에서 따온 이름으로 추정된다. 네 개의 눈을 가지고 사방을 보면서 잠을 자지 않는 감시자다. 후대로 갈수록 여러 개의 눈이 강조되어 온몸에 눈이 100개나 달린 거인으로 변했다.

수준이다. 아르구스 2를 이식받으면 중심 20도 정도(영화 스크린의 범위는 54도)의 시야를 파악할 수 있고 흑백으로 보인다. 1년 이상의 재활 훈련을 거치면 시력검사표 둘째 줄 정도의 숫자를 구분할 수 있는데, 시력으로 환산하면 0.16 정도다. 다만 세 시간마다 배터리를 갈아야 하기 때문에 외출할 때 배터리를 몇 개씩 휴대하고 다녀야 한다. 수술 비용은 나라마다 다르겠지만, 기계 값만 11만 5,000달러에서 15만 달리에 이른다. 우리 돈으로 대략 2억 원에 달하는 큰 금액이다.

2022년에는 같은 연구진이 개발한 IMIE 256The 256-channel Intelligent Micro Implant Eye의 임상실험 결과가 발표되었다. 아르구스 2보다 크기는 약간 더 크지만 256개의 전극을 가지고 있어서 해상도가 더 높았다. 또한 적외선을 감지할 수 있도록 카메라 시스템을 업그레이드해 IMIE 256를 이식받은 사람이 어두운 방 안에서도 사물에 부딪히지 않으면서 걷는 영상을 함께 공개했다. 유럽에서는 프랑스 픽시움 비전Pixium Vision 사의 아이리스 2IRIS II와 독일 레티나 임플란트 AGRetina Implant AG 사의 알파 2 AMSAlpha II AMS가 CE mark 승인을 받았다. 하지만 수술 사례가 많지 않고, 이런 극단적인 저시력을 비교하기 위한 합의된 방법이 없어서 성능을 직접 비교하기는 어렵다.

인공망막은 눈 속에 삽입하는 미세 전극의 밀도와 수를 늘리면 시력과 시야를 크게 개선될 수 있을 것으로 보인다. 실제 우리 눈의 전극이라고 할 수 있는 신경절 세포의 수는 200만 개에 이른다. 하지만 전자기기의 특성상 성능(해상도)을 높이면 열이 발생한다. 인체 조직은 40도만 넘어가도 화상을 입는다. 인공망막은 충분히 성공적인 걸음마를 뗐지만 발열 문제에서 기술적 한계에 부딪힌 상태다. 결국 개발사인 세컨드사이트는 2019년 5월에 아르구스 2의 생산을 일시적으로 중단했고, 뇌 임플란트인 오리온 인공 시각 피질 시스템Orion Visual Cortical Prosthesis System을 개발하는 데 전념할 계획이라고 발표했다. 일론 머스크가 설립한 뇌신경과학 스타트업 뉴럴링크에서도 이와 유사한 '블라인드사이트Blindsight'라는 장비를 개발 중이다. 굳이 눈을 거치지 않고 대뇌 시각 피질에 직접 전기 신호를 보내는 쪽이 유망하다고 보는 것 같다.

인공각막과 인공망막 모두 아직 걸음마 단계다. 인공장기라고 하기에는 여전히 기대에 못 미치는 성능을 보이고 있다. 하지만 내가 전공의였던 시절만 해도 이 모든 것을 상상조차 할 수 없었다. 영국의 SF 소설가이자 미래학자인 아서 C. 클라크Arthur C. Clarke(1917~2008)는 "충분히 발전한 과학 기술은 마법과 구별할 수 없다"라고 했다. 예컨대 중세 사람에게 스마트폰을 보여주면서 아무리 열심히 설명한들 틀림없이 그들은 그것을 마법으로 여길 거라는 뜻이다. 과학 기술의 발전 속도는 점점 빨라지고 있으며, 언젠가는 현대인의 이해력을 뛰어넘는 수준에 도달할 것이다. 내가 은퇴하기 전에 인공 눈의 시대가 도래하기를 희망한다.

VI

흔하지만 소외받는
#눈꺼풀 질환

#1 눈꺼풀에서 피지가 나온다?! 마이봄샘 기능장애

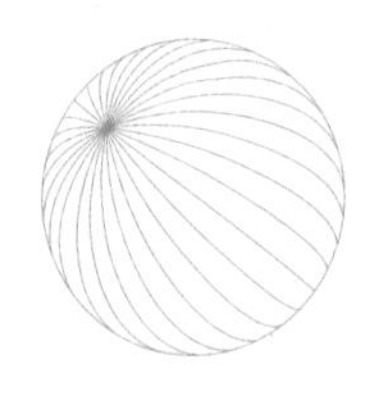

눈물막은 세 개의 층으로 구성되어 있다. 가장 안쪽에 있는 점액층mucous layer, 가장 두꺼운 수성층aqueous layer, 가장 바깥쪽의 지방층lipid layer이 함께 눈물막을 이루고 있다. 피부의 유수분 균형이 중요하듯이, 눈물도 눈물막 성분의 양과 질의 균형이 잘 맞아야 한다.

안구건조증은 너무나도 중요한 질환이다. 굉장히 흔하면서 다양한 증상을 야기한다. 때로는 시력을 위협하는 합병증으로 이어질 수도 있다. 예전에는 안구건조증으로 병원을 찾아도 인공 눈물을 처방받는 것 외에 다른 치료법은 없었다. 그러다 보니 안구건조증을 불치병처럼 여겨 각종 민간요법을 찾는 사람도 많았다.

안구건조증에는 두 유형이 있는데, 순수하게 눈물 분비량이 줄어들

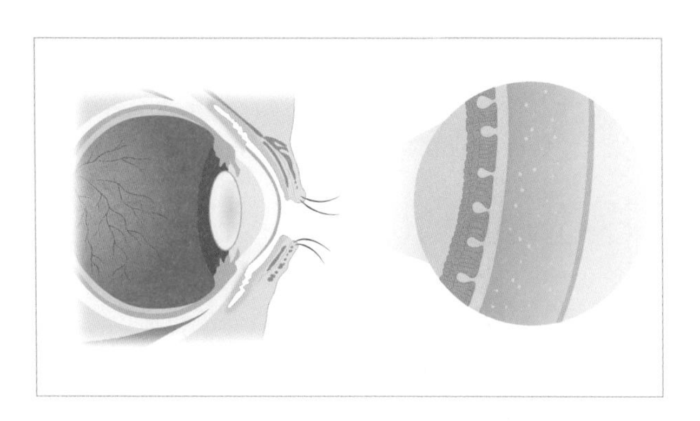

그림 124 눈물막의 구성.

어 발생한 수분 부족형 안구건조증과 마이봄이 부족해서 눈물이 과다하게 증발하는 증발 과다형 안구건조증이 있다. 특히 동양인 안구건조증 환자의 2/3가 증발 과다형이거나 증발 과다형에 수분 부족형이 동반되어 있다. 따라서 마이봄샘의 기능을 회복하는 것이 안구건조증 치료에서 매우 중요하다.

안구건조증은 여전히 완치하기 어려운 질환이지만 다양한 치료법이 나오면서 치료 성과가 점차 좋아지고 있다. 여기서는 안구건조증의 가장 중요한 원인인 마이봄샘 기능장애meibomian gland dysfunction에 대해서 소개하겠다.

마이봄샘은 눈꺼풀 테두리 부위의 속눈썹 뿌리 안쪽에서 마이봄을 분비한다. 마이봄이라는 지방 성분은 눈물 증발을 막아주고, 안구 표면의 마찰을 줄이는 윤활제 역할을 한다.

건강한 마이봄샘에서는 투명한 액체 상태의 마이봄이 분비된다. 마

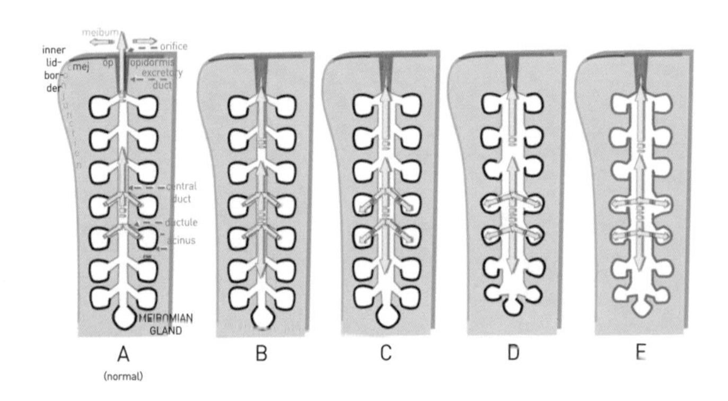

그림 125 마이봄샘 기능장애의 진행 과정.

이봄샘의 기능 장애가 생기면 마이봄이 점점 노랗고 탁해지며 치약 같은 반고체 상태로 변해간다. 마이봄샘 기능장애가 진행되는 과정은 다음과 같다.

(A) 다양한 원인으로 마이봄샘에 염증이 생긴다.

(B) 굳은 마이봄과 각질이 쌓여 입구가 막힌다.

(C) 기름이 배출되지 못해 마이봄샘의 내부 압력이 올라간다.

(D) 압박을 받은 마이봄샘 세포가 손상된다.

(E) 마이봄샘 세포가 죽어 영구적으로 위축된다.

마이봄샘 기능저하를 일으키는 원인에는 노화, 성별 및 호르몬 변화 등 우리가 바꿀 수 없는 요인이 있다. 이런 이유로 폐경기 여성이 안구

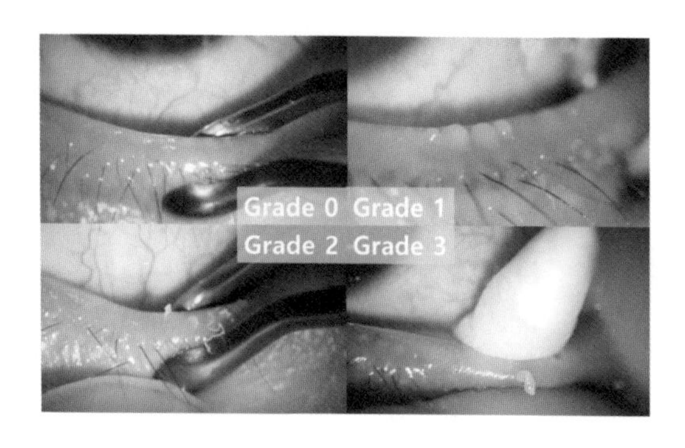

그림 126 마이봄샘 기능장애의 등급. 등급이 높아질수록 마이봄의 색이 탁해지고 치약처럼 굳는다.

건조증에 가장 취약하다고 할 수 있다. 반면 잦은 눈 비비기, 눈 화장, 콘택트렌즈 착용 등은 우리가 조절할 수 있는 요인이다. 또한 여드름 약(이소티논Isotinon), 수면제, 녹내장 안약 등 마이봄샘의 기능을 저하시키는 약물도 증상에 따라 조절할 수 있다. 이런 원인이 발생하지 않도록 생활 습관을 교정하는 것과 자주 눈꺼풀을 청소하고 꾸준히 온찜질을 하는 것이 마이봄샘 관리의 기본이다. 이것만으로 증상이 조절되지 않는다면 인공 눈물, 안구건조증 치료제(시클로스포린), 항생제(독시사이클린doxycycline) 등의 약물로 치료한다.

1) 눈꺼풀 위생 관리

지저분한 손으로 눈을 비비지 않는다.

콘택트렌즈 착용 전후에 손을 깨끗이 씻는다.

눈 화장을 꼼꼼하게 지운다.

세안할 때 눈꺼풀 테두리까지 닦는다.

마이봄샘 염증이 심한 경우에는 눈꺼풀 전용 세제를 사용한다.

2) 열을 가해 굳은 마이봄 녹이기(온찜질)

스팀 타월로 눈에 온찜질을 적용한다.

온열 마사지기를 눈에 5~10분가량 적용한다.

3) 마이봄샘 짜기(스퀴징squeezing)

앞의 두 방법과 달리 의사가 적극적으로 개입해 시행하는 방법이다. 왁스처럼 굳은 마이봄을 눈꺼풀을 짜서 배출시킨다.

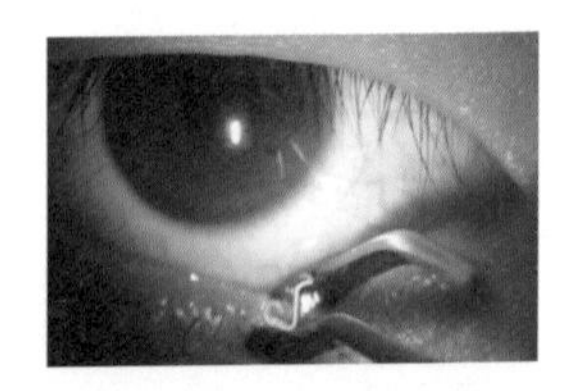

그림 127 마이봄샘 짜기는 안과의사의 시술이 필요하다.

눈꺼풀 청소는 아침에 하면 밤사이에 축적된 분비물을 닦을 수 있어서 효과적이다. 온찜질을 할 때 스팀타월의 적절한 온도는 42~43도이고, 10분간 적용해야 굳은 마이봄을 충분히 녹일 수 있다. 눈꺼풀 마사지 방법을 혼자서 하면 안구에 압박을 가하거나 상처를 낼 수 있기 때문에 추천하지 않는다.

비교적 최근 안구건조증 치료에 도입된 IPLIntense Pulsed Light 레이저 치료와 리피플로Lipiflow와 같은 안과에서 하는 전문 치료의 원리도 온찜질과 눈꺼풀 짜기를 결합한 방식이다. 꾸준한 관리와 전문 치료를 병행하면 치료하기 어려웠던 안구건조증도 나아질 수 있다. 내가 운영하는 유튜브 채널 〈안과 이원장〉에서 다양한 정도로 굳어 있는 마이봄샘을 짜는 영상을 볼 수 있으니 참고하길 바란다.

#2 눈꺼풀에서 기생충이 나온다?!

모낭충

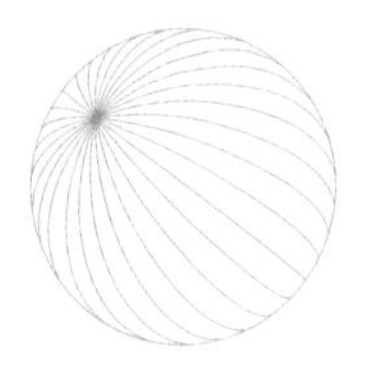

이번에는 실제 치료 사례로 시작해 보겠다. 노년의 남성이 3주 전부터 시작된 눈의 '뻐근한 통증'으로 내원했다. 다른 병원에서 안구건조증 치료를 받았지만 큰 호전이 없었다. 눈꺼풀을 진찰한 결과, 속눈썹 방향이 어긋나며 속눈썹이 하얗게 변하는 백모증poliosis과 그 뿌리에서 비듬이 관찰되었다. 속눈썹 안쪽의 마이봄샘 염증은 심하지 않았기에 눈꺼풀염anterior blepharitis(안검염)이라고 판단해 눈꺼풀 전용 세정제를 사용한 눈꺼풀 청소를 권했다.

[그림 129]는 눈꺼풀 청소 한 달 후의 사진이다. 속눈썹의 비듬과 염증이 줄어들었고, 환자의 주관적인 증상이었던 뻐근한 통증도 좋아졌다. 여러 병원을 다녀보았지만 눈이 건조해서 그렇다거나 특별한 문제

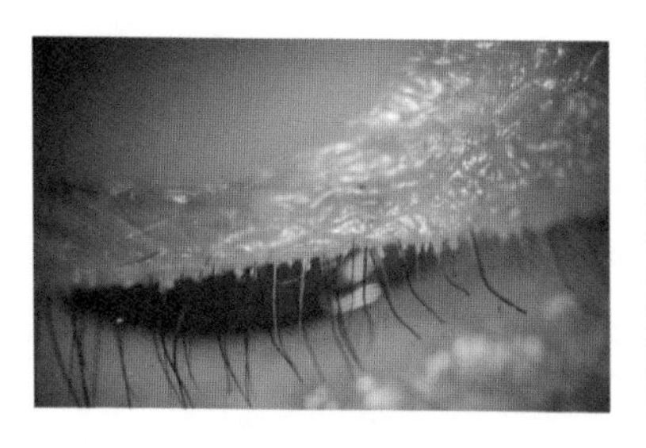

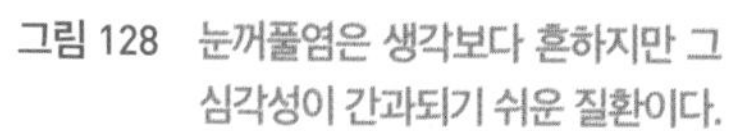

그림 128 눈꺼풀염은 생각보다 흔하지만 그 심각성이 간과되기 쉬운 질환이다.

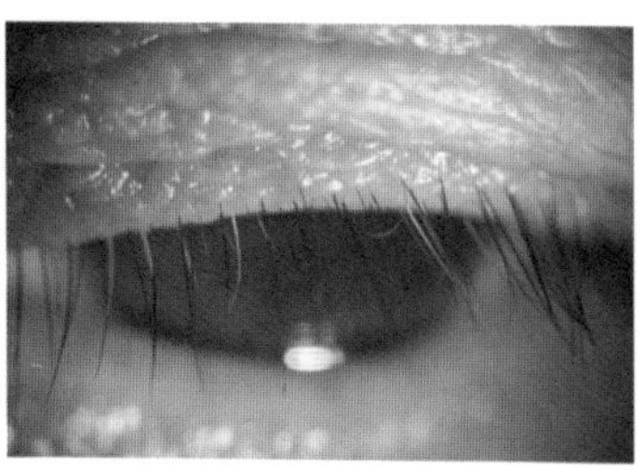

그림 129 눈꺼풀 청소 한 달 후의 사진.

가 없다는 말만 들어왔는데, 눈꺼풀만 잘 닦았더니 치료된 것이다. 이처럼 눈꺼풀염은 생각보다 흔하지만 그 심각성이 간과되기 쉬운 질환이다. 증상은 안구건조증과 비슷하지만 이 둘을 비교하기 모호한 경우가 어르신에게 특히 많다. 일반적인 불편감, 이물감, 충혈, 눈곱 외에도 '뻐근하다', '묵직하다', '찌뿌둥하다', '개운하지 않다', '지분거린다', '자꾸만 손이 간다'라고 증상을 호소한다. 눈꺼풀염이 시력에 지장을 주지는 않지만 안구건조증처럼 치료해도 쉽사리 나아지지 않기 때문에 환자는 괴롭고 의사는 난처해진다.

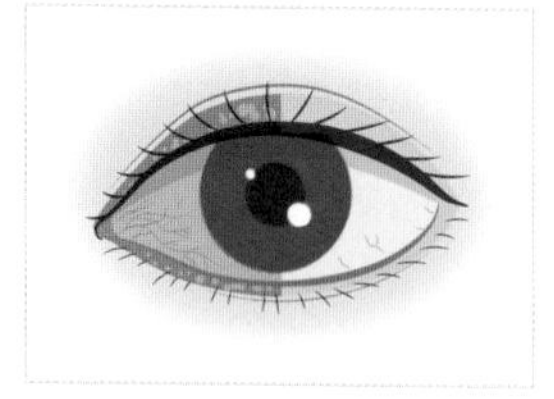

그림 130 눈의 왼쪽 절반은 눈꺼풀염이 있고, 오른쪽은 정상인 상태다. 눈꺼풀염의 증상에는 눈꺼풀 부종, 발적, 결막 충혈 등이 있다.

눈꺼풀염은 세균이나 기생충, 지루성 염증에 의해 발생한다. 모든 사람의 눈꺼풀에는 상재균normal flora이 존재하기 때문에 눈꺼풀에 세균이 있다고 해서 반드시 염증이 생기는 것은 아니다.

습관적인 눈 비비기, 오염된 콘택트렌즈 착용 등으로 눈에 세균이 증가하거나 상처가 나면서 피부 방어막이 손상받으면 염증이 걸리기 쉬워진다. 또한 노화, 음주, 당뇨, 약물 남용 등으로 면역이 약해지면 상재균에 의해서도 염증이 일어날 수 있다.

모낭충demodex은 피부의 각질이나 피지 등을 먹고 사는 진드기의 일종이다. 속눈썹 모낭 속에 사는 모낭진드기와 피지샘에 사는 작은모낭진드기 두 종이 있다. 피부에 기생하는 모낭충은 여드름, 장미증rosacea, 모낭염folliculitis 등을 일으키고, 눈꺼풀에 기생하는 모낭충은 눈꺼풀염, 마이봄샘 기능장애, 주변부 각막염 등을 일으킨다. 누구나 나이가 들면 모낭충을 가지고 있을 가능성이 높다. 우리나라에서 실시한 역학조사에서 정상인의 70퍼센트에서 모낭충이 발견되었다고 보고했다.

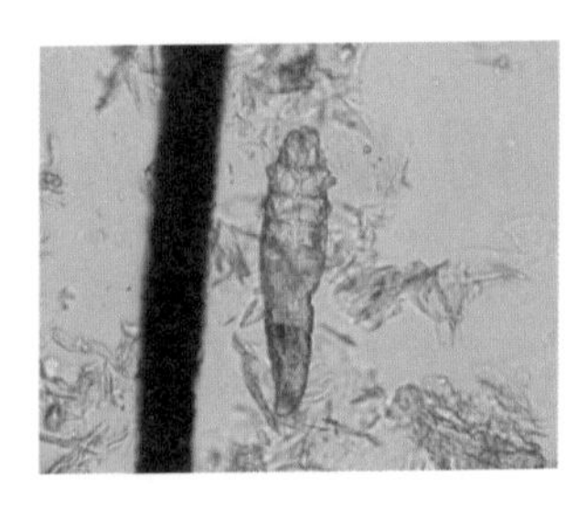

그림 131 현미경으로 관찰한 속눈썹과 모낭충의 모습.

눈꺼풀염에서 가장 중요한 치료법은 눈꺼풀 청소다. 눈꺼풀을 하루에 1~2회, 3개월 이상 꾸준히 청소해야 한다. 단순 지루성 염증은 약물 치료 없이 눈꺼풀을 청소만 해도 나아질 수 있다. 세균성 염증에는 눈꺼풀 전용 세정제를 사용하는 것이 좋다. 특히 모낭충을 완전히 박멸하려면 티트리 오일이 포함된 세정제를 4주 이상 사용해야 한다. 눈꺼풀염의 증상을 빠르게 완화시키기 위해 온찜질과 안구건조증 치료를 병행하고, 염증 정도에 따라 항생제와 안약을 적용하기도 한다.

눈꺼풀 세균과 그에 따른 면역 반응(과민 반응)은 각막염을 일으키기도 한다. 특히 소아에서는 모낭충을 의심하기가 어려워 진단이 늦어지는 경우가 있으므로 주의해야 한다. 아이들에게 안구건조증이 생기는 경우는 매우 드물기 때문에 안구건조증과 비슷한 증상이 보인다면 눈꺼풀염을 의심해야 한다. 자주 눈을 비비는 습관이 있거나 드림렌즈를 착용하지는 않는지 확인하는 것이 방법이다. 성인에서도 안구건조증이 치료에 잘 반응하지 않거나 각막염과 다래끼가 여러 차례 재발되는 경우 눈꺼풀염을 의심하고 눈꺼풀 청소를 해야 한다.

요즘 우리나라에서는 찾아보기 힘들지만 속눈썹에도 사면발니crab louse가 살 수 있다. 머릿니와 몸니는 기생하는 부위가 매우 엄격해서 원래 기생하는 부위 외에는 잘 살지 않는다. 하지만 사면발니는 음모뿐만 아니라 머리카락이나 속눈썹에서도 살 수 있다. 치료 시에는 기계적으로 성충과 충란(서캐)을 최대한 제거하고 바셀린이나 티트리 오일을 바른다. 평상시에 눈을 비비지 않고 눈꺼풀을 청결하게 관리하는 습관이 모낭충, 사면발니 예방에 있어 가장 중요하다.

#3 눈꺼풀에서 돌멩이가 나온다?!

결막결석

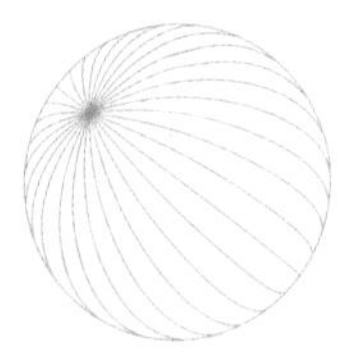

젊은 남성이 좌안의 이물감으로 내원했다. 아랫눈꺼풀을 보니 결막결석conjunctival concretion이 여러 개 있었고, 그중 하나는 결막을 뚫고 나온 것처럼 보였다. 이물감의 원인은 이것이었을까? 윗눈꺼풀을 뒤집어 보니 결석이 더 많이 보였다. 윗눈꺼풀은 깜빡일 때마다 위아래로 움직이기 때문에 결석이 생기면 이물감이 더 심하고 각막 표면에 상처를 내기도 한다. 이때 눈을 비비면 결석이 각막 표면을 긁기 때문에 증상이 더 심해진다. 결석으로 인한 이물감은 안약으로 해결되지 않기 때문에 안과에서 결석을 제거해야 한다.

결막결석은 눈꺼풀 안쪽 결막에 작은 돌이 생기는 질환이다. 전체 인구의 40~50퍼센트에게 발병할 정도로 흔하지만, 결막결석이 결막 속

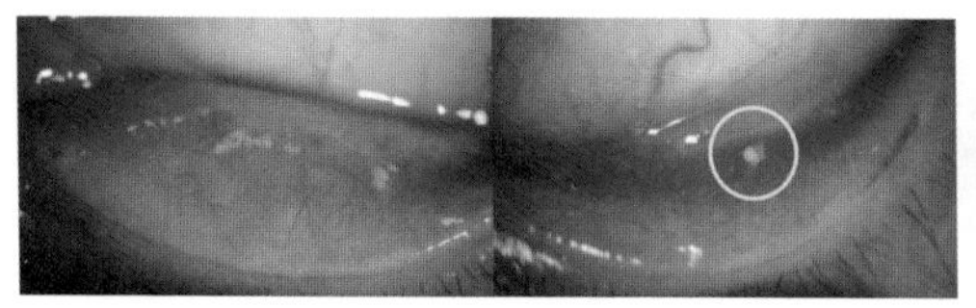

그림 132 눈꺼풀 안쪽의 결막결석.

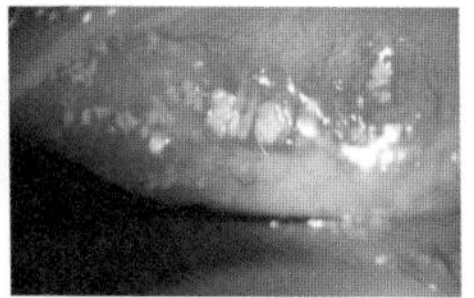

그림 133 실제 환자의 결막 결석 모습.

에 묻혀 있기 때문에 대부분은 증상이 없다. 하지만 결석을 덮고 있는 결막 상피가 벗겨져서 결석이 결막 밖으로 노출되면 이물감이 발생한다. 결막결석은 안구건조증이나 결막염에 의한 이물감보다 정도가 심하고 위치가 비교적 명확해 환자의 증상을 주의 깊게 들으면 진단하는 데 도움이 된다. 노출된 결석을 제거하고 이물감이 사라진 것을 확인하면서 진단과 치료가 동시에 이루어진다.

결막결석은 어디에서 생길까? 결막에는 점액을 분비하는 여러 분비샘 중 하나인 헨레샘Henle's gland이 존재한다. 결막결석은 헨레샘에 노폐물이 쌓여 발생한다. 헨레샘은 분비샘이라고는 하지만 실제 분비 기능은 없는 가짜 분비샘pseudogland이다. 이런 오해를 피하기 위해 헨레주름fold, 구덩이pit, 파인 자국crypts이라고 부르기도 한다. 조직 사진을 보면 움푹 파인 구덩이처럼 보이는 헨레샘을 확인할 수 있다. 여기에 점액 분비물, 탈락한 상피세포 등의 노폐물이 쌓여 결석이 만들어진다.

결막결석은 석회화calcification되어 있지만 우리 몸에 생기는 다른 결석인 요로결석이나 담낭결석처럼 딱딱하지는 않다. 전자현미경으로 관찰했을 때 다른 결석처럼 결정이 형성되어 있지 않다. 그래서 우리말

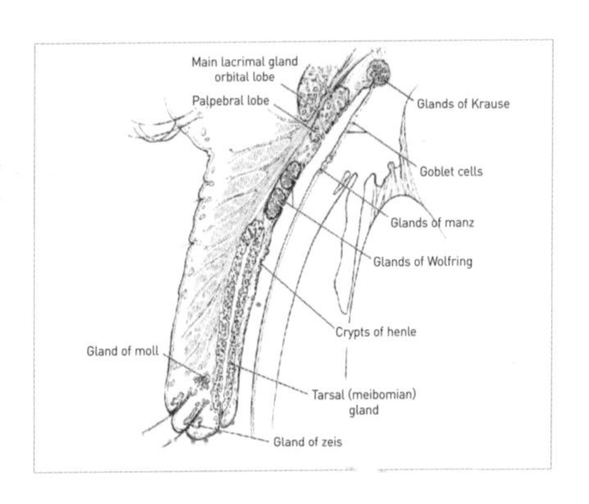

그림 134 결석은 헨레샘에 노폐물이 들어가서 생긴다.

로는 똑같은 결석이지만 결막결석을 지칭할 때 영어로는 '결석lithiasis' 보다 '응결물concretion'이라는 표현을 많이 사용한다. 결막결석이 생기는 가장 큰 원인은 안구 표면의 염증과 염증의 지속 시간이다. 안구 표면에 오랫동안 염증이 지속되면 죽어서 탈락하는 결막 상피세포와 눈을 보호하기 위해 끊임없이 분비되는 점액성 분비물이 제때 씻겨내려가지 못하고 뭉쳐서 노폐물이 된다. 이 노폐물이 헨레샘에 모이고 석회화되어 결석이 생성된다. 안구 표면 염증의 원인은 매우 다양해서 아토피성 각결막염, 봄철 각결막염과 같은 알레르기부터 모낭충, 콘택트렌즈, 눈 화장 등이 모두 원인이 될 수 있다. 따라서 항상 눈을 청결하게 관리하고, 눈에 염증이 지

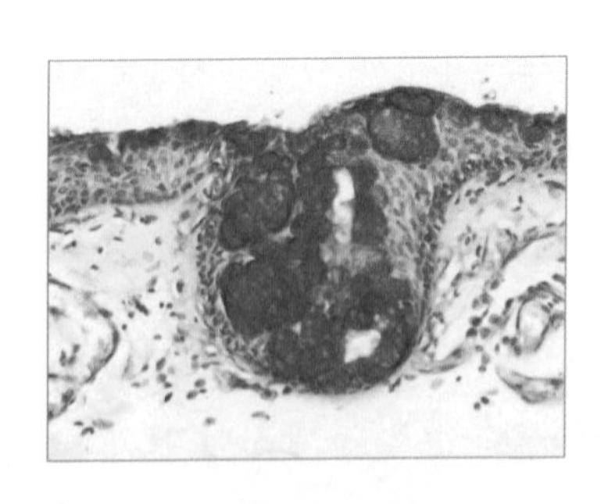

그림 135 결막결석의 전자 현미경 사진.

속되면 안과에서 적절히 치료를 받아 만성화되지 않게 관리하는 것이 중요하다.

#4 비슷하면서 다른 속눈썹 찔림

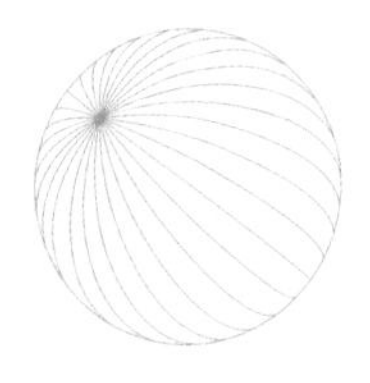

속눈썹은 눈에 이물질이 들어가는 것을 막는 역할을 한다. 윗눈꺼풀의 속눈썹이 아랫눈꺼풀보다 길고 촘촘하다. 윗눈꺼풀 속눈썹은 100~130개가량 있고 10밀리미터 내외로 자란다. 아랫눈꺼풀 속눈썹은 70~80개가량 있고 7밀리미터 내외다. 보통 4년 이상 자라나는 머리카락에 비해 속눈썹은 1~2개월만 자라고 4~5개월이 지나면 빠진다. 따라서 매일 한두 개의 속눈썹이 빠지는 것은 자연스러운 현상이다. 그런데 속눈썹이 빠져 눈으로 들어가면 매우 불편하다. 대개 인공 눈물을 넣고 눈을 깜빡이는 방법이나 세안을 통해 제거할 수 있지만 때로는 질환으로 발전하기도 한다.

속눈썹이 눈을 찌르면 눈이 따갑고 눈부심, 눈물 흘림과 같은 증상이

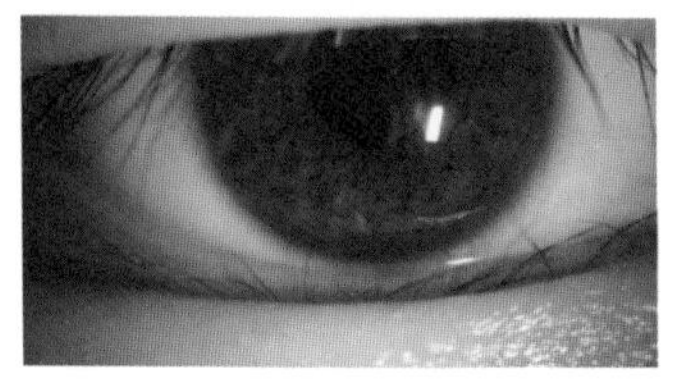

그림 136 덧눈꺼풀이 있으면 아래 눈꺼풀 주름 때문에 눈꺼풀이 하나 더 있는 것처럼 보인다.

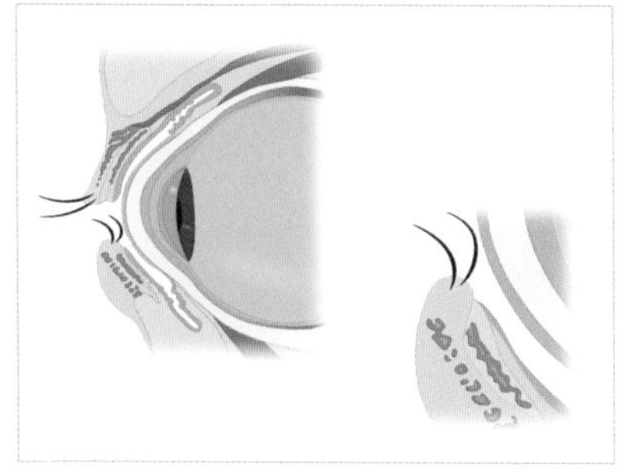

그림 137 덧눈꺼풀은 과도한 눈꺼풀 피부와 근육이 원인이다.

발생한다. 이로 인한 질환은 덧눈꺼풀epiblepharon(부안검), 눈꺼풀 속말림entropion(안검내반), 속눈썹증trichiasis(첩모난생), 두줄속눈썹distichiasis(이열첩모)이 있다. 이 질환들은 증상이 비슷해 많은 사람이 헷갈려 하고 언론 기사에서도 혼동하는 경우를 종종 본다. 그러나 각각 원인과 치료 방법이 다르기 때문에 구분해 소개해 보겠다.

덧눈꺼풀(부안검)은 동양인에게서 많이 발생하는 눈꺼풀 이상이다. 주로 아랫눈꺼풀 테두리가 안쪽으로 말리고 속눈썹이 각막을 찌르게 된다. 눈꺼풀에 수평으로 피부 주름이 생기면서 눈꺼풀이 하나 더 있는 것처럼 보이기에 덧눈꺼풀이라는 이름이 붙었다. 덧눈꺼풀은 과도한 눈꺼풀 피부나 근육 때문에 발생하는 경우가 많다. 특히 볼살이 많은 아이들에게 잘 발생하는데, 성장하면서 볼살이 빠지면 자연스럽게 좋아질 수도 있다. 그래서 아이들에게 심하지 않은 덧눈꺼풀이 발견되면 인공 눈물이나 안연고를 쓰면서 자연적으로 좋아지기를 기다린다.

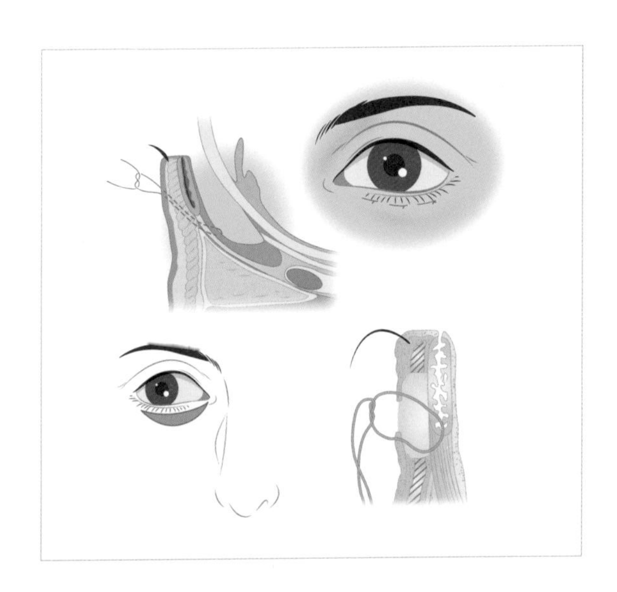

그림 138 위쪽 그림은 퀵커트 봉합, 아래쪽 그림은 호츠 수술이다.

덧눈꺼풀은 눈꺼풀 자체보다는 속눈썹이 눈을 찌르면서 다양한 증상을 발생시킨다. 아이들 중에는 눈을 자주 깜빡이기만 하고 증상을 잘 표현하지 못하는 경우가 있다. 이런 경우 틱 장애를 걱정하는 보호자가 많지만 상당수는 덧눈꺼풀에 의한 경우가 많다. 다른 아이들에 비해 유난히 눈부심을 느끼는 경우에도 덧눈꺼풀을 의심해 볼 수 있다.

덧눈꺼풀이 심한 경우에 상처와 치유가 반복되면서 난시와 각막 혼탁이 유발될 수 있다. 이는 시력 저하를 일으킬 수 있기 때문에 보다 적극적인 치료를 고려해야 한다. 속눈썹을 뽑는다 해도 덧눈꺼풀은 거의 100퍼센트 재발하므로 이는 근본적인 치료 방법이 아니다. 따라서 증상이 심하고 5~6세 이후에도 좋아질 기미가 보이지 않는다면 수술적 치료를 고려하는 것이 좋다.

수술 방법은 비교적 간단한 퀵커트 봉합술Quickert suture(절개 없이 눈꺼풀을 전층으로 봉합해 눈꺼풀이 자라는 방향을 바꾼다)에서부터, 과도한 피부와 근육을 제거하는 호츠 수술Hotz procedure까지 다양하다. 덧눈꺼풀이 심하지 않은 성인은 부분마취로 퀵커트 봉합술을 시도해 볼 수 있다. 소아는 전신마취가 필요하기 때문에 호츠 수술을 하는 경우가 많다.

눈꺼풀속말림(안검내반)은 덧눈꺼풀과 달리 대부분 고령의 환자에게서 퇴행성 질환으로 발생한다. 아랫눈꺼풀을 당기는 근막이 약화되는 것이 주된 원인이다. 눈꺼풀을 살짝 당기면 정상 위치로 돌아가지만, 눈을 몇 번 깜빡이거나 꾹 감으면 다시 생긴다. 아랫눈꺼풀을 당겼다가 놓았을 때 제 위치로 돌아가는 속도를 관찰해서 눈꺼풀속말림 정도를 판단할 수 있다(아랫눈꺼풀 탄력검사snap back test). 증상이 심하지 않은 경우는 인공 눈물로 보존적 치료를 한다. 퇴행성 질환인 만큼 저절로 호전되는 경우는 없기 때문에 증상이 심한 경우에는 늘어난 근막을 재부착하거나 눈꺼풀을 수평으로 단축시키는 수술적 방법으로 치료한다.

속눈썹증(첩모난생)과 두줄속눈썹(이열첩모)도 많이 혼동하는 질환인데 해부학적 위치와 치료 방법이 다르다. 속눈썹증은 속눈썹 모낭의 위치는 정상이지만 속눈썹이 자라나는 방향이 잘못된 후천성 질환이다. 두줄속눈썹은 속눈썹 모낭이 아니라 마이봄샘에서 비정상적인 속눈썹이 자라나는 질환이다. 각막을 찌르는 속눈썹이 한두 개라면 레이저나 전기로 모낭을 파괴하는 것이 좋다. 모낭 파괴술을 받아도 50퍼센트 이상 재발하기 때문에 서너 번 반복해 치료할 수 있다. 이상 속눈썹이 여러 개라면 수술로 속눈썹을 제거하는 방법을 사용한다. 만약 범위가 좁고 모여 있다면 오각형 쐐기 절제술pentagonal wedge resection이 유용하다.

속눈썹이 한번 잘못 자라나기 시작하면 여간 성가신 게 아니다. 속눈썹은 뽑더라도 3~4주 만에 다시 자라며, 반복해서 뽑는 과정에서 세균이 들어가면 다래끼가 생길 수 있다. 미용 시술도 간혹 문제를 일으킨다. 속눈썹 고데기로 눈을 찌르거나 속눈썹 연장술에 사용하는 글루(접착제)가 눈에 들어가는 경우도 있다. 마스카라와 아이라이너도 주기적으로 교체하는 것이 좋다. 속눈썹을 깨끗하게 관리하면 이번 장에서 소개한 눈꺼풀염, 마이봄샘 기능장애, 안구건조증, 다래끼 같은 여러 안과 질환을 예방할 수 있다.

#5 세 번째 눈꺼풀이 있다고?! 퇴화된 순막

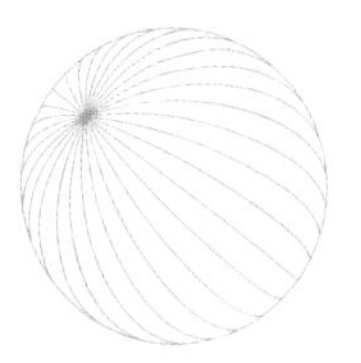

순막瞬膜, nictitating membrane은 눈을 보호하면서도 앞을 볼 수 있게 하는 반투명한 막이다. 위아래 눈꺼풀과 달리 가로로 움직여서 '셋째 눈꺼풀third eyelid'이라고도 하는데, 빠른 속도로 움직이며 사냥할 때 바람이나 이물질로부터 눈을 보호하는 고글과 같은 기능을 한다. 순막은 북극곰에게는 눈부심과 설맹의 발병을 막고, 딱따구리에게는 부리로 나무를 쫄 때 눈알이 빠지지 않도록 하는 기능도 한다. 일부 파충류, 조류, 상어는 완벽하게 깜빡일 수 있는 순막을 가지고 있고, 포유류의 순막은 대부분 퇴화해 눈 구석에 흔적기관으로만 남아 있다. 개나 고양이도 순막을 가지고 있지만 마음대로 깜빡일 수는 없다. 지상에 사는 척추동물에게는 순막이 필요 없어졌기 때문에 점점 퇴화했을 것이다. 사람에게

그림 139 도마뱀과 고양이, 독수리의 순막.

도 이 순막이 퇴화한 흔적기관이 남아 있다.

사람의 순막을 반달주름plica semilunaris이라고도 하는데, 이미 퇴화한 기관인 만큼 특별한 기능은 없다. 가끔 흰자 위에 새살이 돋아났다고 안과에 찾아오시는 분이 있지만, 퇴화한 눈꺼풀인 만큼 결막과는 붙어 있지 않다. 예전에 진료실에서 눈물언덕lacrimal caruncle에 있는 하얀 덩어리를 제거한 적이 있는데, 시술 후에 이것을 뭐라고 불러야 할지 고민스러웠던 적이 있다. 눈물언덕과 반달주름은 눈꺼풀이 퇴화한 것이

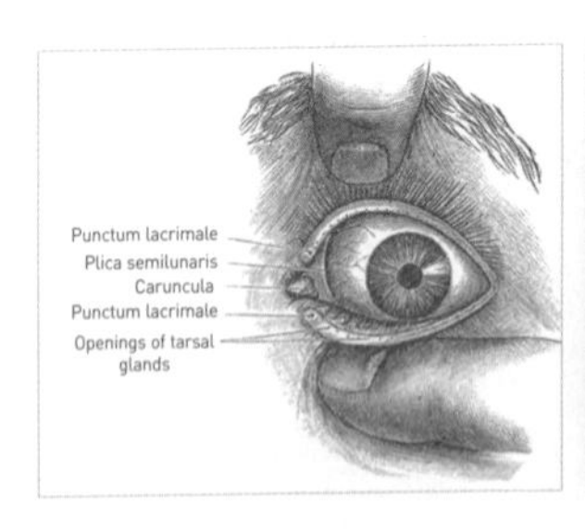

그림 140 사람의 순막.

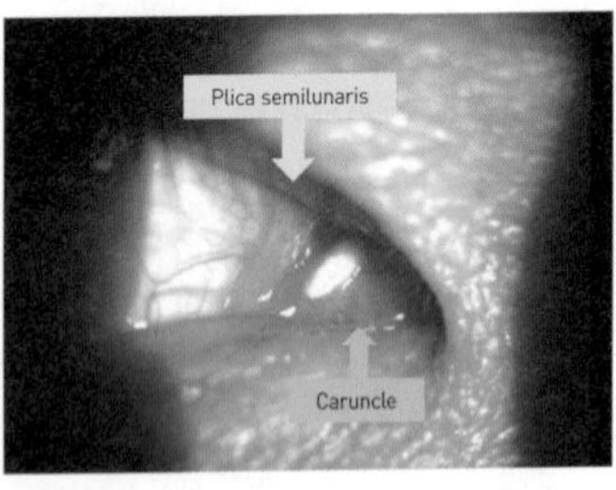

그림 141 사람의 반달주름과 눈물언덕.

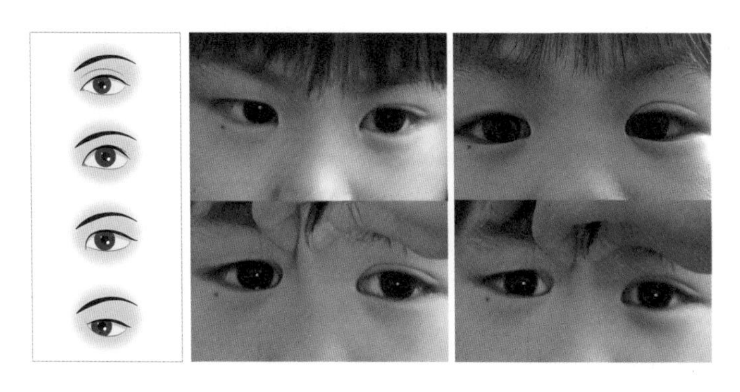

그림 142 몽고주름의 종류는 다양하다. 아이의 사진을 보면 보는 각도에 따라 우안 내사시 또는 좌안 내사시처럼 보인다. 하지만 콧대를 높여 주면 정상으로 보인다. 이때 빛 빈사가 각막 중심에 맺혀 있다.

기 때문에 조직학적으로 '피부'다. 그래서 피부와 마찬가지로 모낭이나 피지샘 같은 피부 부속기관이 있다. 따라서 저 하얀 덩어리는 피지가 찬 피지낭종sebaceous cyst의 일종이라고 볼 수 있다.

우리나라 사람은 몽고주름(눈구석주름 또는 내안각 주름epicanthal folds) 때문에 상대적으로 반달주름이 눈에 덜 띄는 편이다. 동양인의 70~80퍼센트가 몽고주름을 가지고 있다. 몽고주름은 반달주름이 보이는 정도에 따라 분류해서 2유형과 3유형이 많고, 4유형은 매우 드물다. 성형외과에서 이 부분을 수술해 눈매를 교정하는 것이 '앞트임'이다.

특히 동양인 아이들에게서는 낮은 콧대와 몽고주름의 두 특징이 만나 시너지 효과를 일으켜 눈 사이가 멀어진 것처럼 보이게 한다. 이 경우에 검은자와 흰자가 잘 보이지 않는다. 실제로는 사시가 아닌데 외관상 사시처럼 보이는 가성 내사시pseudoesotropia가 되기도 한다. 가성 내

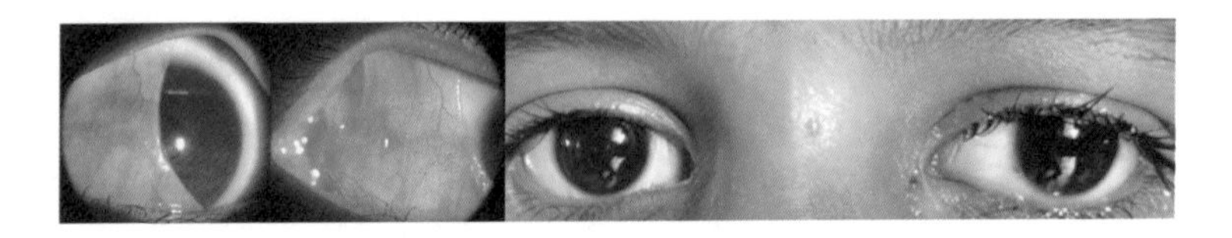

그림 143 (좌)순막이 남아 있는 인도 여자아이의 사진, (우)순막 제거 수술 1개월 후의 모습.

사시는 성장하면서 콧대가 높아지고 얼굴 살이 빠지면 저절로 좋아지기 때문에 치료하지 않아도 괜찮다.

순막과 관련해서 2017년 《인도안과학회지IJO》에 실린 증례 보고가 있다. 커다란 순막이 남아 있는 인도 여자아이의 사례다. 이 아이는 태어났을 때부터 왼쪽 눈에 커다란 순막이 있었다. 자라면서 순막의 크기 변화는 없었다. 하지만 불투명한 막이 동공을 가리면 시각 발달에 필요한 자극이 부족해져서 시각 차단 약시visual deprivation amblyopia 또는 폐용약시amblyopia ex anopsia가 발생한다. 이 아이는 9세에 순막을 제거하는 수술을 받았다.

수술 1개월 후 좌안의 순막은 깨끗하게 제거되었지만 외사시가 남았다. 한쪽 눈에 약시가 생기면 약시가 있는 눈을 사용하지 않기 때문에 이차적으로 약시인 눈이 밖으로 돌아가는 감각 외사시sensory exotropia가 생긴다. 이후의 경과는 논문에서 언급되지 않아서 알 수 없지만 환아의 나이가 9세이기 때문에 약시와 외사시가 호전될 가능성은 낮아 보인다.

여담으로 내안각medial canthus은 눈의 안쪽 구석을, 외안각lateral canthus

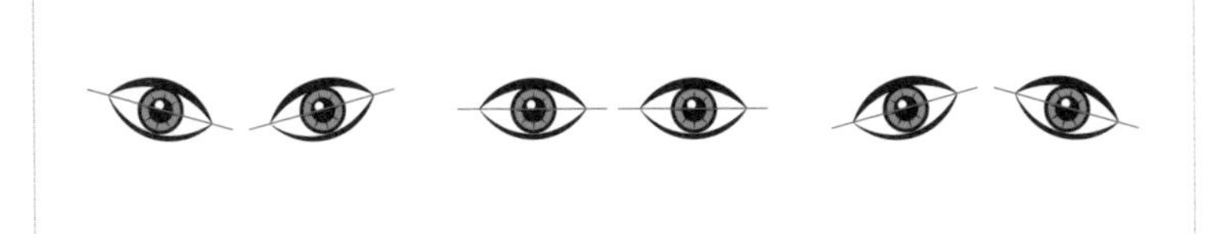

그림 144 내안각과 외안각의 기울기에 따라 인상이 달라진다. 흔히 (좌)'고양이 상' 혹은 (우)'강아지 상'이라고 한다.

은 눈의 바깥쪽 구석을 지칭하는 말이다. 내안각과 외안각의 기울기를 '눈꼬리 각도canthal tilt'라고 하는데, 이는 인상에 영향을 주는 요소다. 우리나라에서 끝으로 올라간 눈꼬리는 도도하고 세련된 느낌을 주어 '고양이 상'이라고 하고, 살짝 처진 눈꼬리는 귀엽고 선한 느낌을 주어 '강아지 상'이라고 한다. 서구에서는 올라간 눈꼬리를 '사냥꾼의 눈hunter eyes'이라고 해 보다 젊고 여성스럽다고 하고, 내려간 눈꼬리는 '포식자의 눈prey eyes'이라고 해 나이 들고 피곤해 보인다고 생각하는 경향이 있다. 하지만 인상에 대한 평가는 사람마다 매우 주관적이고 절대적인 미의 기준은 존재할 수 없다.

VII

#진료실에서 못다 한 이야기

#1 눈에는 눈, 이에는 이: 의료 사고가 일어나면?

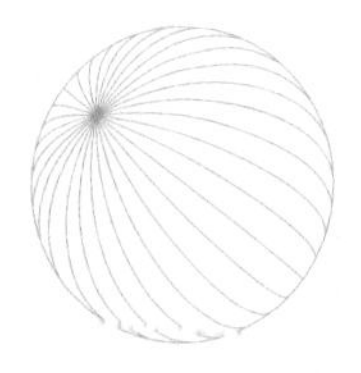

의료 사고에 대한 처벌은 이미 3,700년 전부터 있었다. '눈에는 눈, 이에는 이'라는 보복의 법칙으로 유명한 함무라비 법전에는 215조부터 의료와 관련된 조문이 시작한다. "의사가 안과 수술을 해 성공적으로 치유했는데 환자가 귀족이면 은 10세켈을 받는다"라는 것이 그 내용이다. 의료 관련 조문 중 안과가 가장 먼저 등장하는 것으로 보아, 그 당시에 안과의 위상이 매우 높았다고 추측할 수 있다. 노동 의존도가 높은 고대 사회에서 눈이 안 보인다는 것은 생존과 직결된 문제였을 것이다. 그러나 법전의 218조에는 "의사가 사람에게 수술칼로 중한 상처를 내서(큰 수술을 해) 사람을 죽게 하거나 혹은 수술칼로 사람의 각막을 절개해 그 사람의 눈을 못 쓰게 하면 의사의 손을 자른다"라는 조문이 있다.

두 가지 조문으로 미루어 보아, 당시의 의사는 진료 행위에 대한 대가를 받는 것이 아니라 치료에 성공해야만 대가를 받을 수 있었던 것으로 보인다. 안과 수술을 하려면 자신의 손목을 거는 상당한 용기가 필요했을 것 같다.

의료 사고에 대한 인식은 환자와 의료진 사이에 큰 간극이 있다. 환자에게 의료 사고가 무엇이라 생각하냐고 물으면 '의료진의 잘못으로 사고(합병증)가 발생한 것'이라는 대답이 많다. 학문적(법률적)으로 '의료 사고'란 보건의료인이 환자에 대해 실시하는 진단·검사·치료·의약품의 처방 및 조제 등의 행위로 인해 사람의 생명·신체·재산에 대해 피해가 발생한 경우를 말한다. 의료 사고라는 용어에는 '의료진의 잘못'과 같은 가치 판단은 포함되어 있지 않다. 의료진이 최선을 다하더라도 사람 몸에는 예기치 않은 결과가 발생할 수 있다. 의료진의 실수로 인해 환자에게 피해가 발생한 경우, 즉 예견하고 피할 수 있었던 상황에서 의료진이 주의를 다하지 않아서 문제가 발생한 경우는 '의료 과실'이라고 한다.

의료 사고로 인한 다툼은 '의료 분쟁'이라고 한다. 의료 분쟁 안에는 의료 과실이 있을 수도 있고 없을 수도 있다. 한국의료분쟁조정중재원이 설립된 2011년도에 503건이었던 의료분쟁 조정신청은 2018년 2,926건으로 가파르게 증가하다가 2019년부터 코로나19의 영향으로 감소세다. 의료 분쟁이 늘었다는 사실은 환자의 권리 보호과 피해 보상이 전보다 더 잘 이루어지고 있다는 긍정적 표지로 해석될 수 있다. 하지만 의사들은 그에 맞춰 방어적으로 진료하며 더 많은 검사를 처방할 확률이 높다. 또한 의료 분쟁의 위험을 피하기 위해 생명과 직결된 필수과나 응급 의료를 기피하는 등의 부작용이 발생하기 때문에 의료 분쟁의 증가는 마냥 바람직하게 볼 수 없다. 2023년 이슈가 된 소아청소년과 의사 부족 사태에는 소아 진료의 어려움, 보호자에 대한 감정 노동, 낮은 수입 등 복합적인 원인이 있지만, 개인적으로 가장 큰 원인은 의료 분쟁의 증가 때문이라고 생각한다. 2017년 이대목동병원 신생아 집단 사망 사건에서 신생아 중환자실을 담당하던 교수 두 명에게 구속영장이 발부되고 형사 고발이 이루어진 것은 의사들에게 큰 충격을 주었다.[38]

모든 의료 행위는 신체에 대한 침습을 동반하기 때문에 기본적으로 상해의 위험이 내재되어 있다. 이를 의료 행위의 '신체침습성과 위험내재성'이라고 한다. 사람은 공산품이 아니어서 같은 처치와 약제에도 약간씩 다르게 반응해 치료 결과가 예상을 벗어나는 경우도 있다. 급속도의 의학 발전에도 불구하고 여전히 해명하지 못한 질병도 많다. 이와 같이 환자 개개인의 신체적 차이와 불완전한 의학 수준으로 인해 특정 약에 과민 반응을 보이거나 수술에서 예상치 못한 결과가 발생하는 상황을 완전히 피할 수는 없다. 그래서 일반적인 부작용이 일어났을 때

38 최종적으로 1, 2, 3심 모두 무죄가 나왔으나 그사이 소아청소년과 전공의 지원율은 113.6퍼센트(2018년)에서 15.9퍼센트(2023년)로 추락했다.

의료진에게 책임을 묻는다면 의료 행위는 지금처럼 일상적으로 이루어지지 않을 것이다. 의료 행위에는 반드시 불확실성이 따른다. 이런 의학의 특성으로 인해 의사는 재량권이 넓은 편이고 그에 상응하는 책임이 요구된다.[39]

그렇다면 교과서나 약전에 있는 잘 알려진 부작용이 실제로 발생했다면 이것은 의료 사고일까 아닐까? 논란의 여지는 있지만, 잘 알려진 부작용은 의료 사고에서 제외되는 경우가 많다. 물론 의료진에게는 부작용을 예상하고 대처해야 할 의무가 있다. 그래서 부작용 대처 과정에서 의료진의 과실이나 부주의가 없었다면 아직까지는 직접적인 책임을 묻지 않는 편이다. 이는 의학이 공리주의와 매우 깊이 연관된 학문이기 때문이다. 공리주의란 기본적으로 최대 다수의 최대 행복을 추구하는 규범 윤리 이론이다. 공리주의 관점에서 보면 A라는 의약품을 사용했을 때 병이 치료될 확률이 중증 부작용을 겪을 수 있는 확률보다 훨씬 높다면 그 의료 행위를 합당하다고 본다.

의학의 공리주의적 관점은 2021년 코로나19 백신이 보급되는 과정에서도 볼 수 있었다. 모든 백신은 면역반응을 이용하기 때문에 드물게 중증의 부작용이 발생할 수 있다. 현대 의학 기술로 부작용이 없는 백신을 개발하는 것은 불가능하며 부작용은 확률적으로 항상 존재한다. 이런 상황에서 의학계는 전체 인구 집단을 대상으로 시행한 백신 접종

39 "큰 힘에는 큰 책임이 따른다"라는 영화 〈스파이더맨1Spider-Man1〉 속 명대사와 같다.

의 이득이 백신 부작용의 손해보다 압도적으로 크다고 판단하면 접종을 권고한다. 공리주의에 바탕을 둔 백신 보급은 전염병을 통제하기 위해 필요한 일이었다. 그 이유는 백신 때문에 중증 부작용을 겪는 사람이 드물게 생기더라도 기저질환 때문에 역병에 걸리면 사망할 확률이 매우 높은 환자들을 보호하거나 감염자가 폭발적으로 발생해서 의료 시스템이 붕괴되는 과정을 막는 것이 더 많은 생명을 구할 수 있기 때문이다.

부작용을 없애는 가장 확실한 방법은 의료 행위를 하지 않는 것이다. 하지만 현대 의학의 혜택을 깡그리 거부하려는 것이 아니라면[40] 불가항력의 부작용이 일어났을 때 올바르게 대처하는 방법을 고민해야 한다. 의사에게 가장 중요한 덕목은 사전 설명이다. 사전 설명은 단순히 수술 전 동의서를 받아야 한다는 말이 아니다. 의사의 설명은 환자의 '자기결정권'을 보장해 주기 위해 부족한 의학 지식을 보완하는 과정이다. 환자는 자신의 신체에 침습적인 의료 행위를 하기 전에 이에 대해 충분히 이해할 필요가 있다. 의료 행위는 민법적으로 봤을 때 의사와 환자 사이의 자유 계약이다. 하지만 실제로 환자가 의사와 대등한 지식을 가지고 계약에 임한다고 기대하기는 어렵다. 따라서 사전 설명보다는 사전 동의informed consent라는 용어를 사용하는데, 이는 환자가

40 현대 의학을 부정했을 때 어떤 일이 벌어지는지는 자연 치유라는 미명하에 벌어진 '안아키(약 안 쓰고 아이 키우기)' 사태를 참고하면 좋다.

'이해할 수 있도록' 충분한 정보를 제공한 후 동의를 받는 과정이다. 대부분의 나라에서 의사의 설명은 법적 '의무'로 강제되어 있다. 이런 점에 비추어 볼 때 의사는 환자가 충분히 이해할 수 있도록 환자 눈높이에 맞추어 설명해야 하고 관련 기록을 잘 남겨두어야 한다.

환자의 자기결정권에는 다소 이상적인 측면이 있다. 원칙을 중요시하는 일부 윤리학자들은 환자의 건강 회복보다 자기결정권을 더욱 중요한 가치라고 주장하기도 한다. 하지만 실제 진료실에서 마주하는 상황은 이상적이지 않다. 의사가 여러 치료법을 설명한 다음에 "이 중에서 원하는 방법을 고르세요"라고 묻는 식으로 진료가 이루어지지는 않는다. 대부분의 환자는 이런 전문적인 선택을 내리기 힘들거니와 특히 질병으로 고통을 겪고 있는 와중에는 이성적으로 판단하기가 어렵다. 물론 환자가 결정 과정에 참여하는 것이 이상적이지만, 의사에게는 자신의 지식과 경험을 바탕으로 가장 합리적인 방법을 권유해야 할 책임이 있다. 환자의 자기결정권은 존중받아야 마땅하지만 몸과 마음이 약해진 환자는 결정권 행사를 부담스러워하거나 원하지 않는 경우가 있기에 의사가 최대한 올바른 방향으로 인도해야 한다. 예를 들면, 통증이 두려워서 꼭 필요한 치료를 망설이는 환자를 이끌어 주거나 회복될 확률이 낮은 치료법에 헛된 희망을 걸지 않도록 설득하는 것이다.

그렇다면 환자는 부작용을 겪고도 어쩔 수 없는 일이라고 수긍할 수밖에 없는 것일까? 의사가 최선을 다해도 부작용은 반드시 발생한다.[41]

교과서에 1퍼센트의 확률로 보고된 부작용을 0.5퍼센트의 확률로 낮춘 의사는 객관적으로 뛰어난 의술을 행했다. 하지만 0.5퍼센트의 희귀한 부작용을 온전히 겪어야 하는 환자는 슬퍼하고 분노할 수밖에 없고, 대개 그 분노의 화살은 의사에게 향한다. 예를 들어 안과에서 발생하는 의료 사고는 당뇨나 고혈압과 같은 기저질환이 있는 고령 환자에게 발생하는 경우가 많다. 의학적으로 상태가 좋지 않아 여러 번 수술했음에도 불구하고 시력을 상실하는 경우가 종종 있는데, 그 결과를 덤덤히 수용할 수 있는 환자는 많지 않다. 시력을 상실하면 엄청나게 절망하고 누군가를 탓하고 싶어진다. 환자 입장에서 수술 전에는 눈이 그럭저럭 보였는데 (의학적으로는 위태로운 상황이었지만) 수술 후에 안 보이게 되었으니 의사가 무언가 잘못했다고 생각하는 것이 마땅하다.

바로 이때 환자와 의사의 입장이 대립하게 된다. 환자는 몸이 아픈 만큼 마음도 약해져 있어서 사소한 말에도 쉽게 상처를 받을 수 있다. 때로는 감정이 격해져 담당 의사를 의심하면서 그가 무능하고 비윤리적이고 태만하다고 매도하기도 한다. 여기서 의사가 환자를 이해하고 공감하는 모습을 보여주어야 비로소 환자도 자기 상황을 받아들일 수 있게 된다. 의사가 감정이 격해진 환자에게 똑같이 맞대응해서는 안 된다. 반대로 감정을 배제하고 자신은 잘못이 없으니 법대로 하라는 태도도 옳지 않다. 안타깝게도 오해가 쌓여서 의료 사고가 법적 분쟁으로 이

41 나의 경험상 부작용이 없다고 주장하는 의료인은 경계하는 것이 좋다.

어지기도 한다.

사소한 의료 사고라도 경험해 본 사람이면 공감하겠지만, 병원에서 문제가 생겼을 때 환자가 간절히 바라는 것은 의사의 설명이다. 하지만 실제로 의료 사고가 발생했을 때 변호사가 의사에게 가장 먼저 건네는 조언은 바로 '아무 말도 하지 말라'라는 것이다. 관련 도서에는 언행을 조심하라고 부드럽게 표현하기도 하지만 금전적 보상을 노리는 일부 환자에 대비하라는 뜻이다. 하지만 환자 입장에서는 문제가 생겼는데 납득할 만한 설명을 듣지 못하면 답답함을 넘어 분노를 느끼게 된다. 나쁜 결과에 대해 공감을 표하지 않는 의사의 태도와 중요한 과실을 숨기고 있다는 환자의 의심이 더해지면 분쟁의 씨앗이 싹트기 시작한다. 양쪽 모두에게 불행한 상황이 벌어지는 것이다. 2006년 당시 미국 일리노이주 상원의원이었던 버락 오바마Barack Obama(1961~)와 뉴욕주 상원의원이었던 힐러리 클린턴Hillary Clinton(1947~)은 《뉴잉글랜드저널오브메디슨NEJM》에 기고한 글에서 "법적인 책임에 대한 두려움이 환자와 의사 사이에서 열린 의사소통을 가로막고 있으며, 이것이 의료 사고와 관련된 문제를 악화시키는 동시에 환자의 안전을 위협하고 있다"라고 언급했다.

하버드대학교 보건대학원 교수인 트로옌 브레넌Troyen Brennan(1957~)은 의료 소송이 의료 사고 발생률을 감소시킨다는 증거는 없다고 지적했다. 그의 말에 따르면 수준 이하의 치료를 받은 환자들 중 소송을 건 이들은 2퍼센트도 되지 않으며, 반대로 소송을 제기한 환자들 가운데 의료진의 실수로 인해 실제로 피해를 본 사람은 극소수에 불과했다. 게다가 환자들은 '의료 소송은 무조건 의사가 이긴다'라거나 '의사가 사고를 은폐해서 패소한다'라고 오해하는 경우도 많은데, 이는 의료 사고가 의사의 잘못이 없더라도 일어날 수 있다는 사실을 몰라서 하는 말이다.[42] 설령 의사의 과실이 의심된다고 해도 의사 또한 헌법에 보장된 '무죄 추정의 원칙'을 적용받아야 한다. 결과적으로 의료 분쟁의 증가는 의사와 환자의 관계를 적대적으로 만들고, '의료 사고는 의료인의 과실'이라는 편견을 부추겨 오히려 의료진이 정보를 공개하기를 꺼리게 한다. 정보가 투명하게 공개되지 않으면 의료의 비전문가인 환자가 의사의 실수를 증명하는 것은 거의 불가능하다. 환자의 권리를 보호하기 위해 시작한 일이 역설적으로 최선의 치료를 받아야 할 환자의 권리를 침해하는 결과를 초래하는 것이다.

2,500년 전, 의학의 아버지라고 불리는 히포크라테스Hippocrates(기원전 460~370)는 "예술은 길고, 인생은 짧다Art is long, life is short"라고 말했다. 여기서 'Art'는 예술이 아니라 의술을 이르는 말이다. 의역하면 "의사로서 인생은 너무 짧은데 알아야 할 지식과 기술이 너무 많다"라는 탄식이다. 이 당시 의학은 더욱 불확실해 최선의 판단을 내리기가 정말 어

42 우리나라에는 오히려 산부인과에서 일어나는 분만 사고에 대해 의료인의 잘못이 없더라도 배상하게 하는 '무과실 배상제도'가 있다. 중대한 의료 사고의 경우 의료인이 동의하지 않더라도 강제로 조정을 개시하는 '의료 사고 피해구제 및 의료분쟁 조정법 개정안(신해철법)'도 있다.

려웠을 것 같다. 나의 진료실에는 환자의 이름이 적힌 메모가 붙어 있다. 수술 후에 다양한 불편을 겪고 있는 환자들을 기억하기 위한 것이다. 이 메모를 없애는 가장 효과적인 방법은 결과가 좋을 것 같은 환자만 '골라서' 수술하는 것이다. 대부분의 의사들이 명의로 소문나기 위해 쓰는 가장 쉽고 빠른 방법이기도 하다. 하지만 생명과 직결되는 필수과 의사가 환자를 골라서 수술하면 어떻게 될까? 의사가 최선의 진료를 포기하고 위험을 회피하기에 급급하다면 사회 구성원 모두가 피해를 입을 것이다.

의학은 완벽하지 않다. 의사는 전지전능하지 않아서 의사와 환자 사이에는 더 많은 정보 공개와 의사소통이 필요하다. 의사의 진료는 보다 투명해져야 하고 질병에 대한 최신 정보도 대중과 꾸준히 공유해야 한다. 그런 의미에서 의사 유튜버가 늘어나는 현상도 바람직하다고 생각한다. 또한 의료 사고가 발생했을 때 의사가 환자에게 공감을 표하고, 발생 원인을 분명하게 공개하면 어떨까. 만약 과실이 있었다면 적절한 보상을 약속하는 것이 바람직할 것이다. 의사에 대한 신뢰가 회복되어 불필요한 의료 분쟁이 줄어든다면 소위 '바이털 뽕'[43]을 얻은 의사들이 중환자 진료에 보다 전념할 수 있을 것이다. 이 글을 마지막으로 수정하고 있는 2024년 9월, 어쩌면 사회적 비용을 치르지 않고도 필수 의

43 바이털 사인vital sign(활력징후)에서 따온 말로, 생명을 구하는 사명감이나 보람을 뜻한다.

료를 살리는 가장 가성비 좋은 방법은 소통이 아닐까 하는 생각을 해 본다.

#2 눈을 잇다: 각막 이식

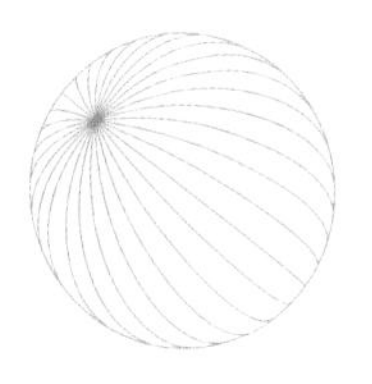

각막은 안구 가장 앞쪽에서 빛을 굴절시키는 '검은자'다. 검은자라고 하지만 실제로는 빛을 통과시키기 위해 투명하며, 이를 위해 혈관이 없다. 각막이 '투명성'이라는 핵심 기능을 잃어버리면 시력에 지장이 생긴다. 다른 부위라면 아무렇지 않을 사소한 혼탁이 각막 중심부에 생기면 시력에 치명적이다. 눈의 다른 기능은 멀쩡해도 여기에 생긴 작은 혼탁 때문에 심각한 시력장애가 발생하는 것이다.

이런 경우 시력을 회복하는 유일한 방법은 각막 이식이다. 영화나 드라마에서는 종종 안구 이식이라고 표현하는데, 아직까지 눈에서 이식이 가능한 부위는 각막이 유일하다. 신장이나 간은 살아 있는 사람도 기증할 수 있지만 각막은 사후(뇌사까지 포함)에만 기증할 수 있다. 아무리 사랑하는 사람에게 자신의 눈을 주고 싶어도 살아 있는 채로는 그 바람이 이루어질 수 없다. 눈에 큰 질병이 없다면 대부분의 사람은 각막을 기증할 수 있다.[44] 다른 장기와 별도로 각막 기증만 신청할 수 있다. 하지만 사후에 유족이 반대하면 기증할 수 없기 때문에 가족에게 미리 기증 의사를 밝히고 동의를 받는 것이 좋다.

각막에는 혈관이 없어 다른 장기에 비해서는 이식했을 때 거부 반응이 적은 편이다. 각막 이식 수술의 예후는 질환에 따라 다르게 나타난다. 질환이 원추각막인 경우에 예후가 가장 좋아 이식 각막의 5년 생존율(각막의 투명성이 유지되는 비율)이 90퍼센트를 넘는다. 각막 이식 전체로는 5년 생존율이 약 64퍼센트 정도다. 실패의 가장 큰 원인은 거부 반응이다. 거부 반응은 이식한 눈의 10~50퍼센트에서 발생하는데, 수술 후 첫해에 60.6퍼센트, 둘째 해에 21퍼센트, 셋째 해에 18퍼센트가 발생하고, 수술 후 3년이 지나면 거의 발생하지 않는다. 치료 방법은 면역 반응을 억제하는 스테로이드를 투여하는 것이다. 거부 반응이 일어나도 조기에 진단해 적절히 치료하면 각막을 투명하게 유지할 수 있지만 늦게 진단하거나 치료가 지연되면 이식 실패로 이어진다. 따라서 의사는 수술 후 환자에게 거부 반응 증상을 끊임없이 설명하고, 증상이 나타나면 지체 없이 병원에 오라고 강조해야 한다. 이식한 각막의 평균 수명은 10년 정도에 그친다. 그래서 젊은 환자들은 살면서 두세 번의

---

44 안타깝게도 시력교정술을 받은 사람은 각막을 기증할 수 없다.

각막 이식 수술을 받아야 한다.

심장·폐·간 등 대부분의 장기는 기증자의 심장이 뛰고 있는 상태에서 적출된다. 하지만 각막은 사후 8시간 이내에 적출할 수 있다. 각막과 함께 다른 장기도 기증하는 경우에는 수술실에서 다른 과 의사가 장기를 적출한 후에 안과의사가 들어가고, 각막을 사후에 기증받는 경우에는 안과의사가 영안실로 찾아간다. 기증자의 안구를 적출하는 데 소요되는 시간은 1시간 이내로 장례 절차에는 영향을 주지 않는다.

각막 수여자를 정할 때는 등록한 순서를 고려하기도 하지만, 양안 모두 실명 상태인 환자나 각막 이식의 예후(효과)가 좋을 것으로 예상되는 환자에게 먼저 연락하기도 한다. 각막 이식 수술을 받으려면 환자는 4~5일간 입원해야 하는데, 기증 각막이 생겼을 때 갑자기 시간을 내기 어려운 환자는 다음 순번으로 넘어가기도 한다. 그래서 다른 쪽 눈이 건강하고 생업에 종사하는 환자들은 상당히 오래 기다려야 하는 경우가 많다. 이런 환자들은 언제 연락이 올지 모르는 국내 기증자를 기다리기보다는 각막을 수입해서 자신의 일정에 맞춰 수술을 받는다. 각막을 수입하려면 약 500만 원 정도의 비용이 든다. 2016년부터 수입 각막의 비중이 국내 각막을 뛰어 넘었으며 2022년은 1,095건의 각막이식 수술 중 수입 각막이 823건, 국내 각막이 262건이었다.

우리나라는 각막을 포함한 장기 기증자 수가 굉장히 부족하다. 전체 장기 이식 대기자는 2023년 9월 기준으로 5만 707명으로 매년 증가 추세인 반면, 기증자 수는 지난 3년간 '생존 시 이식'을 포함해 4,000명

수준으로 정체되어 있다. 기증자의 대부분은 살아 있는 친족이며 뇌사자 장기 기증은 지난 5년간 400명대에 머물러 있다. 전체 뇌사자 장기 기증률은 2023년 기준 뇌사자 100만 명당 7.88명이다. 장기 기증자 수가 가장 높은 미국과 스페인은 각각 44.5명과 46.03명에 달한다. 따라서 우리나라는 이식재(장기 및 조직)의 약 95.9퍼센트를 수입하고 있다. 2020년 국내 각막 기증자는 총 144명이었다. 2016년 그 수가 300명에 가까웠다가 2017년부터 급격히 감소했으며 각막 이식 대기자는 2,286명, 평균 대기일은 3,094일에 이르렀다.

우리나라에서는 2000년에 '장기 등 이식에 관한 법률 시행령 개정안'이 의결되면서 수십 년간 논란이 되어왔던 뇌사 사망이 인정되었다. 당시 의료계는 뇌사에 대해 국가가 합리적인 판단을 내렸다며 환영했다. 이 법에 따라 장기 이식에 관한 모든 사안을 총괄하는 기관인 '국립장기조직혈액관리원(코노스KONOS)'을 국립의료원 내에 설립하고, 해당 기관으로 하여금 장기 구득求得 및 이식자 선정 등의 업무를 맡게 했다. 이식 대상자를 공정하게 선정하고 불법 장기 매매를 막겠다는 명분이었다. 하지만 의사의 직업윤리를 믿지 못한 국가가 기증 장기의 배분에 뛰어들어 오히려 장기 기증을 위축시켰다는 비판이 일기도 했다. 장기 기증이 줄어든 이유는 뇌사 판정 기준이 강화되어 법적으로 기증 절차가 복잡해졌고, 기증자가 발생한 병원에서 기증자의 장기를 사용할 수 없게 되면서 의료진이 환자 및 보호자에게 장기 기증을 적극적으로 권하지 않았기 때문이다. 이후 장기 이식과 관련된 의학적·행정적 절차가 원활하게 이루어지도록 돕는 '장기 이식 코디네이터'가 도입되었다. 그리고 2004년에 방영된 MBC 예능 프로그램 〈느낌표〉에서 '눈을 떠요' 코너를 방영하면서 범국민적 각막 기증 서약을 이끌었고, 2009년 김수환 추기경이 선종善終하면서 각막을 기증해 다시 한번 각막 기증을 서약하는 사람이 늘어났다. 특히 김수환 추기경 선종 직후 일주일 동안 각막 기증 희망자가 너무 많아 사랑의장기기증운동본부의 업무가 마비될 정도였다고 한다. 하지만 2017년 장기 기증자의 유족에게 기증자의 시신을 자비로 운구하라고 하는 등 유족에 대한 예우가 매우 부적절했던 안타까운 사건이 언론을 통해 크게 보도되었다. 이후 장기 기증자 수가 급감하고 기증 의사 철회 건수도 전보다 아홉 배나 늘었다. 이런 사례가 한번 부각되면 사회적 인식을 전처럼 되돌리기가 쉽지 않다. 다행스럽게도 2020년에 tvN 드라마 〈슬기로운 의사생활〉에서 장기 기증을 다루는 에피소드가 방영되면서 다시 장기 기증 희망자가 늘었다고 한다.

2018년에 도입된 '연명의료결정법(호스피스·완화의료 및 임종 과정에 있는 환자의 연명의료 결정에 관한 법률)'도 장기 기증 확산에 적지 않은 영향을 주었다. 연명의료결정법은 임종 과정에 있는 환자가 자신의 결정이나 가족의 동의로 연명의료를 시행하지 않거나 중단할 수 있는 법이다. 삶의 마지막을 스스로 정하고 준비할 수 있다는 긍정적인 측면이 있지만, 장기 기증 의사가 있어도 뇌사 판정 기준에 부합하지 못해 장기를 기증하지 못한다는 한계도 있다. 사전연명의료의향서 등록자는

2023년 150만 명을 넘었고, 앞으로도 계속 증가할 것으로 전망된다.

최근 의료계에서는 '순환 정지 후 장기 기증Donation after Circulatory Death, DCD'에 대한 논의가 지속적으로 이루어지고 있다. 순환 정지 후 장기 기증이란 심장 순환이 정지되는 상황을 확인하고 5분 동안 자동소생 상황이 발생하지 않았을 때 고인으로부터 장기를 구득할 수 있게 하는 규정이다. 뇌사와 달리 심장이 완전히 멎은 상태에서 장기를 구득해야 하기 때문에 고도로 숙련된 전문 의료진이 필요한데, DCD 제도가 도입되면서 법적 근거만 마련되면 우리나라 의료 수준에서 충분히 가능하다고 본다.

장기 기증은 무상과 선의가 원칙이다. 세계보건기구에서는 장기가 금전적 사례 없이 자유롭게 기증되어야 한다고 지침을 발표했다. 현재 우리나라에서는 가족의 장기를 기증한 유가족에게 장제비 360만 원과 의료비 최대 180만 원의 지원금을 지급한다. 이는 우리나라 특유의 조의금 문화를 반영한 것이기도 하고, 장기 기증이 극히 적은 사회에서 숭고한 결정을 내린 유가족에게 내는 부조이기도 하다. 하지만 우리나라가 OECD 회원국 중에 장기 기증에 대해 금전을 지급하는 유일한 나라라는 점이 꾸준히 논란이 되고 있다. 장기적으로는 금전적 보상보다 사회적 예우와 같은 간접적 보상 제도를 확립하는 것이 바람직하다. 보건복지부는 장례비 지원을 폐지하는 대신 정부가 장례 서비스를 지원하고 추모 공원을 설립하는 등 기증자와 유족들에 대한 예우를 강화할 예정이다. 특히 추모 공원 설립은 국가유공자를 현충원에 모시듯 다른 사람의 생명을 살리고 떠난 이와 그 가족에 대한 존경의 의미를 담고 있기 때문에 매우 중요한 일이다. 국가 차원의 예우를 통해 장기 기증의 숭고한 뜻을 알리고 장기 기증에 대한 인식을 개선해 가야 할 것이다.

각막 기증은 시력을 잃어버린 환자에게 시력을 되찾아 주는 신성한 일이다. 안과의사도 각막 이식을 준비할 때는 남다른 마음이 든다. 지면을 빌려 모든 장기 기증자에게 존경과 감사의 마음을 전한다. 한 사람이 장기 기증을 하면 이식 받은 환자의 삶이 34년 연장되는 효과가 있다고 한다. 삶이 끝나갈 때 자신이 가진 장기를 사회에 선물하고 다른 이웃을 살리는 것만큼 숭고하고 의미 있는 일이 있을까.

#3 눈여겨보다: 홍채 인식과 기억

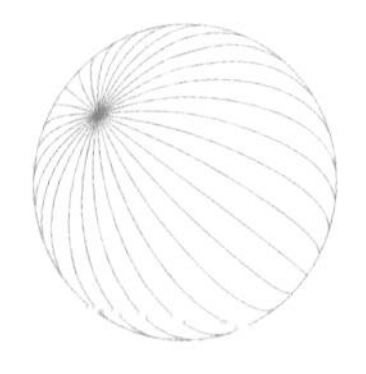

사람마다 얼굴 생김새가 다른 것처럼 우리 눈의 생김새도 서로 약간씩 다르다. 얼굴 생김새 차이는 개성이라고 부르지만 눈을 비롯한 몸의 생김새 차이는 의학적으로 변이variation라고 부른다. 속눈썹의 방향, 결막 혈관, 시신경 모양 등 눈의 변이는 사람마다 다양하지만 가장 개성이 넘치는 부위는 바로 홍채다.

홍채虹彩는 한자로 무지개 색채라는 뜻인데, 정말 무지개처럼 여러 색을 가진다. 홍채를 뜻하는 영어 'Iris'는 그리스 로마 신화에 나오는 무지개의 여신 이리스Iris의 이름에서 따왔다. 인간의 동공은 모두 검은색이지만 홍채는 사람마다 색깔이 다르다.[45] 홍채에는 흑갈색 멜라닌 색소 하나밖에 없지만 멜라닌 세포의 밀도와 함유량에 따라 매우 다양한 색으로 발현된다. 전 세계에서 가장 흔한 홍채 색은 갈색이다. 대부분의 동양인과 흑인은 짙은 갈색 홍채를 가졌다.[46] 한국인의 홍채는 대개 어두운 갈색이지만 연한 갈색을 가진 사람도 제법 있다. 백인의 홍채는 절반가량이 연한 갈색인데, 조금 더 밝은 경우 주황색이나 호박색으로 보이기도 한다. 태양광의 각도에 따라 동공 근처는 밝은 갈색이지만 주변부는 초록색일 때도 있다. 이 경우엔 녹갈색이라고도 한다. 이보다 멜라닌 색소가 적어지면 초록색으로 보이는데, 가장 드문 색이다. 초록색에서 멜라닌 색소가 더 적어지면 파란색이 된다. 이 경우 파란색은 홍채 자체의 색이 아니라 외부에서 비쳐진 빛이 홍채에 반사되어 나타나는 색이다. 즉 파란색 홍채는 긴 파장의 빛은 흡수하고 짧은 파장

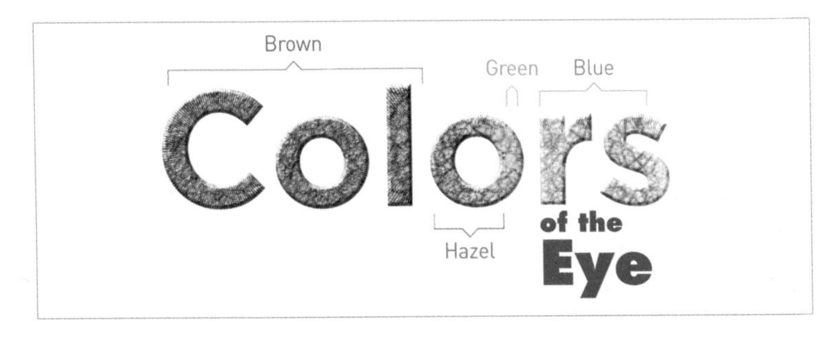

그림 145 홍채에서 나타나는 색이다. 멜라닌 색소에 따라 갈색에서 파란색까지 다양한 색을 보인다.

---

45 엄밀히 말해 동공은 빛이 통과하는 구멍이므로 색이 없다.
46 우리말로는 홍채와 동공을 합쳐서 눈동자라고 한다. 눈동자를 영어로는 정확히 번역하기 어려운데, 눈동자는 동공과 홍채가 구분되지 않는 동양인의 특징이 반영된 단어이기 때문이다.

의 빛은 반사해 구조색으로서 파란색을 띠는 것이다. 우리는 3부 4장에서 하늘이 파랗게 보이는 이유를 알아보았다. 홍채가 파란색으로 보이는 이유도 하늘과 똑같이 레일리 산란이 일어나기 때문이다. 이외에도 화가 났을 때 얼굴이 붉어지듯 흥분하면 파란색 눈에 혈액이 몰려 초록색 눈으로 변하기도 한다.

백색증albinism인 사람은 홍채에 멜라닌 색소가 전혀 없어서 혈액이 그대로 비치기 때문에 눈이 빨간색으로 보인다. 백색증이 심하면 망막이 빛으로부터 보호받지 못하기 때문에 시력이 좋지 않은 경우가 많다. 멜라닌 색소가 이보다 아주 조금만 더 있으면 보라색이 된다. 짙은 갈색 홍채의 멜라닌 수치를 100, 백색증인 빨간색 눈의 멜라닌 수치를 0이라고 하면 보라색 눈은 대략 1~2 정도다. 할리우드의 전설적인 배우 엘리자베스 테일러Elizabeth Taylor(1932~2011)는 보라색 눈을 가진 것으로 유명했다. 사진이나 영화 속에서만 그렇게 보인 게 아니라 실제로 보면 더 선명한 보라색이었다고 한다. 피부색이 밝은 백인이 자외선에 의해 피부 손상을 쉽게 받는 것처럼 밝은색의 눈도 자외선에 취약하다. 백인이 선글라스를 착용하는 이유는 멋 내기 목적도 있겠지만 무엇보다 눈을 보호하기 위함이다.

그림 146 배우 엘리자베스 테일러는 보라색 눈을 가졌다.

홍채 인식은 이렇게 개성 넘치는 홍채로

사용자를 인증하는 기술이다. 사람의 홍채 모양은 생후 18개월쯤 완성된 뒤 거의 변하지 않는다. 특히 홍채의 동공가장자리pupillary margin(동공연) 가까이에 융기되어 있는 원형의 홍채 패턴은 사람마다 모양이 모두 다르고, 한 번 정해지면 평생 변하지 않는다. 홍채 인식은 카메라가 사용자의 눈에 적외선을 발사해 홍채를 촬영하고 그 홍채의 패턴이 데이터베이스에 저장된 것과 일치하는지를 판독하는 방식으로 작동한다. 홍채 인식에 사용하는 적외선은 안경이나 콘택트렌즈를 착용한 상태에서도 적용할 수 있고, 홍채는 지문과 달리 기계와 직접적으로 접촉할 필요가 없다.

손가락의 지문은 실리콘으로 위조할 수 있고 사고나 노동 환경에 따라 지워지는 경우도 있다. 반면 홍채 정보는 쉽게 복제할 수 없고 언제든 인식할 수 있다. 영화 〈캡틴 아메리카: 윈터 솔져Captain America: The Winter Soldier〉에서는 한쪽 눈에 안대를 착용하는 닉 퓨리(새뮤얼 L. 잭슨)가 상급자가 지워버린 멀쩡한 눈의 데이터 대신 실명한 왼쪽 눈의 홍채를 스캔하는 장면이 나온다. 2054년 근미래를 배경으로 한 영화 〈마이너리티 리포트Minority Report〉에서는 거리 전광판의 개인 식별 장치가 지나가는 시민들의 홍채 정보를 읽어서 신원을 파악한다. 거미 로봇이 홍채를 스캔하면서 범죄자를 찾는데, 이를 피하기 위해 주인공(톰 크루즈)은 안구를 통째로 바꾸는 수술을 받는다. 실제로는 안구를 적출하면 홍채 모양을 조절하는 자율신경(교감신경·부교감신경)이 끊어져 홍채 패턴이 달라지기 때문에 영화에서처럼 홍채가 도용될 가능성은 매우 낮다.

홍채 인식 수준은 아니더라도 환자를 눈여겨 보고 기억하는 것은 중요하다. 의사가 진료하는 모든 환자의 이름을 기억하기는 힘들다. 코로나19 이후 한동안 마스크를 착용했기에 얼굴도 기억하기 힘들어졌다. 그래서 환자의 특징 중 내가 가장 기억하는 부위은 결국 '눈'이다. 현미경으로 눈을 들여다보면 대부분 기억이 난다. 아마 영상의학과 의사도 엑스레이나 MRI 사진으로 환자를 기억할 것이다.

홍채의 어원인 Iris에는 무지개라는 뜻뿐만 아니라 전달자messenger라는 의미도 있다. 무지개의 여신 이리스는 제우스와 헤라의 뜻을 지상에 전하는 역할로 많이 등장한다. 고대인에게 무지개는 이리스가 지나간 흔적이면서 하늘과 땅 사이의 연결 고리처럼 느껴졌다고 한다. 현미경으로 홍채를 보면 홍채가 불빛에 반응해 날갯짓을 하는 것처럼 살아 움직인다. 매일 봐도 신기하고 아름다운 모습이다. 안과의사만큼 다른 사람의 눈동자를 많이 접하는 직업은 드물 것이다. 앞으로 현미경 너머가 아닌 직접 눈을 보는 시간을 늘린다면 조금 더 좋은 의사가 되지 않을까 생각한다.

#4 기형아 검사와 의학의 불확실성

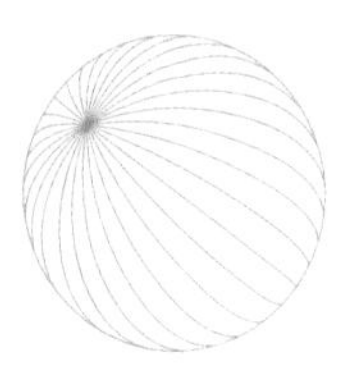

임신부는 여러 산전 검사를 받는다. 임신 주수마다 해야 하는 검사가 정해져 있는데, 모두 산모와 태아의 이상을 조기에 발견하기 위한 절차다. 임신 11~13주에는 초음파로 태아의 목덜미투명대 검사를, 임신 16주에는 사중표지자 검사quad test를 시행한다. 산전 검사의 결과는 기형의 '유무'가 아닌 '위험도(확률)'로 나온다. 검사에서 위험도가 높게 나오면 확실하게 진단하기 위해 양수를 채취해 염색체 이상을 확인한다. 가장 정확한 방법임에도 양수 검사를 바로 시행하지 않는 이유는 바늘이 자궁 안까지 들어가는 과정이 산모와 태아 그리고 의사 모두에게 부담스럽기 때문이다.

나는 대학병원 전임의 시절 첫 아이를 얻었다. 전임의의 주요 임무는 의학 연구와 학회 발표, 논문 작성이다. 아내가 첫 아이를 임신했을 때도 해외 학회에 참석해야 했는데, 출발 전 공항에서 전화를 하니 아내가 펑펑 울고 있었다. 사중표지자 검사에서 기형아 위험도가 '높음'으로 나왔다고 했다. 사중표지자 검사를 배웠던 때가 10년 전이었다. 혼란스러운 마음으로 비행기에 올랐고 도착해서도 발표 자료가 눈에 들어오지 않았다.[47] 결국 발표 전날 밤 사중표지자 검사의 양성예측치positive predictive value를 계산해 봤다.

양성예측치는 선별 검사에서 '이미' 양성 판정을 받았을 때 그 사람에게 정말로 질병이 있을 확률을 뜻한다. 이 수치는 질병의 유병률prevalence과 검사의 민감도sensitivity 및 특이도specificity에 따라 달라진다. 민감도는 어떤 검사가 환자를 환자라고 판단하는 확률을, 특이도는 정상인을 정상이라고 판단하는 확률을 뜻한다. 대부분의 의학 검사에서는 둘 중 한 가지의 확률을 높이면 다른 한 가지의 확률이 떨어진다. 한 명의 환자라도 놓치지 않기 위해 민감도를 높이면, 정상인을 환자라고 오판하는 위양성false positive률이 늘어나면서 특이도는 떨어진다. 반대로 위양성율을 낮추기 위해 특이도를 올리면 민감도가 떨어진다. 보통 선별 검사에서는 단 한 명의 환자도 놓치지 않는 것을 최우선 목표로 삼기 때문에 민감도가 최대한 높은 검사 방법을 채택한다. 이 과정

47 예전에는 기형을 발견하더라도 선택지가 없었다. 하지만 2019년 헌법재판소가 낙태죄에 대해 헌법 불합치 판결을 내렸고, 2021년 낙태죄는 완전히 폐지되었다. 현재 낙태에 대한 법적 처벌은 사라졌다.

에서 어쩔 수 없이 위양성 판정을 받는 정상인이 발생한다. 선별 검사에서 양성으로 나온 사람들 중 상당수는 실제 환자가 아니기 때문에 선별 검사 결과만 가지고 지나치게 걱정할 필요는 없다.

민감도와 특이도는 검사 방법마다 정해진 고유의 값이지만 양성예측치는 질병의 유병률에 따라 그때그때 다르다. 극단적인 예를 들면, 유병률은 낮지만 치명적인 HIV 감염의 양성예측치를 계산해 보자. 숨어 있는 HIV 감염자를 찾아내기 위해 선별 검사를 했는데 환자를 놓치게 되면 사회적으로 큰 손실이다. 따라서 HIV 선별 검사는 특이도가 조금 떨어지더라도 최대한 민감도가 높은 방법으로 시행된다. HIV 선별 검사의 민감도는 99.7퍼센트고 특이도는 99.2퍼센트다. 수치상으로는 상당히 높은 것처럼 느껴지지만 우리나라 전 국민을 대상으로 할 경우 이야기가 달라진다. 2024년 현재 우리나라에는 약 2만 명가량의 HIV 감염자가 있을 것으로 추정된다. 이는 2019년에 공식 집계된 누적 감염자 수 1만 3,857명에 매년 1,000명 내외로 나오는 확진자 수와 숨겨진 감염자 수를 더한 것이다. 민감도가 99.7퍼센트인 검사에서는 2만 명의 환자 중 1만 9,940명을 양성으로 판정한다. 안타깝게도 감염자 중 60명은 위음성으로 놓쳤다. 그리고 특이도가 99.2퍼센트인 검사에서는 우리나라 전 국민인 5,144만 명(2024년 기준) 중 5,102만 8,480명을 HIV 음성으로 판정하고 무려 41만 1,520명의 비감염자를 양성으로 잘못 판정한다(위양성). 결과적으로 선별 검사에서 양성 판정을 받은 사람은 진짜 환자 1만 9,940명과 위양성자(비감염자) 41만 1,520명을 합한 43만

1,460명이다. 그렇다면 양성 판정을 받은 사람이 진짜 환자일 확률은 얼마일까? 이것이 바로 양성예측치인데, 43만 1,460명 중 1만 9,940명인 4.6퍼센트다. 놀랍지 않은가? HIV 양성 판정을 받고 하늘이 무너지는 느낌을 받았을 텐데 진짜 환자일 확률은 5퍼센트가 채 되지 않는 것이나. 이것은 유병률이 아주 낮은 희귀한 질병일 때 생기는 현상이다.

코로나19를 겪으며 일반인들도 선별 검사의 불확실성을 접했다. 생물학 전공자가 쓰던 PCRPolymerase Chain Reaction(중합효소 연쇄 반응)이란 용어를 전 국민이 알게 되었고, 자가 진단 키트의 민감도와 위양성에 대한 개념을 많은 사람이 이해하게 되었다. 우리나라의 코로나19 자가 진단 키트의 허가 기준은 민감도 90퍼센트 이상, 특이도 99퍼센트 이상이다. 코로나19가 유행하면서 감염자가 늘어나면 양성예측치도 점점 올라간다. 국민 100명 중 3명이 감염된 상황에서 양성예측치는 73.6퍼센트이지만, 100명 중 10명이 감염된 상황에서는 양성예측치가 90.9퍼센트로 높아진다. 진단 키트가 변하지 않아도 양성예측치는 유행 상황에 따라 계속 변하는 것이다.

기형아 선별을 위한 사중표지자 검사도 마찬가지다. 기형(염색체 이상)의 확률은 높지 않기 때문에 사중표지자 검사의 양성예측치는 3퍼센트 정도에 불과하다. 내가 학회 발표 전날 밤에 계산한 양성예측치는 4퍼센트였던 것으로 기억한다. 기형아 확률이 '높음'으로 나와도 100명 중 96명은 정상이라는 뜻이다. 학생 때 공부했던 지식을 더듬어 가며 여기까지 계산하고 나니 한결 안심이 되었다. 미래가 달라지는 것은 아니지만 직접 양성예측치를 계산해 보니 불필요한 불안에서 벗어날 수 있었고, 희박한 가능성에 대해서도 마음의 준비를 할 수 있었다. 결국 다음 날 학회에서는 대본을 따라 읽으며 발표할 수밖에 없었지만, 큰 문제는 없었다.

진료실에서 의사를 가장 힘들게 하는 것은 이런 '확률'과 그에 따른 '불확실성'이다. 대부분의 환자는 확실하고 시원한 답변을 원하지만 의사는 경험이 쌓일수록 희귀 사례를 많이 접하기 때문에 답변이 갈수록 모호해진다. 배움이 깊어지고 임상 경험이 쌓일수록 의사는 확실한 답을 원하는 환자와의 갈등이 점점 많아진다. 의사는 이런 '불확실성'을 잘 이해하고 견뎌야 한다고 생각한다. 그렇지 못하면 '과도한 검사'와 '경험적 치료'를 할 가능성이 높아지기 때문이다. 이런 행동은 사회 전체의 의료비 지출을 증가시키고, 환자에게 불필요한 검사와 치료에 의한 추가 위험을 초래할 수 있다.

환자도 마찬가지다. 환자는 출산이나 라섹 수술 같이 통증의 원인이 확실하고 좋은 결과가 예정되어 있는 경우에는 심한 통증도 잘 견딘다. 하지만 정확한 진단이 내려지지 않거나 의사가 치료 효과를 장담하지 못하는 상황에서는 사소한 통증 앞에서도 무너진다. 불확실성은 필연적으로 불안감을 낳기 때문이다. 말기 암을 진단받은 환자는 앞으로 얼마나 살 수 있는지를 알고 싶어 한다. 이때 의사는 중앙 생존 기간median survival time을 알려주는데, 실제로 그만큼 살다가 죽는 사람은 거의 없다. 환자들은 '평균' 생존 기간이라고 오해하기 쉬운데, 실제로는 평균mean이 아니라 중앙값median이다. 즉 100명의 환자가 있을 때 50번째 환자가 죽는 시점이다. 100명의 환자가 일정한 간격으로 차례대로 사망하는 것이 아니기 때문에 환자 개인의 여명은 실제 생존 기간과는 큰 차이가 있을 수 있다.

의학은 불완전하다. 의학은 사람을 대상으로 하기에 과학 이론처럼 딱 잘라 설명할 수 없는 부분이 많다. 정확도 100퍼센트의 진단과 치료법은 존재하지 않고, 아직 원인이 밝혀지지 않은 질병도 많다. 그래서 의사는 늘 확률을 따지며 여러 가능성을 놓고 저울질할 수밖에 없다. 미국 존스 홉킨스 병원 설립에 기여하고 '현대 의학의 아버지'라고 불리는 윌리엄 오슬러William Osler(1849~1919)는 의학을 '불확실성과 확률의 과학'이라고 했다. 역설적으로 의학이 앞으로도 불확실하다는 것만이 확실하다. 그래서 의학이 아무리 발전해도 의사의 판단이 임상적 결정의 중심이 될 것이다. 의과대학에서는 근거중심의학을 가르친다. 근거중심의학은 의사의 경험으로 얻은 지식이나 근본적인 병태 생리 이해를 '근거'보다 낮게 평가하는 경향이 있다. 그런데 실제 진료실에서 모든 치료를 근거대로 적용하는 것은 쉽지 않다.

의학의 불확실성은 언제나 존재하며, 이로 인해 의사의 판단이 때로는 빗나간다. 이 과정에서 잘못된 판단을 통해 배우고 교훈을 얻어 같은 오류를 반복하지 않아야 한다. 의학의 불확실성이나 의사의 실수를 개선하는 가장 좋은 방법은 솔직하게 이야기하는 것이다. 대학병원에는 '사망 및 이환율 콘퍼런스mortality and morbidity conference'라는 워크숍이 있다. 이 콘퍼런스에서는 병원에서 일어난 예기치 못한 합병증이나 사망 사례에 대해 토론한다. 신규 간호사부터 병원장까지 계급장을 떼고 자신의 실수나 잘못에 대해 밝히고 개선책을 토론하는 시간이다. 의사는 모든 의사결정 과정을 공개하고 토론에 임해야 하며 충분한 지식을 쌓고 의료 사고에 대해 경계 태세를 늦추지 않아야 한다. 다른 의료진들은 이전 사례를 참고해 잘못될 수 있는 상황을 예방하려는 노력을 기울여야 한다. 이 콘퍼런스는 이런 자세를 병원의 모든 구성원에게 끊임없이 상기시키기 위한 자리인 것이다. 이런 콘퍼런스가 지금도 존재하는 것은 '불확실성'이 의학의 불가피한 일부분임을 인정한 결과다. 일반인의 생각과 달리 의학은 본질적으로 불확실성을 안고 있기 때문에 법률적인 '처벌'로는 결코 의료 사고를 방지할 수 없다.

어떤 의사는 의학의 불확실성에 대해 이야기하는 것을 좋아하지 않는다. 그런 태도가 환자의 신뢰를 떨어트리거나 정부의 더 많은 규제를 불러올 것이라고 주장한다. 지금도 이미 정부의 지나친 규제와 간섭, 편향된 언론 보도, 적대적인 국민 감정 등에 시달리고 있는데 또 다른 족쇄가 달릴 것이라고 지적한다. 또 이를 악용해 일부 환자의 부당한 소송과 협박이 늘어날 수 있다고도 우려한다. 하지만 우리는 의학의 한계를 인정하고 여기서 오는 불안을 극복해야 한다.

불확실한 의학을 보완하는 것은 환자에 대한 종합적인 이해다. 의사는 수많은 검사를 남발하고 그 결과를 확인하는 대신 환자의 생활 환경, 심리, 발병 과정, 치료에 대한 마음가짐 등을 모두 파악할 필요가 있다. 환자들의 인식 전환과 제도적인 개선도 뒷받침되어야 한다. 우리 몸은 사람마다 다르고 불완전하다. 모든 의학적 원인과 결과는 확률로 존재하며, 한정된 자원으로 모든 가능성을 대비하는 것은 불가능하다. 우리 사회가 어느 집단을 규제하고 손가락질하기 전에 의료의 본질에 대해 헤아려 주기를 바란다.

#5 안과의 응급실

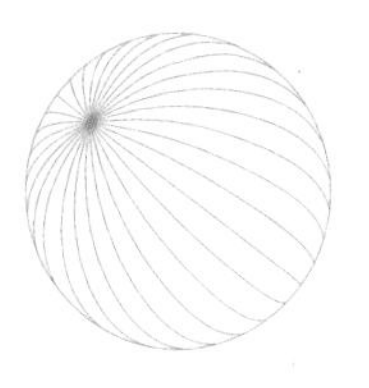

안과는 전문성이 상당히 높은 과다. 이런 안과의 전문성은 '양날의 검'으로 작용해 웬만해서는 다른 과에서 안과 영역을 침범하지 않는 대신 대부분의 지식을 안과 전공의가 되고 나서 새로 공부해야 한다. 비교적 편할 것 같다는 인식과 달리 안과 당직은 매우 바쁘다. 병동이나 응급실에서 눈이 불편한 환자가 발생하면 아무리 사소한 경우라도 안과의사를 호출하기 때문이다.

안과는 전안부, 망막, 녹내장, 눈 성형, 사시 및 소아 안과의 세부 분과로 나뉜다. 전안부는 안구의 각막부터 수정체까지 안구의 앞부분을 말하는데, 겉으로 보이는 모든 부분이 포함되기 때문에 외상으로 인해 눈을 다치면 필연적으로 전안부 분과가 관여한다. 눈 속의 망막이나 주변의 뼈에 문제가 생기면 망막 분과와 눈 성형 분과가 함께 치료한다. 두 분과의 수술을 동시에 할 때도 있지만, 전안부 수술을 먼저 하고 전안부가 어느 정도 회복된 뒤에 2차 수술을 하는 경우가 더 많다.

더 이상 당직 근무는 하지 않지만 주말이나 밤에 눈이 불편하다는 지인들의 연락을 가끔 받는다. 아무래도 '눈이기 때문에' 다른 부위보다 걱정되기 때문이라고 생각한다. 나의 역할은 대부분 '안심시키기'지만, 가끔 증상만으로 상태를 가늠하기 어려운 경우가 있다. 그럴 땐 원칙적으로 응급실에 가야 하는데 응급실의 혼잡과 대기 시간, 진료 비용을 생각하지 않을 수 없다. 응급 진료비는 일반 진료비에 20퍼센트가 가산된다. 야간에는 여기에 20퍼센트가 야간 진료비가 추가로 가산된다. 게다가 별도의 응급의료관리료까지 추가로 부담해야 한다. 응급의료관리료는 응급실 규모에 따라 금액이 다른데 상급병원일수록 더 비싸고(3~6만 원), 응급 증상 또는 이에 준하는 증상이 아닌 상태로 응급실을 방문한 경우에는 전액을 본인이 부담해야 한다.[48] 응급의료법에서 규정한 안과적 응급 상황은 두 가지다. 첫 번째는 화학 물질에 의한 눈의 손상이고, 두 번째는 이물에 의한 응급 증상(눈에 이물이 들어가 제거술이 필요한 경우)이다. 주중 개인 의원에서 1~2만 원에 해결될 문제가 야간 응급실에서는 10만 원이 드는 경우가 얼마든지 발생할 수 있다.

48 응급의료관리료는 비응급 환자로 인한 응급실의 혼잡을 막기 위해 접수비 외에 받는 비용이다.

우리 몸은 외부 충격으로부터 눈을 보호하기 위한 몇 가지 방어 기전을 가지고 있다. 눈은 체표면적에 비해 노출된 부분이 작고(전체 체표면의 0.1퍼센트) 주위가 단단한 뼈로 둘러싸여 있다. 눈꺼풀과 속눈썹은 외부의 미세한 자극에도 눈 깜빡임 반사를 일으켜 각막을 보호한다. 눈꺼풀을 감으면 눈이 자동으로 위쪽으로 회전해 각막을 보호하는데 이를 벨 현상Bell's phenomenon이라고 한다. 감은 눈을 억지로 벌리면 흰자만 희번덕하게 보이는 이유는 바로 벨 현상 때문이다. 눈 뒤쪽에 있는 안와지방은 눈에 가해지는 물리적 충격을 완화한다.

그럼에도 눈은 외상에 취약하다. 다른 부위였으면 별것도 아닌 일이 '하필 눈에 맞아서' 문제가 생기는 경우가 굉장히 많다. 외상 때문에 시각장애가 발생하면 환자에게 경제적으로나 정신적으로 심각한 문제가 될 뿐만 아니라 사회적으로도 큰 손실이다. 특히 산업재해에 의한 안외상은 상당 부분 예방할 수 있기 때문에 보호 장구와 안전 교육의 중요성은 아무리 강조해도 지나치지 않다. 작은 쇳조각 하나 때문에 시력을 잃는 환자를 마주할 때마다 안타까운 마음을 감출 수 없었다.

안외상은 지역과 시대마다 발생 양상이 다르다. 우리나라에는 전국 단위 통계가 없어서 정확한 비율을 알 수는 없지만, 여러 연구 결과를 종합해 보니 산업재해로 인한 안외상이 가장 많았다. 그밖에 폭행, 레저스포츠, 교통사고가 주요 원인이다. 최근에는 산업재해로 인한 안외상은 줄고 레저스포츠에 의한 안외상이 늘어나는 추세다. 여자보다 남자에게 다섯 배 이상 많이 발생하며, 20대와 30대에게 주로 발생한다.

젊은 남성일수록 산업재해에 노출되거나 레저스포츠에 참여하는 빈도가 높기 때문으로 추정된다.

산업재해로 인한 안외상의 3분의 2 이상은 비행 물체 때문에 발생하는 각막 열상이다. 비행 물체는 보통 금속 조각을 말한다. 이는 제조업(기계 공업) 작업 과정에서 발생하는 것인데, 보안경만 착용해도 예방할 수 있는 경우가 대부분이어서 더 안타깝다. 또한 여가 활동의 증가로 레저스포츠로 인한 안손상이 꾸준히 늘어나는 추세다. 종목별로 살펴보면 축구가 40퍼센트로 가장 많고 배드민턴은 11퍼센트, 농구는 8퍼센트 순이다. 특히 공에 맞으면 눈 속에 출혈이 생기는 외상성 전방출혈이 많이 발생한다. 전방출혈은 치료가 성공적으로 끝나더라도 평생 동안 안압이 상승할 위험이 높아 녹내장이 발생하는지 주기적으로 관찰해야 한다.

군대에서 발생한 안외상 통계를 보면 축구나 농구 등 스포츠 활동 중에 다친 환자가 39퍼센트로 가장 많고, 작업 도중에 다친 환자도 23퍼센트에 이른다. 훈련 중에 다친 환자는 16퍼센트에 그친다. 군사 훈련 시에는 보호 장비를 구비하고 안전 교육도 철저히 이루어지지만 축구와 같은 스포츠 활동이나 작업 시에는 상대적으로 보호 장비와 안전 교육이 미비하기 때문으로 보인다. 젊은 군인에게 시력장애가 발생할 경우 개인적으로나 사회적으로나 막대한 손실이다.

소아는 성인보다 안외상에 더 취약하다. 특히 시력 발달이 완성되기 전인 만 8~9세 이전에 다치면 사소한 외상으로도 약시나 사시와 같은 후유증이 남을 수 있다. 소아도 여자아이보다 남자아이에서 안외상이 3.5배 정도 많이 발생한다. 1990년대에는 막대나 나뭇가지에 의한 외상이 14퍼센트로 가장 많았으나 2000년대에는 주먹에 의한 외상이 38퍼센트로 가장 많다.

나는 전공의 시절에 한강성심병원에 파견을 나갔는데, 이곳에는 우리나라에서 가장 큰 화상 중환자실이 있다. 심각한 화상 환자들의 눈 합병증을 관리하는 것이 파견 전공의의 주된 업무였다. 화상 중 전신 손상이 가장 심한 것은 화염과 폭발 그리고 전기에 의한 화상이다. 다행히 화염과 폭발에 의한 화상은 화상의 순간 반사적으로 눈꺼풀을 감고, 눈꺼풀과 눈물이 열을 차단하기 때문에 안구 자체의 손상은 크지 않은 편이다. 하지만 시간이 지남에 따라 눈꺼풀 피부가 구축contracture되면서 눈꺼풀이 감기지 않아 각막이 노출되는 토끼눈lagophthalmos이 발생한다. 눈꺼풀이 감기지 않으면 각막 표면이 마르기 때문에 끊임없이 안약과 연고를 점안해야 한다. 전기에 의한 화상은 안구의 모든 부위에 합병증을 일으킬 수 있는데, 가장 흔한 합병증은 백내장이다. 이로 인해 급성기 화상 치료가 끝나면 시력 회복을 위해 백내장 수술이 필요한 경우가 많다. 안구를 가장 심하게 손상시키는 화상은 화학 약품에 의한 것인데, 산보다는 알칼리 성분이 더 위험하다. 양잿물(수산화나트륨NaOH)이 가장 심한 각막 손상을 유발하고, 시멘트 가루의 원료인 석회$CaCO_3$는 가장 빨리 각막 혼탁을 초래한다. 화상으로 인해 각막윤부(각막 가장자리)에 있는 줄기세포가 손상되면 아무리 시간이 지나도 각막의 상처가 아물지 않는 상태가 된다. 최대한의 약물 치료를 하지만 각막윤부 이식 수술을 받지 않는 이상 회복이 어렵다. 화학 약품이 눈에 튀었다면 최대한 빨리 세척하는 것이 가장 중요하다. 세척 용액이 무엇이든 간에 얼마나 빨리 세척을 시작하는지가 중요하기 때문에 병원에 가기 전이라도 최대한 세척해야 한다.

개인적으로 매년 가을에 반복되는 예초기 사고가 가장 기억에 남는다. 성묘 철이 되면 예초기에 익숙하지 않은 사용자가 벌초를 하면서 사고가 늘어난다. 예초기를 사용하면 돌이나 나뭇가지 등이 굉장히 빠른 속도로 2미터 이상 날아간다. 사용자뿐만 아니라 옆 사람까지 다치게 할 수 있는데 가장 많이 다치는 부위가 눈이다. 나일론 줄을 사용한 예초기는 줄의 끝부분이 절단되는 일이 발생할 수 있다. 사고를 예방하기 위해서는 반드시 톱날 덮개를 부착하고, 안면 보호구나 보호안경을 착용해야 한다. 예초기 사용 전 톱날 부착 상태 및 노후 점검도 잊지 말아야 한다.

눈을 다쳤을 때 환자가 느끼는 충격과 공포는 상상하기 어려울 정도로 크다. 나아가 갑작스러운 시력 상실은 삶을 송두리째 바꾼다. 바람 빠진 풍선처럼 쪼그라든 눈의 시력이 완전히 회복된 기적 같은 경우도 있었고, 불과 몇 cc도 안되는 출혈 때문에 안압이 조절되지 않아 실명한 경우도 있었다. 눈의 외상은 사전에 경각심을 가지면 상당수 예방할 수 있으니 일상에서 주의를 기울여야 한다.

나가는 말

이 책을 쓰게 된 계기는 제가 어릴 때부터 달고 다닌 '적록색약'이라는 꼬리표입니다. 안과를 전공하면 자연스럽게 색약에 대해 알게 될 것이라 생각했지만 전공의 수련 과정에서는 배울 기회가 없었습니다. 의학은 질병이 아니거나 치료할 수 없는 분야는 중요하게 다루지 않기 때문입니다. 저는 목마른 사람이 우물을 파는 심정으로 색각을 공부했고 다른 전공의들을 대상으로 발표까지 몇 번 했습니다. 그러던 어느 날 '드레스 색깔 논란'으로 안과 진료를 보러 온 환자를 마주하였습니다. 색각에 대해 나름 잘 안다고 생각했는데 이 현상에 대해서는 전혀 아는 바가 없었습니다.

다행히 수련 과정을 통해 정확한 정보를 찾고 정리하는 능력은 단련

되어 있었습니다. 대학병원을 떠난 후에는 더 이상 시험이나 승진이 아니라 호기심을 채우기 위한 공부를 시작했습니다. 이 책은 제가 지난 몇 년간 자유롭게 공부한 내용을 정리한 것입니다. 이 과정은 매우 즐겁고 보람찬 것이었습니다. 끝내 속 시원히 정리하지 못한 주제도 있지만 그 과정에서 많은 것들을 알게 되었고 새로운 지식의 밑거름이 되었습니다.

미국의 심리학자 에이브러햄 매슬로Abraham Maslow(1908~1970)는 일찍이 자기 발전을 위해 잠재력을 극대화하는 것을 자아실현이라고 말했습니다. 마틴 셀리그먼Martin Seligman(1942~)도 삶의 의미는 행복 이상의 것이며 자신 안에 있는 최고를 끌어내는 것이라고 하였습니다. 이 책을 준비하면서 20년간 의학의 울타리 안에만 있던 필자가 다양한 분야의 책을 읽고 여러 사람들의 도움을 받았습니다. 두서없던 초고를 멋진 책으로 완성해 주신 김선형 팀장님과 동아시아 출판사의 모든 식구들에게 감사의 마음을 전합니다. 갑자기 책을 쓴다고 선언한 저를 응원해 준 아내 유정과 두 아들 주호, 주한에게 사랑한다고 말하고 싶습니다. 앞으로 가족들과 더 많은 시간을 보내며 아이들에게 하늘과 홍채가 왜 파랗게 보이는지 이야기해 주고 싶습니다.

그림 출처

그림 1 셔터스톡.

그림 2 Ziortza Agirrezabala, Wikimedia Commons.

그림 3,4 Wikimedia Commons.

그림 5 원본 그림: Color solid comparison hsl hsv rgb cone sphere cube cylinder.png, SharkD, 파생: Datumizer, Wikimedia Commons.

그림 6 Spigget, Wikimedia Commons.

그림 8 Wikimedia Commons.

그림 9 원본 그림: DOE BTO SSL Program, "2018 Solid-State Lighting R&D Opportunities," edited by James Brodrick, Ph.D Editor: James Brodrick, DOE BTO SSL R&D Program Lead Author: Morgan Pattison, SSLS, Inc. Contributors: Norman Bardsley, Bardsley Consulting Clay Elliot, Navigant Consulting, Inc. Monica Hansen, LED Lighting Advisors Kyung Lee, Navigant Consulting, Inc. Lisa Pattison, SSLS, Inc. Jeffrey Tsao, Sandia National Laboratories Mary Yamada, Navigant Consulting, Inc.

그림 10 Roorda, A., and Williams, D.R. (1999), The arrangement of the three cone classes in the living human eye, 《*Nature*》, 397.

그림 11 원본 그림: Vittoria Bruni, Giulia Dominijanni and Domenico Vitulano. (2023), A Machine-Learning Approach for Automatic

Grape-Bunch Detection Based on Opponent Color, 《*Sustainability*》, 15(5): 4341, CC BY 4.0.

그림 13 참조한 자료: Vahid Salari, Felix Scholkmann, Ram Lakhan Pandey Vimal, Noémi Császár, Mehdi Aslani, István Bókkon. (2017), Phosphenes, retinal discrete dark noise, negative afterimages and retinogeniculate projections: A new explanatory framework based on endogenous ocular luminescence, 《*Progress in Retinal and Eye Research*》, 60.

그림 14 참조한 그림: Sheri L. Williamson, Do we see what bees see?, https://fieldguidetohummingbirds.wordpress.com.

그림 16,17 참조한 자료: Samir S Deeb. (2006), Genetics of variation in human color vision and the retinal cone mosaic, 《*Current Opinion in Genetics & Development*》, 16(3).

그림 18 Cecilia Bleasdale.

그림 19 Public Domain Pictures.net.

그림 20 원본 그림: Edward H. Adelson, Wikimedia Commons.

그림 23 게티이미지.

그림 24 원본 그림: Taha Mzoughi, Wikimedia Commons.

그림 25 Kwon et al., (2016), Case series of keratitis in poultry abattoir workers induced by exposure to the ultraviolet disinfection lamp, 《*Annals of Occupational and Environmental Medicine*》, 28(1), CC BY 4.0.

그림 26 Jmvaras, Wikimedia Commons.

그림 27 Mainster, M.A., Ajlan, R. (2020), Clinical Photic Retinopathy: Mechanisms, Manifestations, and Misperceptions. In: Albert, D., Miller, J., Azar, D., Young, L. (eds), *Albert and Jakobiec's Principles and Practice of Ophthalmology*, Springer, Cham.

그림 30 참조한 자료: Richard Gallagher. (2013), Myopia Dystopia, 《*the ophthalmologist*》3, NOVEMBER / DECEMBER.

그림 31　참조한 자료: Ian G. Morgan, Amanda N. French, Regan S. Ashby, Xinxing Guo, Xiaohu Ding, Mingguang He, Kathryn A. Rose. (2018), The epidemics of myopia: Aetiology and prevention, 《*Progress in Retinal and Eye Research*》, 62.

그림 32　참조한 자료: 국립환경과학원.

그림 34　파나소닉.

그림 35　참조한 그림: Hasegawa Akira, Hasegawa Satoshi, Omori Masako, Takada Hiroki, Watanabe Tomoyuki, Miyao Masaru. (2014), Effects on Visibility and Lens Accommodation of Stereoscopic Vision Induced by HMD Parallax Images, 《*Forma*》, January.

그림 39　Harry Moss Traquair.

그림 40　University of Edinburgh Heritage Collection, Wikimedia Commons.

그림 43　참조한 그림: PBase.

그림 44　참조한 그림: CANON.

그림 45　SEReichert, Wikimedia Commons.

그림 46　Anh Son, Le & Aoki, Hirofumi & Suzuki, Tatsuya. (2017), Evaluation of Driver Distraction with Changes in Gaze Direction Based on a Vestibulo-Ocular Reflex Model, 《*Journal of Transportation Technologies*》, 7.

그림 49　진용한.

그림 50　Jeff Dahl, Wikimedia Commons.

그림 51　Wikimedia Commons.

그림 52　한천석.

그림 53　All About Vision.

그림 54　The People for Bernie Sanders.

그림 57　(좌, 우)셔터스톡, (중앙)AbbVie.

그림 59 셔터스톡.

그림 60 셔터스톡.

그림 64 원본 그림: Gretarsson, Wikimedia Commons.

그림 65 Wikimedia Commons.

그림 67 원본 사진: Shawngano, Wikimedia Commons.

그림 69 Webvision.

그림 70 셔터스톡.

그림 71 원본 그림: Paul King.

그림 72 Pluke, Wikimedia Commons.

그림 73 Moxfyre, Wikimedia Commons.

그림 74 Roger Gilbertson, Moiré Pattern at Gardham Gap, CC BY-SA 2.0, Wikimedia Commons.

그림 75 원본 그림: Webvision.

그림 80 Entokey.

그림 81 Welch Allyn.

그림 82,83 Gregory, Richard Langton and Wallace, Jean G. (1963), *Recovery From Early Blindness*, Heffer.

그림 84 Kenneth N. Ogle. (1944), Meridional Magnifying Lens Systems in the Measurement and Correction of Aniseikonia, 《*Journal of the Optical Society of America*》, 34(6).

그림 87 Adrian Glasser, Melanie C.W. Campbell, (1998), Presbyopia and the optical changes in the human crystalline lens with age, 《*Vision Research*》, 38(2).

그림 88 Alberto de Castro, Sergio Ortiz, Enrique Gambra, Damian Siedlecki, and Susana Marcos. (2010), Three-dimensional reconstruction of the crystalline lens gradient index distribution from OCT imaging, 《*Optics Express*》, 18(21).

그림 89 참조한 자료: Charman, W. N. (2018), Non-surgical treatment

options for presbyopia, 《*Expert Review of Ophthalmology*》, 13(4).

그림 90　참조한 그림: HyperPhysics.

그림 91　원본 그림: Matticus78 at the English language Wikipedia.

그림 92　원본 그림: 자바실험실, 눈의 진화, https://javalab.org/evolution_of_the_eye/.

그림 93　원본 그림: 셔터스톡.

그림 95　Alfred Vogel and Vasan Venugopalan. (2003), Mechanisms of Pulsed Laser Ablation of Biological Tissues, 《*Chemical Reviews*》, 103(2).

그림 96　Zhenyuan Lin and Minghui Hong, (2021), Femtosecond Laser Precision Engineering: From Micron, Submicron, to Nanoscale, 《*ULTRAFAST SCIENCE*》, 2021, CC BY 4.0.

그림 97　Lexmark.

그림 98　셔터스톡.

그림 101　Dan Z Reinstein, Timothy J Archer and Marine Gobbe, (2014), Small incision lenticule extraction (SMILE) history, fundamentals of a new refractive surgery technique and clinical outcomes, 《*Eye and Vision*》, 1(3), CC BY 4.0.

그림 103　Alcon Inc.

그림 104　SCHWIND.

그림 105　George Grantham Bain Collection (Library of Congress), Wikimedia Commons.

그림 106　(좌)원본 그림: Refractec Inc, (우)원본 그림: ReVision Optics, Inc.

그림 110　Adolphe Ganot, Wikimedia Commons, 사진: Frank Schulenburg, Wikimedia Commons.

그림 114　Kim, E., Na, KS., Kim, H. et al. (2020), How does the world appear to patients with multifocal intraocular lenses?: a mobile model eye experiment, 《*BMC Ophthalmol*》, 20(180), CC BY 4.0.

그림 119 Melles, Ronald B. et al. (2018), Accuracy of Intraocular Lens Calculation Formulas, 《*Ophthalmology*》, 125(2).

그림 120 Dmitrii Korolev, stock.adobe.com.

그림 122 Mariagessa, Wikimedia Commons.

그림 123 서울아산병원.

그림 124 질병관리청·대한의학회.

그림 125 Knop, N., Knop, E. (2009), Meibom-Drüsen, 《*Ophthalmologe*》, 106.

그림 131 Joel Mills, Wikimedia Commons.

그림 134 Rynerson JM, Perry HD, (2016), DEBS—a unification theory for dry eye and blepharitis, 《*Clin Ophthalmol*》, 2016(10).

그림 135 사진: T. Golu et al, (2011), Pterygium: Histological and immunohistochemical aspects, 《*Romanian Journal of Morphology and Embryology*》, 52(1).

그림 139 (시계 방향)Toby Hudson, Wikimedia Commons, flickr, NikaJiadze, Wikimedia Commons.

그림 140 원본 그림: Central Historic Books, Wikimedia Commons.

그림 142 (좌)eyewiki, (우)emedicine.medscape.com.

그림 143 Heralgi M, Thallangady A, Venkatachalam K, Vokuda H., (2017), Persistent unilateral nictitating membrane in a 9-year-old girl: A rare case report, 《*Indian J Ophthalmol*》, 65(3).

그림 145 UPMC.

그림 146 Wikimedia Commons.

참고 문헌

I. 색으로 풀어보는 눈 이야기

1 색이란 무엇일까?

1 Cuthill I. C., Allen W. L., Arbuckle K., Caspers B., Chaplin G., Hauber M. E., Hill G. E., Jablonski N. G., Jiggins C. D., Kelber A., Mappes J., Marshall J., Merrill R., Osorio D., Prum R., Roberts N. W., Roulin A., Rowland H. M., Sherratt T. N. … Caro T. (2017). 《*The biology of color. Science*》, pp.1-5.

2 Pattison, P. M., Bardsley, J., Elliott, C., Hansen, M., Lee, K., Pattison, L., Tsao, J. Y. & Yamada, M. (2019), *2018 DOE Solid-State Lighting R&D Opportunities*. (January 2019). U.S. Department of Energy. https://www.researchgate.net/publication/330545079_2018_DOE_Solid-State_Lighting_RD_Opportunities.

3 Roorda & Williams. (1999), The arrangement of the three coneclasses in the living human eye, 《*Nature*》, pp.520-522.

4 이리쿠라 다카시. (2023), 『알아두면 쓸모 있는 컬러 잡학사전』, 안선주 옮김, 유엑스리뷰. (원본 출판 2022).

5 에드 용. (2023), 『이토록 굉장한 세계』, 양병찬 옮김, 어크로스. (원본 출판 2022).

2 색약과 색맹 완벽 정리

1 장초, 윤향화 & 유우종. (2022), 색각 이상자를 고려한 네비게이션 앱 인터페이스의 컬러유니버설디자인 연구. 한국디지털콘텐츠학회 논문지, 4(23), pp.621-630.
2 올리버 색스, 이민아 옮김. (2007), 『색맹의 섬』, 이마고. (원본 출판 1996).

3 드레스 색깔 논란 완전 해결

4 자외선은 눈에 어떻게 해로울까?

1 Weale R. A. (1988), Age and the transmittance of the human crystalline lens, 《*The Journal of Physiology*》, Jan(395). pp.577-587.
2 Nole & Johnson. (2004), An analysis of cumulative lifetime solar ultraviolet radiation exposure and the benefits of daily sun protection, 《*Dermatol Ther*》, 2004:17. PP.57-62.

5 블루라이트는 눈에 정말 해로울까?.

1 Zhao, Z. C., Zhou, Y., Tan, G. & Li, J. (2018), Research progress about the effect and prevention of blue light on eyes, 《*Int J Ophthalmol*》, 11(12), pp.1999-2003.
2 Tähkämö, L., Partonen, T. & Pesonen, A. K. (2018), Systematic review of light exposure impact on human circadian rhythm, 《*Chronobiol Int*》, 36(2), pp.151-170.
3 Ratnayake, K., Payton, J. L., Lakmal, O. H. & Karunarathne, A. (2018), Blue light excited retinal intercepts cellular signaling, 《*Scientific Reports*》, 8(10207).

https://www.nature.com/articles/s41598-018-28254-8.

6 보라색 빛이 근시 팬데믹을 막는다

1 Carr & Stell. (2017), The Science Behind Myopia, *Webvision: The Organization of the Retina and Visual System*, https://www.researchgate.net/publication/325525930_The_Science_Behind_Myopia.

2 Gu, Y., Xu, B., Feng, C., Ni, Y., Wu, Q., Du, C., Hong, N., Li, P., Ding, Z. & Jiang, B. (2016), A Head-Mounted Spectacle Frame for the Study of Mouse Lens-Induced Myopia, 《*Journal of Ophthalmology*》, pp.1-7.

3 Torii, H., Kurihara T., Seko, Y., Negishi, K., Ohnuma, K., Inaba, T., Kawashima, M., Jiang, X., Kondo, S., Miyauchi, M., Miwa, Y., Katada, Y., Mori, K., Kato, K., Tsubota, K., Goto, H., Oda, M., Hatori, M. & Tsubota, K. (2017), Violet Light Exposure Can Be a Preventive Strategy Against Myopia Progression, 《*EBioMedicine*》, 2(15), pp.210-219.

4 김필제, 서정관 & 윤효정. (2016년5월9일), 어린이 바깥 활동 시간 하루 평균 34분…미국 29% 수준, 《국립환경과학원 위해성평가연구과》, https://www.korea.kr/common/download.do?fileId=184243970&tblKey=GMN.

II. 눈 vs 카메라 전격 비교!

1 눈은 몇 화소일까?

1 Chan & Jalali. (2018), Foveated Time Stretch, [doctoral dissertation], UCLA. Research Gate.

2 Hasegawa, A., Hasegawa, S., Omori, M., Takada, H., Watanabe, T. & Miyao, M. (2014), Effects on Visibility and Lens Accommodation of Stereoscopic Vision

Induced by HMD Parallax Images, 《*Forma*》, 2(29), pp 565-570.

3 ClarkVision, Notes on the Resolution and Other Details of the Human Eye. (n.d.), https://clarkvision.com/imagedetail/eyeresolution.html.

2 눈의 화각은 몇 도일까?

1 Allingham, R. R., Damji, K. F., Freedman, S., Moroi, S., Shafranov, G. & Shields B. (2004), *Shields' Textbook of Glaucoma. 5th edn*, Lippincott Williams & Wilkins.

3 눈은 몇 프레임률fps일까?

1 Schouten, J. F. (1967), Subjective stroboscopy and a model of visual movement detectors. In W. Wathen-Dunn (Ed.), *Models for the Perception of Speech and Visual Form : Proceedings of a Symposium, Boston, Massachusetts, November 11-14, 1964*, pp.44-55, MIT Press.

2 Purves, D., Paydarfar, J. A. & Andrews, T. J. (1996), The wagon wheel illusion in movies and reality, 《*Proc Natl Acad Sci U S A*》, 93(8), pp.3693-3697.

3 Dubois, J., & Vanrullen, R. (2011), Visual trails: do the doors of perception open periodically?, 《*PLoS biology*》, 9(5), e1001056. https://doi.org/10.1371/journal.pbio.1001056.

4 눈의 감도는 몇 ISO일까?

1 Clark, R. N. (1991), *Visual Astronomy of the Deep Sky*, Cambridge University Press.

2 Tinsley, J. N., Molodtsov, M. I., Prevedel, R., Wartmann, D., Espigulé-Pons, J., Lauwers, M. & Vaziri, A. (2016), Direct detection of a single photon by

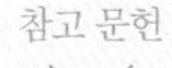

humans, 《*Nature Communications*》, 7, 12172, https://doi.org/10.1038/ncomms12172.

5 눈에도 자동 초점 기능이 있을까?

1 진용한. (2016), 『굴절검사와 처방(4판)』, 의학출판 수현.

6 눈에도 손 떨림 방지 기능이 있을까?

1 Purves, D., Augustine, G. J., Fitzpatrick, D., Hall, W. C., LaMantia, A. S. & White, L. E. (2011), *Neuroscience 5th Edition*, Sinauer Associates is an imprint of Oxford University Press.

2 Son, L. A., Aoki, H. & Suzuki, T. (2017), Evaluation of Driver Distraction with Changes in Gaze Direction Based on a Vestibulo-Ocular Reflex Model, 《*Journal of Transportation Technologies*》, 7(3), pp.336-350.

7 셀카를 과학적으로 잘 찍는 방법

1 Re, D. E., Wang, S. A., He, J. C., & Rule, N. O. (2016), Selfie indulgence: Self-favoring biases in perceptions of selfies, 《*Social Psychological and Personality Science*》, 7(6), pp.588-596.

2 Burt, D. M., & Perrett, D. I. (1997), Perceptual asymmetries in judgements of facial attractiveness, age, gender, speech and expression, 《*Neuropsychologia*》, 35(5), pp.685-693. https://doi.org/10.1016/s0028-3932(96)00111-x.

III. 안과의사가 알려주는 신비한 잡학 지식

1 시력 1.0을 영어로 어떻게 말할까?

1 Vimont, C. (Mar. 04, 2022), All About the Eye Chart, AmericanAcademy of Ophthalmology, https://www.aao.org/eye-health/tips-prevention/eye-chart-facts-history (Last Reviewed on Feb. 14, 2024).

2 왜 어떤 안약만 흔들어서 넣을까?

1 Kwon, K. A., Diestelhorst, M., & Süverkrüp, R. (1996), Dosierungsprobleme bei Suspensions-Augentropfen [Dosage problems in suspension eyedrops], 《*Klinische Monatsblatter fur Augenheilkunde*》, 209(2-3), pp.144-149, https://doi.org/10.1055/s-2008-1035294.

2 Madadi, P., Koren, G., Freeman, D. J., Oertel, R., Campbell, R. J., & Trope, G. E. (2008), Timolol concentrations in breast milk of a woman treated for glaucoma: calculation of neonatal exposure, 《*Journal of glaucoma*》, 17(4), pp.329-331, https://doi.org/10.1097/IJG.0b013e31815c3a5b.

3 동물의 시력은 얼마일까?

1 Martin, G. R. & Osorio, D. (2010), Vision in Birds. Academic Press, https://doi.org/10.1016/B978-012370880-9.00401-1.

2 김도현. (2015), 『동물의 눈』, 나라원.

3 이리쿠라 다카시. (2023), 『태양빛을 먹고 사는 지구에서 살아남으려고 눈을 진화시켰습니다』, 장하나 옮김, 플루토, (원본 출판 2022).

4 Caves, E. M., Brandley, N. C., & Johnsen, S. (2018), Visual Acuity and the Evolution of Signals, 《*Trends in ecology & evolution*》, 33(5), pp.358 - 372.

https://doi.org/10.1016/j.tree.2018.03.001.

5 에드 용. (2023), 『이토록 굉장한 세계』, 양병찬 옮김, 어크로스. (원본출판 2022).

4 뽀로로가 물안경을 쓰는 진짜 이유

1 Nave, R. (n.d.). HyperPhysics, http://hyperphysics.phy-astr.gsu.edu/.

2 Wilk, L. (2016, December 16), Underwater Vision in Penguins, Cormorants, and Sea Gypsies. Dive Photo Guide, https://www.divephotoguide.com/.

3 김도현. (2015), 『동물의 눈』, 나라원.

5 역사 속 반맹과 시각장애

1 Choi, E. H., Daruwalla, A., Suh, S., Leinonen, H. & Palczewski, K. (2021), Retinoids in the visual cycle: role of the retinal G proteincoupled receptor, 《*Journal of Lipid Research*》, 62, 100040. https://doi.org/10.1194/jlr.TR120000850.

2 Lamb, T. D. & Pugh, E. N., Jr. (2004), Dark adaptation and the retinoid cycle of vision, 《*Progress in retinal and eye research*》, 23(3), pp.307-380, https://doi.org/10.1016/j.preteyeres.2004.03.001.

IV. 눈의 한계와 진화

1 시력의 한계는 과연 어디까지일까?

1 If our brains are analog, why then did digital computers worked much better than analog computers in almost everything, even in things like artificial intelligence, machine learning, analog to digital conversion, and

digital to analog conversion?. (n.d.), Quora. (2024, April 23), https://www.quora.com/If-our-brains-areanalog-why-then-did-digital-computers-worked-much-betterthan-analog-computers-in-almost-everything-even-in-thingslike-artificial-intelligence-machine-learning-analog-to-digitalconversion-and.

2 Knight, A. (2014), Single-molecule fluorescence imaging by totalinternal reflection fluorescence microscopy (IUPAC Technical Report), 《*Pure and Applied Chemistry*》, 86(8), pp.1303-1320, https://doi.org/10.1515/pac-2012-0605.

2 신생아는 어디까지 보일까?

1 Fulton, A. B., Hansen, R. M., Moskowitz, A. & Mayer, D. L. (2016, June 4), Normal and abnormal visual development. Ento Key, https://entokey.com/normal-and-abnormal-visual-development.

2 Gregory, R. L. & Wallace, J. (1963), Recovery from Early Blindness: A Case Study, *Experimental Psychology Society; Monograph;no.2*, Heffer.

3 수전 배리. (2010), 『3차원의 기적』, 김미선 옮김, 초록물고기. (원본 출판 2009).

3 왜 우리는 안경을 쓸까?

1 진용한. (2016), 『굴절검사와 처방(4판)』, 의학출판 수현.

2 Ogle, K. N. (1944), Meridional Magnifying Lens Systems in the Measurement and Correction of Aniseikonia, 《*Journal of the Optical Society of America*》, 34(6), pp.302-312.

4 누구도 피할 수 없는 노안

1 de Castro, A., Ortiz, S., Gambra, E., Siedlecki, D., & Marcos, S. (2010), Three-dimensional reconstruction of the crystalline lens gradient index distribution

from OCT imaging, 《*Optics express*》, 18(21), pp.21905-21917, https://doi.org/10.1364/OE.18.021905.

2 Ryu, H., Graham, K. E., Sakamaki, T., & Furuichi, T. (2016), Longsightedness in old wild bonobos during grooming, 《*Current biology : CB*》, 26(21), pp.R1131-R1132, https://doi.org/10.1016/j.cub.2016.09.019.

3 진용한. (2016), 『굴절검사와 처방(4판)』, 의학출판 수현.

4 Glasser, A., & Campbell, M. C. (1998), Presbyopia and the optical changes in the human crystalline lens with age, 《*Vision research*》, 38(2), pp.209-229, https://doi.org/10.1016/s0042-6989(97)00102-8.

5 눈의 탄생과 진화

1 최상한. (2018), 『눈 탐험』, 지성사.

2 찰스 로버트 다윈. (2019), 『종의 기원』, 장대익 옮김, 사이언스북스(원본 출판 2011).

V. 안과 치료의 역사와 미래

1 안과 발전을 선도한 레이저

1 Varkentina, N. (2012), Femtosecond laser-dielectric interaction at mid intensities: analysis of energy deposition and application to the ablation of fused silica an cornea, [Doctoral dissertation, Aix-Marseille Université], ResearchGate.

2 시력교정술(라섹, 라식, 스마일) 발전사

1 강신욱. (2012), 『시력교정수술: 라섹편』, 한미의학.

2 Reinstein, D. Z., Archer, T. J., & Randleman, J. B. (2013), Mathematical model to compare the relative tensile strength of the cornea after PRK, LASIK, and small incision lenticule extraction, 《*Journal of refractive surgery*》, 29(7), pp.454－460, https://doi.org/10.3928/1081597X-20130617-03.

3 한국백내장굴절수술학회. (2014), 『굴절교정수술(3판)』, 최신의학사.

3 노안교정술, 단안경부터 다초점 백내장 수술까지

4 다초점 인공수정체의 원리와 한계

1 Camps, V. J., Miret, J. J., Caballero, M. T., Piñero, D. P. & Garcia, C. (2019), *Multifocal Intraocular Lenses: Basic Principles. Essentials in Ophthalmology*.

2 Kim, E. C., Na, K. S., Kim, H. S. & Hwang, H. S. (2020), How does the world appear to patients with multifocal intraocular lenses?: a mobile model eye experiment, 《*BMC ophthalmology*》, 20(1), p.180, https://doi.org/10.1186/s12886-020-01446-5.

3 한국백내장굴절수술학회. (2022), 『백내장(4판)』, 일조각.

4 Adamsons, I. A., Vitale, S., Stark, W. J. & Rubin, G. S. (1996), The association of postoperative subjective visual function with acuity, glare, and contrast sensitivity in patients with early cataract, 《*Archives of ophthalmology*》, 114(5), pp.529-536, https://doi.org/10.1001/archopht.1996.01100130521004.

5 AI 시대의 인공수정체 도수 계산

1 Holladay, J. T. & Maverick, K. J. (1998), Relationship of the actual thick intraocular lens optic to the thin lens equivalent, 《*American journal*

of ophthalmology》, 126(3), pp.339-347, https://doi.org/10.1016/s0002-9394(98)00088-9.

2 Melles, R. B., Holladay, J. T. & Chang, W. J. (2018), Accuracy of Intraocular Lens Calculation Formulas, 《*Ophthalmology*》, 125(2), pp.169-178, https://doi.org/10.1016/j.ophtha.2017.08.027.

3 Gulshan, V., Peng, L., Coram, M., Stumpe, M. C., Wu, D., Narayanaswamy, A., Venugopalan, S., Widner, K., Madams, T., Cuadros, J., Kim, R., Raman, R., Nelson, P. C., Mega, J. L. & Webster, D. R. (2016), Development and Validation of a Deep Learning Algorithm for Detection of Diabetic Retinopathy in Retinal Fundus Photographs, 《*JAMA*》, 316(22), pp.2402-2410, https://doi.org/10.1001/jama.2016.17216.

4 Son, J., Shin, J. Y., Kim, H. D., Jung, K. H., Park, K. H. & Park, S. J. (2020), Development and Validation of Deep Learning Models for Screening Multiple Abnormal Findings in Retinal Fundus Images, 《*Ophthalmology*》, 127(1), pp.85-94, https://doi.org/10.1016/j.ophtha.2019.05.029.

5 박건형. 자동 안저사진 판독을 위한 인공지능 기술 개발, 과학기술정보통신부 보고서, 과제고유번호 NRF-2018M3A9E8066254.

6 인공 눈의 현주소

1 Bajaj, R., Dagnelie, G., Handa, J. T. & Scott, A. W. (2019), Retinal Implants for RP: An Update on Argus II and Others, 《*EyeNet Magazine*》, pp.35-37, https://www.aao.org/eyenet/article/retinalimplants-for-rp.

2 Humayun, M. S. & Lee, S. Y. (2022), Advanced Retina Implants, 《*Ophthalmology Retina*》, 6(10), pp.899-905, https://doi.org/10.1016/j.oret.2022.04.009.

3 Xu, H., Zhong, X., Pang, C., Zou, J., Chen, W., Wang, X., Li, S., Hu, Y., Sagan, D. S., Weiss, P. T., Yao, Y., Xiang, J., Dayan, M. S., Humayun, M. S., & Tai, Y. C.

(2021), First Human Results With the 256 Channel Intelligent Micro Implant Eye (IMIE 256), 《*Translational vision science & technology*》, 10(10), p.14, https://doi.org/10.1167/tvst.10.10.14.

VI. 흔하지만 소외받는 눈꺼풀 질환

1 눈꺼풀에서 피지가 나온다?! 마이봄샘 기능장애

1 Knop, E., Knop, N., Millar, T., Obata, H., & Sullivan, D. A. (2011), The international workshop on meibomian gland dysfunction: report of the subcommittee on anatomy, physiology, and pathophysiology of the meibomian gland, 《*Investigative ophthalmology & visual science*》, 52(4), pp.1938-1978, https://doi.org/10.1167/iovs.10-6997c.

2 눈꺼풀에서 기생충이 나온다?! 모낭충

1 Fromstein, S. R., Harthan, J. S., Patel, J., & Opitz, D. L. (2018), Demodex blepharitis: clinical perspectives, 《*Clinical optometry*》, 10, pp.57-63, https://doi.org/10.2147/OPTO.S142708.

3 눈꺼풀에서 돌멩이가 나온다?! 결막결석

1 Rynerson, J. M., & Perry, H. D. (2016), DEBS—a unification theory for dry eye and blepharitis, 《*Clinical ophthalmology (Auckland, N.Z.)*》, 10, pp.2455-2467, https://doi.org/10.2147/OPTH.S114674.

4 비슷하면서 다른 속눈썹 찔림

1 대한성형안과학회. (2015), 『성형안과학(3판)』, 내외학술.

5 세 번째 눈꺼풀이 있다고?! 퇴화된 순막

VII. 진료실에서 못다 한 이야기

1 눈에는 눈, 이에는 이: 의료사고가 일어나면

1 황정민, 김경례, 이경권, 류영주 & 임강섭. (2016), 『안과의료분쟁』, 신조사.

2 아툴 가완디. (2003), 『나는 고백한다 현대의학을』, 김미화 옮김, 동녘 사이언스. (원본 출판 2002).

3 박재영. (2013), 『개념 의료』, 청년의사.

4 제임스 W. 색스턴, 마지 M. 핑켈스타인 & 더그 워체식. (2009), 『쏘리웍스: 의료분쟁 해결의 새로운 패러다임』, 박형욱, 박재영, 김호 & 이강희 옮김, 청년의사. (원본 출판 2008).

5 Clinton, H. R., & Obama, B. (2006), Making Patient Safety the Centerpiece of Medical Liability Reform, 《*the New England Journal of Medicine*》, 354(21), pp.2205-2208.

2 눈을 잇다: 각막 이식

1 한국외안부연구회. (2005), 『각막(2판)』, 일조각.

2 보건복지부 국립장기조직혈액관리원. (2022년), 2020년 도 장기 등 이식 및 인체 조직 기증 통계연보, (11-1352747-000022-10), https://www.konos.go.kr/board/

boardListPage.do?page=sub4_2_1&boardId=30.

3 [단독] "우리 아들의 심장을 가진 현우에게" 홍준이 아빠가[히어로콘텐츠/환생]. (2021년 2월 2일). 동아일보. https://www.donga.com/news/Society/article/all/20210202/105237453/1.

3 눈여겨보다: 홍채 인식과 기억

1 박재영. (2013), 『개념 의료』, 청년의사.

4 기형아 검사와 의학의 불확실성

1 질병관리본부 질병예방센터 결핵·에이즈관리과, 정윤희, 차정옥, 김태영 & 심은혜. (2020). HIV/AIDS 신고현황, (제13권 제35호), https://dportal.kdca.go.kr/pot/bbs/BD_selectBbs.do?q_bbsSn=1010&q_bbsDocNo=20200501310186264&q_clsfNo=1.

2 Simpkin, A. L., & Schwartzstein, R. M. (2016), Tolerating Uncertainty—The Next Medical Revolution?, 《*the New England Journal of Medicine*》, 375(18), pp.1713-1715.

3 Cooke, S., & Lemay, J. F. (2017), Transforming Medical Assessment: Integrating Uncertainty Into the Evaluation of Clinical Reasoning in Medical Education, 《*Academic medicine : journal of the Association of American Medical Colleges*》, 92(6), pp.746-751, https://doi.org/10.1097/ACM.0000000000001559.

4 싯다르타 무케르지. (2017), 『의학의 법칙들』, 강병철 옮김, 문학동네(원본 출판 2015).

5 안과의 응급실

1 송민혜, 김재우 & 정성근. (2009). 안외상으로 인한 입원환자의 통계적 고찰. Journal of the Korean Ophthalmological Society, 50(4), pp.580-587.

2 강연수, 이준성 & 지영석. (2016). 예초기에 의한 안외상 환자의 시대에 따른 임상 양상의 변화. Journal of the Korean Ophthalmological Society, 57(3), pp.492-498.

3 이관훈, 이원혁, 정재훈 & 박영민. (2013). 군에서 발생한 안외상의 통계적 고찰. Journal of the Korean Ophthalmological Society, 54(9), pp.1416-1422.

4 김시범, 조경진, 조우형, 경성은 & 장무환. (2013). 비천공성 안외상의 통계적 고찰, Journal of the Korean Ophthalmological Society. 54(6), pp.938-944.

5 이지은, 김수영, 이승욱 & 이상준. (2013). 산업재해에 의한 안외상에 대한 역학적 고찰. Journal of the Korean Ophthalmological Society, 54(1), pp.136-142.

6 최진석 & 신경환. (2008). 레저스포츠로 인한 안외상의 역학적 고찰. Journal of the Korean Ophthalmological Society, 49(10), pp.1658-1664.

7 정세형, 박정원, 박상우, 윤경철 & 허환. (2012). 소아 안외상의 임상 양상의 변화. Journal of the Korean Ophthalmological Society, 53(1), pp.145-150.

8 한재룡 & 박인원. (2004). 전기화상으로 인한 안과적 합병증의 임상 고찰. Journal of the Korean Ophthalmological Society, 45(2), pp.281-286.

내 #눈이 우주입니다

내 눈이 우주입니다

안과의사도 모르는 신비한 눈의 과학

초판 1쇄 찍은날 2024년 9월 24일
초판 1쇄 펴낸날 2024년 10월 8일
지은이 이창목
펴낸이 한성봉
편집 김선형
콘텐츠제작 안상준
디자인 최세정
마케팅 박신용·오주형·박민지·이예지
경영지원 국지연·송인경
펴낸곳 히포크라테스
등록 2022년 10월 5일 제2022-000102호
주소 서울 중구 필동로8길 73 [예장동 1-42] 동아시아빌딩
페이스북 www.facebook.com/dongasiabooks
전자우편 dongasiabook@naver.com
블로그 blog.naver.com/dongasiabook
인스타그램 www.instargram.com/dongasiabook
전화 02) 757-9724, 5
팩스 02) 757-9726

ISBN 979-11-93690-02-4 03400

※ 히포크라테스는 동아시아 출판사의 의치약·생명과학 브랜드입니다.
※ 잘못된 책은 구입하신 서점에서 바꿔드립니다.

만든 사람들
총괄 진행 김선형
편집 전인수·전유경
교정 교열 김대훈
디자인 페이퍼컷 장상호
본문 일러스트 공병(전서현)